石油教材出版基金资助项目

石油高等院校特色规划教材

常用矿物岩石鉴定指导

（富媒体）

尹秀珍 马艳萍 肖 玲 张蓬勃 编著

石油工业出版社

内 容 提 要

本书作为矿物学与三大岩类鉴定的综合实验指导教材，包括矿物的观察内容与描述方法、三大岩类中常见造岩矿物的手标本与镜下鉴定特征、岩石的观察内容与描述方法、常见岩石的手标本与镜下鉴定特征。本书最主要的特点是融合了混合式教学模式，教材中既有丰富的矿物、岩石的黑白图片，也有多彩的相应富媒体图片，晶体光学中的实验部分还配备了小视频和课件，便于读者通过多种渠道更为生动、直观地学习。

本书可供高等院校地质学、资源勘查工程、地质工程等相关专业教师、学生以及从事该相关专业人员使用。

图书在版编目（CIP）数据

常用矿物岩石鉴定指导：富媒体/尹秀珍等编著.—北京：石油工业出版社，2022.10（2025.7 重印）

石油高等院校特色规划教材

ISBN 978-7-5183-5618-8

Ⅰ.①常… Ⅱ.①尹… Ⅲ.①岩矿鉴定—高等学校—教学参考资料 Ⅳ.①P585

中国版本图书馆 CIP 数据核字（2022）第 177800 号

出版发行：石油工业出版社
（北京市朝阳区安定门外安华里 2 区 1 号楼　100011）
网　　址：www.petropub.com
编辑部：（010）64523697
图书营销中心：（010）64523633
经　　销：全国新华书店
排　　版：三河市聚拓图文制作有限公司
印　　刷：北京中石油彩色印刷有限责任公司

2022 年 10 月第 1 版　2025 年 7 月第 2 次印刷
787 毫米×1092 毫米　开本：1/16　印张：15.25
字数：388 千字

定价：38.00 元
（如发现印装质量问题，我社图书营销中心负责调换）
版权所有，翻印必究

前　　言

矿物岩石鉴定是各高校地学类本科生和研究生必备的一项基本专业技能。国内外关于矿物岩石的理论与方法相关的教材较多，纵观国内地学类与石油类院校，针对矿物学、岩浆岩与变质岩岩石学、沉积岩石学分别编写了相应的实验指导书，但是少见晶体光学、矿物学与三大岩类鉴定的综合实验教材。而且，在实验教学的过程中，学生即使手握实验指导书，还是会借助于相应的理论教材作为参考。因此，为了简化学生手中的工具书，并且针对矿物岩石鉴定实验技能的培养目标和课程建设的需求，编写了本教材。

本书是根据编著者及西安石油大学基础地质系矿物岩石学课程组多年积累的理论教学与实践教学体会，并参阅了国内外出版的相关晶体光学、矿物学、岩浆岩石学、变质岩石学、沉积岩石学的图书编写而成。本书在高度概括矿物岩石鉴定基本理论的同时，更加强调通过手标本和显微镜下识别鉴定各类主要造岩矿物、常见岩石的实际技能，以便适应当代矿物岩石学新发展的需要。本书具有如下特点：

（1）将矿物的肉眼鉴定与镜下鉴定、三大岩类的肉眼鉴定与镜下鉴定有机地结合在一起，简化了实验工具书；

（2）将常用造岩矿物和常见三大岩类鉴定的基本理论和实验技能有机地结合在一起，便于查找、学习和使用；

（3）每一章之后设置了思考题与练习题，便于深入理解基本概念、基本知识和基本原理，快速掌握鉴定方法；

（4）融合了混合式教学模式，教材中既有丰富的矿物、岩石的黑白图片，也有多彩的相应富媒体图片，晶体光学中的实验部分还配备了小视频和课件，便于读者通过多种渠道更为生动、直观地学习。

本书包括四章，第一章、第二章、第三章的第三节由尹秀珍编写，包括常见造岩矿物的手标本与镜下鉴定内容和描述方法、三大岩类中常见造岩矿物的鉴定特征、变质岩手标本与镜下鉴定内容和描述方法；第三章第一节和第二节、第四章第一节由马艳萍编写，包括岩浆岩手标本与镜下观察内容和描述方法，以及常见岩浆岩描述实例；第三章第四节、第四章第三节由肖玲编写，包括沉积岩手标本与镜下观察内容和描述方法以及常见沉积岩描述实例；第四章的第二节由张蓬勃编写，包括变质岩描述实例。全书最后由尹秀珍统一修改定稿。

本书编写过程中，得到了西安石油大学教务处、地球科学与工程学院的大力支持，基础地质教研室田建锋老师、庞军刚老师也提出了许多宝贵意见，在此致以衷心的感谢！

由于编著者水平有限，教材中一定有不妥之处，在此恳请读者批评指正并提出宝贵意见。

编著者
2022 年 5 月

目 录

第一章 矿物的观察内容与描述方法 ·· 1
  第一节 矿物手标本的观察内容与描述方法 ·· 1
  第二节 矿物在偏光显微镜下的观察内容与描述方法 ···························· 11
  思考题与练习题 ··· 54

第二章 常见造岩矿物的手标本与镜下鉴定特征 ···································· 55
  第一节 三大岩类中常见矿物的手标本与镜下鉴定特征 ······················· 55
    一、石英 ··· 55
    二、钾长石 ··· 56
    三、斜长石 ··· 57
    四、黑云母 ··· 61
    五、白云母 ··· 62
    六、绢云母 ··· 63
    七、普通角闪石 ····································· 63
    八、普通辉石 ·· 64
    九、橄榄石 ··· 65
    十、磁铁矿 ··· 66
    十一、榍石 ··· 66
    十二、锆石 ··· 67
    十三、金红石 ·· 68
  第二节 主要出现在岩浆岩中的矿物的手标本与镜下鉴定特征 ············· 68
    十四、鳞石英 ·· 68
    十五、透长石 ·· 69
    十六、霞石 ··· 69
    十七、白榴石 ·· 70
    十八、方钠石 ·· 71
    十九、黝方石 ·· 71
    二十、玄武角闪石 ·································· 72

  第三节 主要出现在变质岩中的矿物的手标本与镜下鉴定特征 ············· 72
    二十一、红柱石 ····································· 72
    二十二、蓝晶石 ····································· 73
    二十三、夕线石 ····································· 74
    二十四、硅灰石 ····································· 75
    二十五、绿帘石 ····································· 75
    二十六、符山石 ····································· 76
    二十七、方柱石 ····································· 77
    二十八、透闪石 ····································· 77
    二十九、阳起石 ····································· 77
    三十、透辉石 ·· 78
    三十一、硬绿泥石 ·································· 79
    三十二、蛇纹石 ····································· 80
    三十三、滑石 ·· 80
    三十四、石墨 ·· 81
    三十五、十字石 ····································· 82
    三十六、堇青石 ····································· 82
    三十七、石榴子石 ·································· 82
  第四节 主要出现在沉积岩中的矿物的手标本与镜下鉴定特征 ············· 83
    三十八、黏土矿物 ·································· 83
    三十九、蛋白石 ····································· 85
    四十、玉髓 ··· 86

  四十一、海绿石 ················ 87
  四十二、水铝石 ················ 87
  四十三、褐铁矿 ················ 88
  四十四、石膏 ·················· 88
  四十五、硬石膏 ················ 89
  四十六、盐类矿物 ·············· 89
  四十七、有机碳质 ·············· 91
  思考题与练习题 ················ 92

第三章　岩石的观察内容与描述方法 ·············· 93
  第一节　岩石及岩石学概述 ································ 93
  第二节　岩浆岩的观察内容与描述方法 ···················· 95
  第三节　变质岩的观察内容与描述方法 ···················· 149
  第四节　沉积岩的观察内容与描述方法 ···················· 166
  思考题与练习题 ······································· 178

第四章　常见岩石的手标本与镜下鉴定特征 ············ 180
  第一节　岩浆岩手标本与镜下鉴定 ························ 180
  第二节　变质岩手标本与镜下鉴定 ························ 194
  第三节　沉积岩手标本与镜下鉴定 ························ 206
  思考题与练习题 ······································· 230

参考文献 ·· 232

附录 ··· 233
  附录1　干涉色色谱表 ··································· 233
  附录2　主要造岩矿物手标本图版 ························· 234

富媒体资源目录

序号	名称	页码
1	彩图 1-4　矿物隐晶和胶态集合体的形态	4
2	彩图 1-14　突起等级示意	20
3	彩图 1-22　利用楔形边法测定橄榄石的干涉色	27
4	视频 1　偏光显微镜的调焦	44
5	视频 2　物镜中心校正	45
6	视频 3　单偏光镜的调节、实验中所观察的矿物、贝克线的观察方法、突起正负的判断	47
7	视频 4　正交偏光镜的调节、干涉和消光现象	49
8	视频 5　以石英为例测定其光率体椭圆半径方向和名称的方法	49
9	视频 6　以白云母为例展示石英楔测定矿物干涉色的方法	51
10	视频 7　测定普通辉石的消光角和延性符号	52
11	视频 8　锥光镜的调节	53
12	彩图 2-5　斜长石正交偏光镜下特征	59
13	彩图 2-10　黑云母偏光镜下特征	62
14	彩图 2-12　普通角闪石单偏光镜下特征	64
15	彩图 2-13　普通辉石单偏光镜下特征（辉长岩）	65
16	彩图 2-14　橄榄石偏光镜下特征	66
17	彩图 2-17　锆石（Zrn）偏光镜下特征	67
18	彩图 2-25　红柱石正交偏光镜下特征（红柱石角岩）	73
19	彩图 2-26　蓝晶石（Ky）偏光镜下特征	73
20	彩图 2-27　夕线石偏光镜下特征（斜长片麻岩）	74
21	彩图 2-29　绿帘石（Ep）偏光镜下特征	76
22	彩图 2-30　符山石（Ves）偏光镜下特征	76
23	彩图 2-31　方柱石（Scp）偏光镜下特征	77
24	彩图 2-32　透闪石（Tr）、阳起石（Act）和普通角闪石偏光镜下特征	78
25	彩图 2-35　绿泥石偏光镜下特征	80
26	彩图 2-37　滑石（Tlc）正交偏光镜下鲜艳的干涉色（滑石岩）	81
27	彩图 2-47　海绿石偏光镜下特征	87
28	彩图 2-48　水铝石（Dsp）偏光镜下特征	88
29	彩图 2-49　石膏（Gp）与硬石膏（Anh）偏光镜下特征	89
30	彩图 2-52　方解石与白云石正交镜下特征（白云母大理岩）	91
31	彩图 4-1　细粒尖晶石二辉橄榄岩手标本与镜下特征	183
32	彩图 4-3　气孔状伊丁石拉斑玄武岩手标本与镜下特征	185

续表

序号	名称	页码
33	彩图 4-5 角闪安山岩手标本与镜下特征	187
34	彩图 4-17 浅灰绿色千枚岩手标本与镜下特征	199
35	彩图 4-18 硬绿泥石千枚岩手标本与镜下特征	199
36	彩图 4-19 片岩手标本与镜下特征	200
37	彩图 4-20 片麻岩手标本与镜下特征	202
38	彩图 4-23 蛇纹岩手标本与镜下特征	204
39	彩图 4-24 条痕状黑云母角闪石混合花岗岩的手标本与镜下特征	206
40	彩图 4-26 石英砂岩手标本与镜下特征	207
41	彩图 4-27 长石砂岩和岩屑砂岩镜下特征	208
42	彩图 4-32 机械压实作用	213
43	彩图 4-34 孔隙充填式胶结	214
44	彩图 4-38 碳酸盐胶结物	216
45	彩图 4-49 溶解作用	225
46	彩图 4-51 硅化作用	228
47	彩图 4-52 石膏化和去石膏化作用	228

第一章　矿物的观察内容与描述方法

透明矿物的鉴定方法多种多样，包括物理方法、化学方法和物理—化学方法。物理方法包括手标本鉴定、偏光显微镜鉴定、扫描电镜鉴定等；化学方法包括简易化学分析和化学全分析；物理—化学方法包括热重分析和差重分析。对于各石油类院校和地质类院校的毕业生而言，掌握透明矿物的常规鉴定即手标本鉴定和偏光显微镜镜下鉴定是最为基础也必须具备的实践技能。

第一节　矿物手标本的观察内容与描述方法

矿物手标本的观察内容主要包括矿物的形态、光学性质和力学性质。

一、矿物的形态

矿物的形态是矿物内部化学成分及结构的外在表现，是矿物最重要的外部特征，也是鉴定矿物的依据之一，主要包括单体形态和集合体形态。

（一）矿物的单体形态

矿物的单体即单个矿物晶体，其形态包括结晶习性和晶面花纹。

1. 结晶习性

结晶习性是矿物自限性的表现。根据矿物单体在三维空间的发育程度，分成一向延长型、二向延展型和三向等长型3种类型。

一向延长型是指矿物单体沿一个方向特别发育，表现为柱状、针状、纤维状等形态，如柱状石英[图1-1(a)]、针状辉锑矿、纤维状石膏或石棉。

二向延展型是指矿物单体沿两个方向特别发育，表现为板状、片状、鳞片状等形态，如片状黑云母[图1-1(b)]、板状斜长石。

  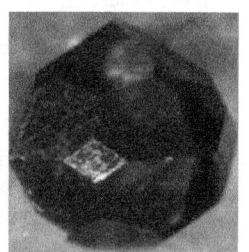

(a) 柱状石英　　　　　　(b) 片状黑云母　　　　　　(c) 粒状石榴子石

图1-1　矿物单体的结晶习性

三向等长型是指矿物单体沿三维方向发育程度基本相同，表现为等轴状、粒状等形态。等轴状的单体主要指等轴晶系的矿物，如金刚石、黄铁矿。粒状单体如橄榄石、石榴子石[图1-1(c)]。

此外，某些矿物的单体形态有时介于上述三者之间，描述时常常采用复合词或者形容词，如板柱状、长柱状、厚板状等。

2. 晶面花纹

在复杂的地质作用下，矿物单体生长形成的往往并不是规则形态的晶体，而是歪晶，其晶面常见各种凹凸花纹，即晶面花纹。肉眼较易识别的晶面花纹包括晶面条纹和蚀象。

晶面条纹是指矿物形成过程中介质条件交替变化而使不同单形交替生长致使晶面出现沿一定方向排列的直线式条纹。如等轴状黄铁矿晶面上常见立方体与五角十二面体两种单形交替生长所形成的3组相互垂直的条纹[图1-2(a)]，长柱状电气石晶面上常见三方柱与六方柱反复相聚而形成的柱面纵纹[图1-2(b)]。

蚀象是矿物晶体因为受到溶蚀而在晶面上产生的凹坑，如金刚石晶面上出现的蚀象[图1-2(c)]。

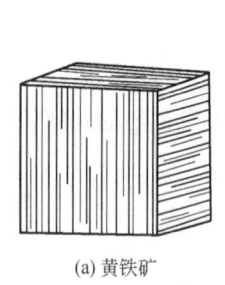 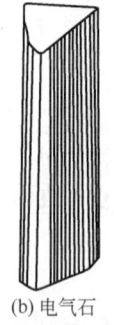 

(a) 黄铁矿　　　　　　(b) 电气石　　　　　　(c) 金刚石

图1-2　矿物单体的晶面花纹

（二）矿物的集合体形态

矿物在自然界中常常以集合体的形式出现。矿物集合体是指同种矿物的多个单晶体集合在一起形成的聚集体，其分类是由矿物单体的大小决定的。一般来说，如果肉眼或者放大镜可见单个矿物颗粒则称为显晶集合体，如果高倍显微镜下方可分辨出单个矿物颗粒则称为隐晶集合体，若是高倍显微镜下也分辨不出单个矿物颗粒则称为胶态集合体。

1. 显晶集合体的形态

按照矿物单体的结晶习性和集合方式，显晶集合体的形态可以划分为如下所述几种类型。

（1）由一向延长型的矿物单体构成的集合体：如柱状集合体[图1-3(a)]、针状集合体、毛发状集合体、纤维状集合体、放射状集合体。另外，如果多个矿物单体的一端具有共同基底，另外一端朝向自由空间生长成具有完好晶形的簇状晶体群，则称为晶簇[图1-3(b)]。

（2）由二向延展型的矿物单体构成的集合体：如板状集合体、片状集合体[图1-3(c)]、鳞片状集合体。

（3）由三向等长型的矿物单体构成的集合体：如粒状集合体[图1-3(d)]。

(a) 辉锑矿　　　　(b) 方解石晶簇　　　　(c) 黑云母　　　　(d) 方铅矿

图 1-3　矿物显晶集合体的形态

2. 隐晶和胶态集合体的形态

隐晶和胶态集合体中的矿物单体均无法用肉眼或者放大镜分辨出来，而且胶体矿物随着地质时代的推移会向隐晶质甚至显晶质转变，因此，两者的形态可以放在一起描述。根据外在形态和生成方式，隐晶和胶态集合体的形态主要划分为分泌体、结核体、鲕状及豆状体、钟乳状体（表 1-1）。

表 1-1　隐晶和胶态集合体的特征

类型		成因	特征		
			形态	大小	同心层
分泌体	晶腺	由外向内生长	卵圆内有空腔	>1cm	有
	杏仁体			<1cm	有
结核体		围绕核心由内向外生长	多样	>1cm	有
鲕状及豆状体	鲕状	围绕悬浮核心向外生长	鱼鲕	<2mm	有
	豆状		豌豆	>2mm	有
钟乳状体	钟乳	蒸发向外生长	钟乳	—	有
	肾状		肾状		有

（1）分泌体：在岩石空洞中由隐晶质或者胶体物质自洞壁逐层向中心沉淀形成。外形常呈卵圆形，具有同心层状构造，且各层颜色不同，中心往往存在空腔和晶簇。分泌体按照直径大小可以进一步划分为晶腺和杏仁体。晶腺的直径大于 1cm，如玛瑙[图 1-4(a)]；杏仁体的直径小于 1cm，比如酸性喷出岩气孔中的方解石、石英、绿泥石等构成的浅色扁球状集合体。

（2）结核体：其形成过程与分泌体正好相反，是由隐晶质或者胶体物质围绕某一中心（如砂粒、矿物、生物碎屑、气泡等）自内而外逐层沉淀而成，多出现于海相或者湖相沉积岩中。外形常见球状、瘤状、透镜状，也可见各种不规则的形态；内部常见同心层状、放射状、致密块状等构造；直径大于 1cm。磷灰石、黄铁矿、菱铁矿、蛋白石、方解石等矿物常形成结核体[图 1-4(b)]。

（3）鲕状及豆状体：其形成过程与结核体相同，是由隐晶质或者胶体物质围绕某一悬浮态的中心（如砂粒、生物碎屑、气泡等）自内而外逐层沉淀而成。外形常为圆球状或者卵圆状，具有明显的同心层状构造。若 50% 以上的球粒直径小于 2mm，且形似鱼卵，则称为鲕状集合体，如鲕状的磁铁矿[图1-4(c)]；若球粒直径稍大，形似豌豆，则称为豆状集合体，如豆状的铝土矿。

(a) 玛瑙　　　(b) 铁质结核　　　(c) 鲕状磁铁矿

(d) 钟乳状体　　　(e) 葡萄状葡萄石　　　(f) 块状石墨

彩图1-4　　　　图1-4　矿物隐晶和胶态集合体的形态

（4）钟乳状体：在岩洞或者裂隙中的同一基底上，由真溶液蒸发或者胶体凝聚而成的沉淀物逐层堆积形成。外形常见圆锥状、圆柱状、圆丘状等，内部具有同心层状、放射状、致密块状等构造。在石灰岩溶洞中常见石钟乳（附着于溶洞顶部逐层往下生长的方解石钟乳状体）、石笋（自溶洞底部逐层往上生长的方解石钟乳状体）和石柱（石钟乳与石笋相连而成）[图1-4(d)]。此外，葡萄石的葡萄体[图1-4(e)]、孔雀石的肾状体也是钟乳状体的表现形式。有的钟乳状体光滑如镜，被称作玻璃头，如褐铁矿的褐色玻璃头、赤铁矿的红色玻璃头。

矿物集合体的形态除上述常见类型外，还经常见到土状集合体（粉末状且疏松成块）、粉末状集合体（粉末状且分散不成块）、薄膜状集合体（薄层状分布）、块状集合体（无明显上述特征且无法分辨单个矿物颗粒）等，如高岭石的土状集合体、石墨的块状集合体[图1-4(f)]。

（三）矿物形态的观察和描述方法

在对矿物手标本的形态进行观察和描述时，首先要判断手标本是单体还是集合体。矿物单体和显晶集合体较易区分，而隐晶或者胶态集合体有时容易看作单个矿物晶体，因此，如何区别二者较为关键。在实际观察时可以遵循以下几点原则。

1. 外形

若是手标本外形为浑圆状，一定是隐晶或胶态集合体，而不是单体。因为晶体只能是规则的几何多面体（理想条件下，晶面发育完整）或不规则状（条件不理想，晶面不发育，或者在机械应力下晶体破碎）。

2. 内部环带构造

隐晶或胶态集合体常常发育同心环带状构造，其特征为层层沉淀形成，颜色、成分不同。而单体中少见，虽石英断面上有时可见环带，但其颜色、成分相同。

3. 借助于显微镜

如果外形为不规则状，也不能直接判断为矿物单体，还需进一步借助于显微镜来观察分析。

此外，观察集合体形态时，先利用肉眼或者放大镜确定集合体中的矿物是显晶还是隐晶或者胶态，然后按各自的特点描述其形态。显晶集合体要从单体习性着手，进而观察其集合方式。隐晶和胶态集合体根据各自的外形和断面上的特征来判断形态。需要注意的是，因为晶体具有最小内能和稳定性，所以隐晶和胶态物质在地质年代的演变中最终可以转变为晶体，所以在隐晶或胶态集合体中常常可以见到放射状的晶体，如钟乳石横切面上的放射状构造就是由无数细小的针状晶体呈放射状排列而成。

另外，如果一块矿物手标本没有上述典型特征，就可以直接描述为块状。

二、矿物的光学性质

矿物的光学性质主要指可见光通过矿物时经吸收、反射、折射和透射后所表现出来的颜色、条痕、透明度、光泽，也包括矿物受外部能量激发所产生的发光性。但手标本上能直接观察与鉴定的光学性质主要指颜色、条痕、透明度与光泽。

(一) 颜色

根据矿物呈色的原因与矿物本身的关系，可将矿物的颜色分为自色、他色和假色三种类型。

1. 自色

自色是指矿物自身所固有的颜色，它由矿物本身的化学成分和内部结构所决定，是光波与晶格中的电子相互作用的结果。如果是色素离子引起呈色，那么，这些离子必须是矿物本身固有的组分（包括类质同象混入物），而不是外来的机械混入物（如矿物内部的包裹体），例如磁铁矿的铁黑色、黄铜矿的铜黄色、赤铁矿的红色、石英的乳白色。

对于同种矿物而言，自色通常比较固定，是根据颜色鉴定矿物时的重要依据。

2. 他色

他色是指矿物因含外来带色杂质的机械混入物所形成的颜色，与矿物本身的成分与结构无关。他色中的色素离子存在于机械混入物中，其颜色随混入物组分的不同而发生差异。如纯净的刚玉呈现为无色，其化学成分主要为 Al_2O_3，若混入 Cr^{3+} 变成红色，则称为红宝石，红宝石的红色就是他色。

因此，矿物的他色不固定，一般无鉴定意义。

3. 假色

假色是自然光照射到矿物表面或者内部，受到某种物理界面的作用而发生干涉、衍射、散射等所产生的颜色，如锖（qiāng）色、晕色、变彩等。锖色是某些不透明矿物表面的氧化膜使反射光发生干涉而呈现的不均匀彩色，如毒砂的新鲜面上本是锡白色，但由于表面上氧化膜的影响，造成了蓝紫混杂的斑驳色彩，即锖色，剥去氧化膜，锖色随之消失。晕色是某些透明矿物内部的一系列平行密集的解理面或者破裂面对光的连续反射引起的干涉使其呈现出彩虹般的色带，如白云母、方解石等透明矿物的解理面上可见如彩虹般的同心环状的色环。变彩是在某些透明矿物内部的叶片状或层状结构界面上由于光的衍射、干涉引起的不均匀色彩，而且，从不同方向观察，这种色彩也不同，如贵蛋白石的蓝、绿、紫、红的变彩，拉长石的蓝绿、红紫变彩。

因此，假色是一种物理光学效应，只对特定矿物具有鉴定意义。

4. 矿物颜色的观察和描述方法

矿物颜色往往由于色调的变化而不易准确辨认，不同的人描述同一种矿物的颜色时也会存在差别。对于初学者而言，矿物颜色观察和命名可以依据如下所述的两种方法。

（1）标准色谱法：即利用标准色谱中的红、橙、黄、绿、蓝、青、紫以及白、灰、黑等来描述矿物的颜色；如果颜色有深浅之差或者介于两种标准色之间，可根据实际情况加上形容词，如浅绿色、墨绿色、黄绿色、灰白色等。

（2）类比法：与颜色较固定的矿物或者实物进行类比，如褐铁矿的褐色、赤铁矿的红色（通常称为猪肝色）、橄榄石的橄榄绿色、自然金的金黄色等（表1-2）。

表1-2 矿物颜色的类比法

非金属色	紫色	蓝色	绿色	黄色	橙色	红色	褐色
标准矿物	紫水晶、紫萤石	蓝铜矿	孔雀石	雄黄	铬酸铅矿	辰砂	褐铁矿
金属色	锡白色	铅灰色	钢灰色	铁黑色	铜红色	铜黄色	金黄色
标准矿物	毒砂	方铅矿	镜铁矿	磁铁矿	自然铜	黄铜矿	自然金

此外，在颜色观察和描述过程中，还应注意如下两点：

一是区分新鲜面与风化面。应着重观察和描述矿物新鲜面上的颜色，若描述风化面的颜色，应加说明；如毒砂的表面颜色为淡铜黄色，但新鲜面是锡白色，若直接描述为"毒砂为淡铜黄色"，则错误。

二是区分非金属色与金属色。在描述矿物颜色时，要正确类比。如利用表1-2中颜色较固定的矿物进行类比时，上边7种为非金属色，下边7种为金属色，描述矿物时不能混用；如描述非金属色的矿物时用蓝色、红色、绿色，而描述金属色的矿物时要用到矿物的名称，如铁黑色、铅灰色、铜黄色等。

（二）条痕

条痕是颜色，是矿物在无釉瓷板上擦划后所留下的矿物粉末的颜色。条痕可以消除假色，减弱他色，突出自色，故而鉴定矿物时比颜色更为稳定可靠。如不同成因的赤铁矿可以呈现铁黑色、钢灰色、褐红色等颜色，但其条痕均表现为稳定的红棕色（也称为樱红色）。再比如被称为"愚人金"的黄铁矿与自然金都具有黄澄澄的金黄色，如何区别二者呢？此时，颜色不能作为鉴定特征，条痕就是重要的鉴定依据。黄铁矿的条痕为绿黑色，自然金的条痕为金黄色，据此，就可以鉴别二者。

大多数浅色透明矿物的条痕为无色或白色，对矿物鉴定意义不大。如透明矿物斜长石的颜色是白色，条痕也是白色；透明矿物普通辉石和普通角闪石的颜色为黑色，但条痕却也是白色。半透明矿物的条痕与其颜色基本相同，如辰砂的条痕、颜色均为红色，孔雀石的条痕、颜色均为绿色。不透明矿物的条痕一般为黑色，如方铅矿、黄铜矿的颜色分别是铅灰色、黄铜色，条痕都为黑色。

因此，条痕对于不透明矿物和颜色鲜艳的半透明—透明矿物而言，属于其重要鉴定依据。观察矿物条痕时可以直接在瓷板上刻划，也可以用小刀刮擦粉末置于白纸上进行观察。

（三）透明度

矿物的透明度是指矿物允许可见光透过的程度。肉眼鉴定时，依据矿物碎片刃边的透光程度，再辅以矿物的条痕，一般将矿物的透明度划分为3种等级：透明、半透明和不透明。

1. 矿物透明度的等级

透明矿物允许绝大部分光透过，条痕常为无色或者白色，玻璃光泽，如石英、方解石、斜长石、普通角闪石等。

半透明矿物允许部分光透过，条痕常为各种红色、黄色和褐色等彩色，金刚光泽或者半金属光泽，如雄黄、辰砂、黑钨矿等。

不透明矿物基本不允许光透过，条痕常为黑色或者金属色，半金属或者金属光泽，如方铅矿、黄铁矿、磁铁矿、石墨等。

2. 矿物透明度的观察和描述方法

肉眼观察矿物透明度时，通常观察矿物的碎片刃边，若清晰见到对面物体即为透明，模糊则为半透明，看不见就为不透明。此外，对于深色矿物，还可以对着日光或者灯光观察，如果中心部位的明亮程度与矿物边缘不同即为半透明矿物，相同则为不透明矿物。

（四）光泽

光泽是指矿物表面对可见光的反射能力，其强弱用反射率来表示。一般来说，矿物的折射率和吸收系数越大，反射率越高，光泽也就越强。肉眼鉴定矿物时，根据矿物表面光滑程度、面积大小、反光能力强弱、解理程度、颜色及集合体方式等因素，可以将矿物的光泽分为常见光泽和特殊光泽。

1. 矿物的常见光泽

矿物的常见光泽包括4个等级，金属光泽、半金属光泽、金刚光泽和玻璃光泽。

金属光泽如同金属抛光面的反光。具有金属光泽的矿物表面反光能力很强，且该类矿物具有金属色，条痕黑色或金属色，不透明，如方铅矿、黄铁矿、黄铜矿、自然金等。

半金属光泽如同金属未抛光面的反光。具有半金属光泽的矿物表面反光能力较强，且该类矿物具有金属色，大多属于黑色金属矿物，条痕为深彩色（棕色或者褐色色调），不透明—半透明，如赤铁矿、铁闪锌矿、铬铁矿等。但需要注意，磁铁矿、软锰矿例外，条痕为黑色。

金刚光泽如同打磨好的金刚石的反光，如钻石般璀璨的光。具有金刚光泽的矿物反射光略强，且该类矿物的光泽和条痕均为浅色（浅蓝、浅绿等）、白色或者无色，半透明—透明，如金刚石、浅色闪锌矿、锡石、雄黄等。

玻璃光泽如同常见玻璃表面的反光。具有玻璃光泽的矿物反射光较弱，且该类矿物的颜色为浅色、白色或者无色，其条痕为白色或者无色，透明，如石英、斜长石、方解石、普通角闪石、萤石、蓝宝石、祖母绿等。

2. 矿物的特殊光泽

在某些矿物的断口上、解理面上或者某些矿物集合体表面可见一些特殊的光泽，如油脂光泽、珍珠光泽、丝绢光泽等。这些特殊的光泽往往根据形似而命名。常见的特殊光泽如下所述。

油脂光泽类似于矿物表面涂了油一般的亮光。该类光泽主要出现在某些具有玻璃光泽或者金刚光泽且解理不发育的浅色透明矿物的不平整的断口上，如石英、石榴子石、磷灰石、霞石等。

珍珠光泽类似于珍珠表面或者蚌壳内壁那种柔和美丽的温润光泽。该类光泽主要出现在具有玻璃光泽且具极完全解理的浅色透明矿物的光滑平整、面积较大的解理面上，如云母族的矿物晶面上表现为玻璃光泽，解理面上均呈现为珍珠光泽，像黑云母、白云母、金云母等。再比如透石膏的解理面上也表现为珍珠光泽。

丝绢光泽类似于丝绸所反射出的光亮。该类光泽主要出现在以纤维状、片状或者鳞片状集合体形态产出的具有玻璃光泽、浅色透明矿物的表面，如纤维石膏、石棉、绢云母等。

树脂光泽，有时也称为松脂光泽，类似于松香光泽。该类光泽主要出现在某些具有金刚光泽的黄色、褐色或者棕色透明矿物的不平坦的断口上，如雄黄、黄褐色的闪锌矿、镉闪锌矿等。

蜡状光泽类似于蜡烛表面的光。该类光泽多出现在某些浅色透明的隐晶质或者非晶质（包括胶体矿物）的致密块状体上，如块状叶蜡石、蛇纹石、玉髓和蛋白石等。

土状光泽类似于土块般暗淡无光，主要出现在土状、粉末状或者松散多孔状的矿物集合体表面，如块状高岭石、褐铁矿等。

沥青光泽类似于沥青的乌黑光亮，多出现在某些解理不发育的半透明或者不透明的黑色半金属光泽矿物的不平整断口上，如沥青铀矿，富含 Nb、Ta 的锡石等。

3. 矿物光泽的观察和描述方法

观察矿物的光泽时，首先要选择面积较大、较平滑的新鲜晶面或者解理面，然后，依据其对光的反射强弱直接判断出 4 种常见光泽即金属光泽、半金属光泽、金刚光泽和玻璃光泽的某一类型。如果难以下结论，也可以将未知矿物与已知光泽的标准矿物（实验室常见矿物）进行对比，如表 1-3 所示。当然，因矿物的产出状态和结晶程度不同而在集合体、断口处或者解理面上表现出某种特征的特殊光泽时，就采用特殊光泽来描述。例如黑云母晶面表现为玻璃光泽，解理面上可呈现出珍珠光泽。一般来说，透明矿物折射率小，基本均属于玻璃光泽；不透明矿物折射率大，都呈金属光泽。

表 1-3　矿物光泽的类比法

	类型	标准矿物
常见光泽	金属光泽	方铅矿、黄铁矿、黄铜矿、自然金
	半金属光泽	磁铁矿、赤铁矿、铁闪锌矿、铬铁矿
	金刚光泽	金刚石、浅色闪锌矿、锡石、雄黄
	玻璃光泽	石英、方解石、斜长石、普通角闪石、萤石
特殊光泽	油脂光泽	石英、石榴子石、磷灰石等断口处
	珍珠光泽	黑云母、白云母、透石膏的解理面上
	丝绢光泽	纤维石膏、石棉、绢云母集合体
	树脂光泽	雄黄、黄褐色的闪锌矿、镉闪锌矿断口处
	蜡状光泽	块状叶蜡石、蛇纹石、蛋白石、玉髓
	土状光泽	块状高岭石、褐铁矿集合体
	沥青光泽	沥青铀矿，富含 Nb、Ta 的锡石断口处

（五）矿物各光学性质之间的关系

矿物各光学性质之间是相互联系、相互影响、密切相关的（表1-4）。一般来说，非金属色的矿物条痕为无色、白色、浅彩色，透明或半透明，玻璃或金刚光泽；金属色的矿物条痕为深彩色、黑色，半透明或不透明，半金属或金属光泽。观察和描述矿物光学性质时，各光学性质可以相互辅助、相互验证，用以最终鉴定矿物。

表1-4 颜色、条痕、透明度和光泽之间的关系

颜色	非金属色			金属色	
条痕	无色	白色	浅彩色	深彩色	黑色、金属色
透明度	透明		透明或半透明	半透明或不透明	不透明
光泽	玻璃		玻璃或金刚	半金属	金属

三、矿物的力学性质

矿物的力学性质是指矿物在外力（敲打、挤压、刻划、拉引等）作用下表现出来的性质，包括硬度、解理、断口、延展性、弹性、挠性和脆性等。其中硬度、解理、断口在手标本鉴定时最有意义，因此详加叙述。

（一）硬度

1. 概念及其特征

矿物的硬度是指矿物抵抗刻划、压入或研磨等外来机械作用的能力，包括刻划硬度、压入硬度和研磨硬度等，一般用 H 来表示。在石油地质类的野外或者实验室的研究工作中，通常采用的是刻划硬度，即摩氏硬度，是肉眼鉴定矿物的重要依据之一。

摩氏硬度是用已知矿物刻划未知矿物来确定其硬度大小，是一种相对硬度，它选用10种矿物作为标准，对应的硬度等级从1到10，即摩氏硬度计（表1-5）。此外，在实际鉴定过程中还可以借用于其他的便捷工具，如指甲、小刀、瓷片、铜币等来代替硬度计，常用便捷工具的硬度见表1-6（李胜荣等，2008；陈世悦等，2008；叶真华等，2015）。

表1-5 摩氏硬度计

硬度等级	1	2	3	4	5	6	7	8	9	10
标准矿物	滑石	石膏	方解石	萤石	磷灰石	正长石	石英	黄玉	刚玉	金刚石

表1-6 便捷工具硬度

硬度等级	2.5	3	5.5	6	7
便捷工具	指甲	铜币、铜针或铜钥匙	小刀	瓷片	玻璃

2. 矿物硬度的观察及描述方法

矿物的硬度会因为风化、集合方式、含杂质等因素受到影响，因此，手标本鉴定矿物的硬度时，必须选择新鲜、致密、纯净的矿物单体。选择好单体之后，首先对其硬度大小作初步估计，然后再选取硬度相近的标准矿物在需要鉴定矿物的新鲜面上逐一刻划来确定其硬度

范围。实验室内，初步估计硬度值时可借助于表 1-6 中的指甲和小刀，一般来说，污手矿物的硬度为 1；不污手而为指甲所划动者硬度为 2~2.5；指甲划不动而小刀能刻动者为 2.5~5.5，其中，小刀极易刻动者为 3，小刀刻动稍费力者为 4，小刀刻动费力者为 5；小刀刻不动者硬度大于 5.5。比如石墨污手，硬度为 1；黑云母不污手而指甲能划动，估计其硬度在 1~2.5 之间，再选择硬度计中石膏和方解石与其相互刻划，则确定黑云母硬度为 2.5；普通角闪石小刀刻不动，预估其硬度大于 5.5，正长石能将其刻动，则普通角闪石的硬度为 5.5~6。此外，在刻划时，注意用力缓和且均匀。

（二）解理与断口

1. 解理的概念及其特征

矿物的解理是指矿物晶体受外力作用后沿一定方向裂开成一系列光滑平面的性质。破裂形成的一系列光滑平面称为解理面，常沿晶体结构中化学键作用力最弱的面产生。矿物单体受到外力时可以产生多个方向的解理，被称为解理的组数，同一方向的解理为一组。根据解理产生的难易程度、解理片的厚薄、解理面的大小及光滑程度，可将解理划分为 4 个等级。

（1）极完全解理：矿物单体受力后极易裂成薄片，且解理面宽大、平整、光滑，如黑云母或白云母、石墨、透石膏的解理。

（2）完全解理：矿物单体受力后易裂成规则的解理块，且解理面较大、平整、光滑，平行的解理面表现为阶梯状，如方铅矿、方解石、斜长石的解理。

（3）中等解理：矿物单体受力后较易产生解理面，但解理面较小且不平整光滑，呈阶梯状，阶梯层次少且距离大，解理与断口同时出现，如普通辉石的解理。

（4）不完全—极不完全解理：这两种解理极难区分，可放在一起描述。其特征为矿物单体受力后，几乎见不到解理面，只出现断口，如橄榄石、石榴子石、磷灰石、石英等。

2. 矿物解理的观察和描述方法

观察矿物解理时，首先要识别出解理面，因为解理面极易与晶面混淆，两者的区别如表 1-7 所示。

表 1-7 矿物单体解理面与晶面的识别特征

特征	解理面	晶面
表面	平整、光亮，无晶面花纹，但有时可见聚片双晶纹	比较暗淡，可见晶面花纹
受到外力敲击后	出现宽大、平整的平面或者阶梯状平面	晶面破碎，无平面出现

识别出解理面后，就要详细观察和描述解理的等级、方向、组数和夹角。解理等级根据上面所述的解理面的大小、平滑程度、断口发育程度来判定。解理等级较高时，就要继续观察解理方向、组数及夹角。解理方向一般用"结晶学"中晶体的单形符号来表示，组数与夹角的观察一般选在矿物单体角顶处，此处解理面较多，对着光线转动标本，寻找是否有不同方向的解理出现，若只有一个方向上的解理，描述为一组，若有多个方向上的解理，还要描述夹角。解理等级若为不完全或者极不完全时，可简单描述为"解理不发育"或"无解理"。

3. 断口

断口是指矿物单体受外力后沿任意方向破裂而形成的各种凹凸不平的断面。根据解理等级的特征，解理与断口的发育程度互为消长，解理发育的矿物很难观察到断口，断口发育的矿物也基本观察不到解理面。断口主要出现在非晶质的准矿物、无解理的矿物及某些矿物集合体的表面，但它不具对称性，不能反映矿物的内部特征，因此，它只能作为鉴定矿物的辅助依据。根据断口呈现的形态，矿物的断口可描述为贝壳状断口（如石英）、参差状断口（如橄榄石、石榴子石、磷灰石）、锯齿状断口（如自然金、自然铜）、土状断口（如高岭石集合体）、纤维状断口（如石棉集合体）等。

第二节　矿物在偏光显微镜下的观察内容与描述方法

矿物在偏光显微镜下观察内容指偏光显微镜下矿物的光学现象，主要包括单偏光镜下和正交偏光镜下的光学性质，有时也需要在锥光镜下进一步观察。矿物在偏光显微镜下的光学性质与矿物种类及其光率体切面密切相关，首先介绍矿物的光学性质分类和光率体特征。

一、矿物的光学性质分类及光率体

（一）矿物的光学性质分类

自然界中的透明矿物根据光学性质可以划分为均质体矿物和非均质体矿物。

均质体矿物的光学性质具有各向同性，光波从任何方向射入都不发生双折射，不改变光波的振动性质，只有一个折射率值，包括非晶质和等轴晶系的矿物，如蛋白石、石榴子石、尖晶石等。

非均质体矿物的光学性质具有各向异性，光波除了沿光轴方向入射，不发生双折射，其余方向均发生双折射，存在无数个双折射率，包括一轴晶和二轴晶矿物，如石英、方解石、斜长石等。

（二）矿物的光率体及其主要切面

因为矿物的光学性质不同，光率体的形状、切面也互不相同，如图 1-5 所示。

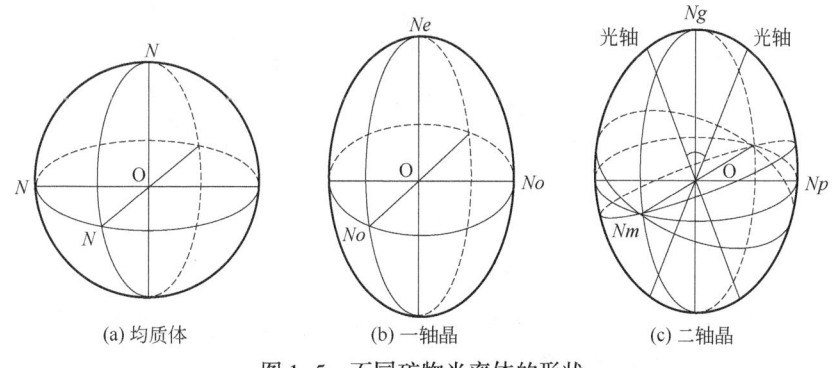

图 1-5　不同矿物光率体的形状

1. 均质体矿物的光率体及其切面

因为光波在均质体矿物中振动时具有各向同性，且只有一个折射率值 N，所以其光率体为圆球体，任意方向的切面都为圆切面，光波垂直入射圆切面，会发生单折射，不发生双折射[图1-5(a)]。

2. 非均质体矿物的光率体及其切面

1) 一轴晶矿物的光率体及其切面

一轴晶矿物的光率体为旋转椭球体，有 Ne 和 No 两个主轴，也代表最大或者最小的两个折射率值，最大双折射率 $Bi=|Ne-No|$；存在一根光轴，往往平行于 Ne 方向[图1-5(b)]。光性有正负之分，$Ne>No$，代表矿物为正光性；$Ne<No$，代表矿物为负光性。一轴晶矿物的光率体中存在3个主要方向上的切面，即垂直光轴的切面、平行光轴的切面和斜交光轴的切面，在不同光性的光率体中三种切面的特征如图1-6所示。

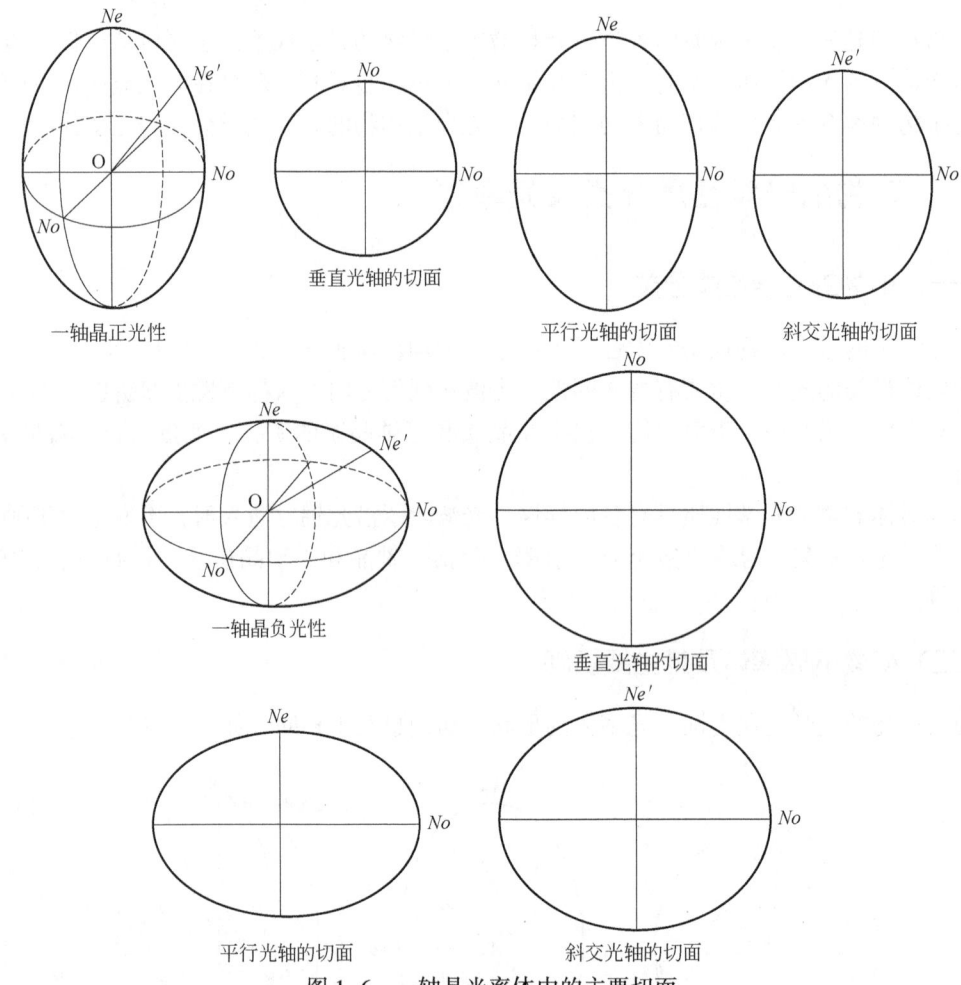

图1-6 一轴晶光率体中的主要切面

由图1-6可以看出，无论光性正负，只有垂直光轴的切面是圆切面，光垂直入射时，不发生双折射；其余方向上的切面均为椭圆切面，光垂直入射时，会发生双折射。其中，平行光轴的切面上具有最大双折射率值。

2) 二轴晶矿物的光率体及其切面

二轴晶矿物的光率体为三轴不等的椭球体，有 Ng、Nm 和 Np 三个主轴，也代表三个主轴上的折射率值，且 $Ng>Nm>Np$；两根光轴，分别垂直于以 Nm 为半径的圆切面；两根光轴之间的夹角称为光轴角，用 $2V$ 表示；光轴角的锐角平分线用 Bxa 来表示，钝角平分线用

Bxo 来表示。二轴晶矿物也有光性正负之分,有两种判断方法:一种是 $Ng-Nm>Nm-Np$,代表矿物为正光性,$Ng-Nm<Nm-Np$,代表矿物为负光性;另一种是 $Bxa=Ng$,代表矿物为正光性,$Bxa=Np$,代表矿物为负光性。

二轴晶矿物的光率体中存在 5 个主要方向上的切面,即垂直光轴的切面、平行光轴面的切面、斜交光轴的切面、垂直锐角平分线的切面、垂直钝角平分线的切面,在不同光性的光率体中五种切面的特征如图 1-7 所示。

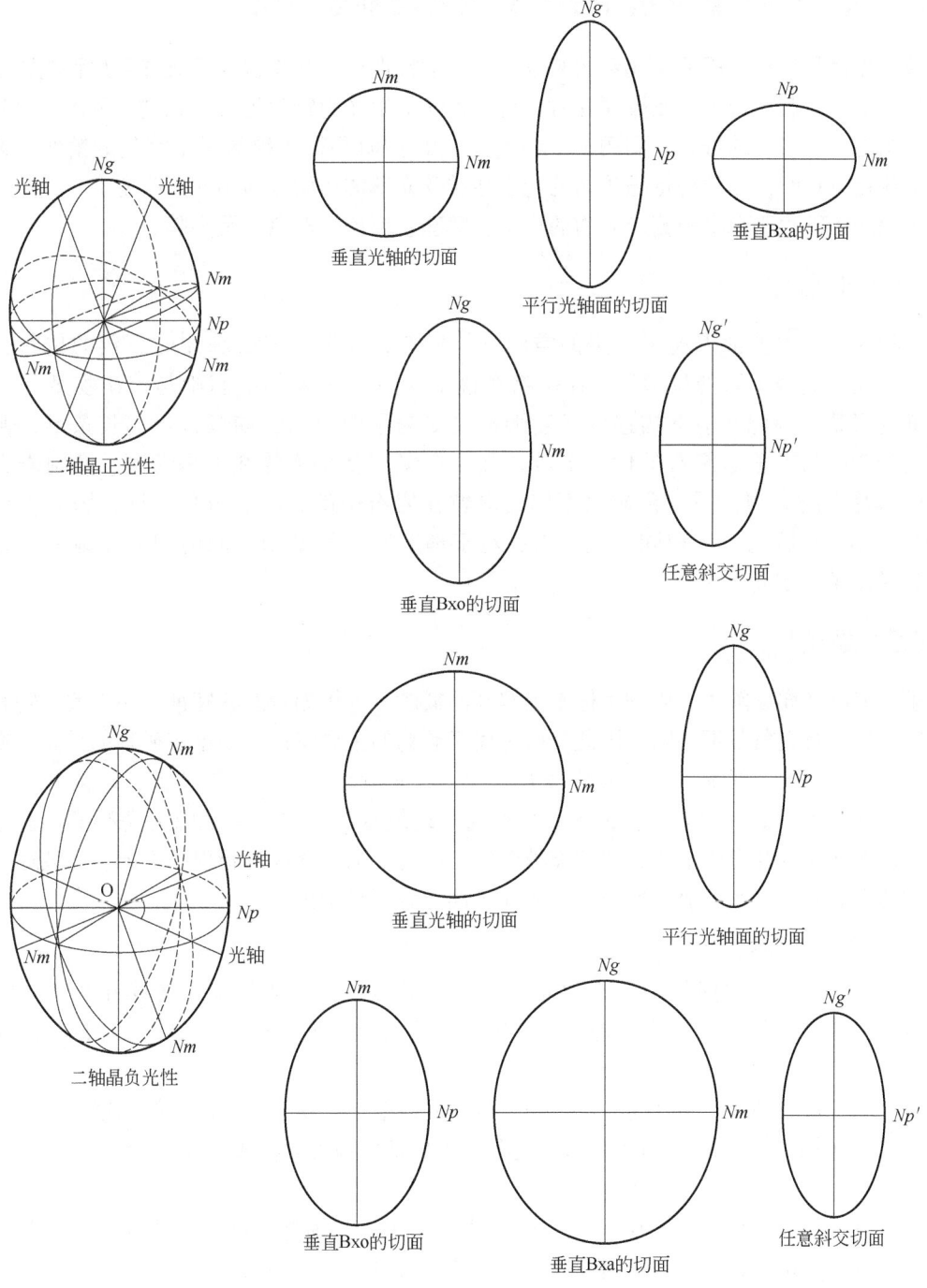

图 1-7 二轴晶光率体中的主要切面

综上所述，在非均质体矿物的光率体中，除了垂直光轴方向的切面为圆切面、不发生双折射外，其余切面均为椭圆切面，产生双折射率。可以进一步理解为：对于一轴晶矿物而言，垂直光轴的切面上测定的是 No 的光学性质，平行光轴的切面上测定的是 Ne 和 No 的光学性质；而对于二轴晶矿物，垂直光轴的切面上测定的为 Nm 的光学性质，平行光轴的切面上测定的为 Ng、Np 的光学性质。

二、矿物在单偏光镜下的观察内容与描述方法

单偏光镜是指只使用下偏光镜的装置，其光学特点包括载物台上不放置薄片和放置薄片的两种情况。若载物台上不放置薄片时，自然光经下偏光镜转化为下偏光进入目镜，此时视域最为明亮，下偏光的振动方向用 PP 来表示，PP 方向平行于视域里十字丝的横丝。若载物台上放置薄片时，光学特点随矿物的光学性质及光率体切面方向不同而改变。

单偏光镜下主要观察和测定矿物的形态、解理、颜色、多色性及突起。

（一）形态

矿物在手标本上常表现出一定的空间立体形态，如第一节所陈述的石英的柱状、白云母的片状、石榴子石的粒状等。而矿物在镜下所呈现出来的形态则是该矿物某一方向上切面的形状，因此，镜下描述的矿物形态主要为平面形状，如黑云母的长条形、普通角闪石的六边形、普通辉石的四边形等。又因在镜下观察到的往往是切割、磨制岩石而制成的薄片中的矿物，同一种矿物不同的颗粒在岩石中的大小、方位不同，因此，在薄片内其大小、形状也互不相同。这一点，对于理解同一种矿物不同的切面在镜下具有不同的光学现象至关重要。

（二）解理

第一节已经详细阐述了矿物手标本上解理的概念、等级划分及其特征，不同的矿物其解理等级、组数及夹角各不相同，因此，解理属于矿物的主要特征，是鉴定矿物的重要依据。

解理在矿物的手标本上表现为解理面的大小、光滑程度、方向等特征，在镜下（即在薄片中）则由解理面表现为平行的细线，称为解理缝或解理纹。这是因为磨制薄片的过程中，解理面之间张开形成细缝，树胶充填其中，因为矿物与树胶的折射率不同，光波通过两者之间的界面时会发生折射和反射，从而在单偏光镜下显示出来。

1. 解理等级的划分

在镜下，解理缝之间的间距大致相等，往往根据解理缝的长度、连续性及其间距将解理划分为 3 个等级：极完全解理、完全解理和不完全解理[图 1-8(a)]，各自特征阐述如下。

（1）极完全解理：解理缝细、长，往往连续贯穿整个矿物颗粒，而且解理缝之间的间距较小，在颗粒表面分布较密。此类解理主要分布于片状矿物表面，如黑云母[图 1-8(b)]、白云母。

（2）完全解理：解理缝清晰可见，但往往不连续，解理缝之间的间距较宽，主要出现于柱状或者板状矿物表面，如普通角闪石、普通辉石[图 1-8(c)]。

（3）不完全解理：解理缝断断续续，有时仅见解理痕迹，一般出现在粒状矿物表面，

如橄榄石[图1-8(d)]、石榴子石。

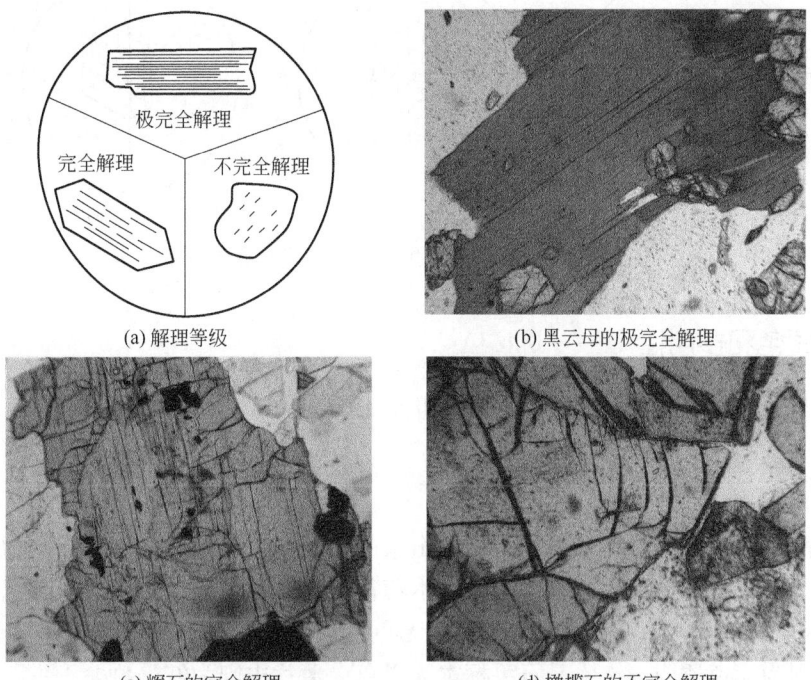

图1-8 矿物镜下的解理等级及代表性矿物

矿物镜下解理缝的粗细及清晰程度，与切面方位及矿物与树胶折射率的差值有直接关系。当切面与解理面垂直时，解理缝细而清楚。当切面与解理面斜交时，则解理缝变粗，而且升降镜筒时解理缝有左右移动现象，若斜交角度过大，解理缝就观察不到了。此外，矿物与树胶的折射率差值越大，光线通过矿物与树胶的界面所产生的折射和反射现象越强烈，解理缝就越明显。

矿物的解理组数与切面方位也有关系，有的切面有一组解理，有的切面有两组甚至多组解理。因此，在描述矿物解理组数时，要观察薄片中同种矿物的不同颗粒，完整描述组数，对于多组解理，需要测定解理夹角。

2. 解理夹角的测定方法

对于具有两组甚至多组解理的矿物，测定其解理夹角的步骤如下：

(1) 寻找合适切面。在单偏光镜下，选择具有两组解理的切面，该切面上两组解理最为清晰，而且，每一组的解理缝平行目镜十字丝纵丝时，升降载物台，解理缝不左右移动[图1-9(a)]。

(2) 移动薄片，使其中一组解理缝平行于十字丝。选择好切面，使解理缝交点与十字丝交点重合，旋转载物台，使一组解理缝与目镜十字丝的纵丝重合或者平行，记下载物台读数 a [图1-9(b)]。

(3) 旋转载物台，使另一组解理缝平行于十字丝。继续旋转载物台，使另外一组解理缝与目镜十字丝的纵丝重合或者平行，再记下载物台读数 b [图1-9(c)]。

(4) 计算解理夹角 α。$\alpha = |a-b|$。

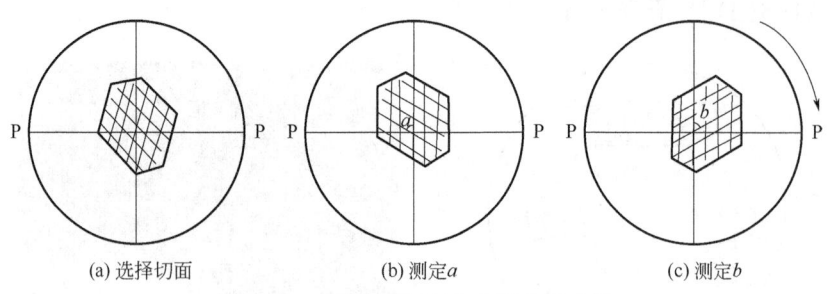

(a) 选择切面　　　　　(b) 测定 a　　　　　(c) 测定 b

图 1-9　矿物镜下解理夹角测定示意图

（三）颜色和多色性

颜色和多色性属于矿物显微镜下观察和描述的重要内容，也是矿物鉴定的重要依据之一。

1. 颜色

矿物显微镜下的颜色是在透射光下呈现出来的，是指单偏光镜下薄片中矿物对白光中各单色光波选择吸收的结果。因为薄片比手标本薄得多，所以矿物在薄片中的颜色比手标本上要淡，如石英手标本为乳白色，薄片中则为无色透明；普通辉石手标本上呈现黑色、黑绿色，薄片中则为无色透明；铬尖晶石手标本为黑色，薄片中则为红褐色。

2. 多色性

一般来说，单偏光镜下薄片中的矿物若无明显的颜色，描述为无色；若有明显的颜色，直接描述即可。然而有的矿物，当旋转载物台时，颜色会发生变化，如黑云母，手标本上为黑色，薄片中则在深棕—淡黄色之间变化。矿物的这种性质被称为多色性，即旋转载物台，同一矿物颗粒表面的颜色发生有规律的改变；若是颜色深浅发生变化，则被称为矿物的吸收性。

多色性与吸收性的产生是因为光波沿不同方向振动时，矿物对光波的选择吸收及吸收强度不同引起的，吸收性强，多色性强，吸收性弱，多色性就不明显。均质体矿物的光学性质具有各向同性，不同振动方向上的光波选择吸收性相同，因此，它们不具有多色性和吸收性，例如石榴子石、蛋白石、石盐等。理论上，非均质体矿物的光学性质具有各向异性，不同振动方向上的光波选择吸收性互不相同，所以，该类矿物具有多色性和吸收性。但实际观察时，只有颜色较深、双折射率较大的非均质体矿物且在非垂直光轴的切面上才能表现出明显的多色性和吸收性，而双折射率较小的非均质体矿物或垂直光轴的切面上是观察不到多色性的。例如，黑云母和白云母的双折射率都较大，但深色黑云母具有明显多色性，而浅色白云母则观察不到多色性。另外，同种矿物的薄片厚度越大，多色性越明显。多色性明显的矿物如普通角闪石、黑云母（图 1-10）、霓辉石、霓石、伊丁石等；多色性微弱的矿物如紫苏辉石、绿泥石、榍石、蓝晶石等；观察不到多色性的矿物如斜长石、石英、普通辉石、橄榄石等。

3. 多色性的测定及表达方式

非均质体矿物包括一轴晶和二轴晶，其多色性用光率体中主轴上的颜色来表示。

一轴晶矿物的光率体有两个主轴，分别为 Ne、No，Ne 轴平行于光轴（即 Z 轴）方向，为非常光，No 轴垂直于 Z 轴方向，为常光。一轴晶矿物的多色性就用这两个主轴方向上的颜色来表示。下面以黑电气石为例展示一轴晶矿物多色性的测定过程。黑电气石为负光性，

(a) 解理缝平行横丝时为深棕色　　　　　　(b) 解理缝平行纵丝时为淡黄色

图 1-10　黑云母的多色性

所以 $No>Ne$。首先测定 No 方向的颜色，需要选择垂直于 Z 轴方向的切片，其光率体切面为以 No 为半径的圆切面；将切片置于单偏光镜下，矿片显深蓝色，且旋转载物台颜色不发生变化，即 No 方向的颜色为深蓝色。然后测定 Ne 方向的颜色，需要选择平行于 Z 轴的切片，其光率体切面为以 No、Ne 为长、短半径的椭圆；将切片置于单偏光镜下，旋转载物台，当矿物表面为深蓝色时，表示此时 No 平行于横丝即下偏光镜的振动方向[图 1-11(a)]；顺时针或者逆时针旋转载物台 90°，即 Ne 轴平行于横丝[图 1-11(b)]，此时黑电气石呈浅紫色，即 Ne 方向的颜色；当光率体椭圆的 No、Ne 与横丝均斜交时[图 1-11(c)]，黑电气石表面的颜色介于浅紫色与深蓝色之间。经过上述测定过程，黑电气石的多色性表达为：$No=$ 深蓝色，$Ne=$ 浅紫色。

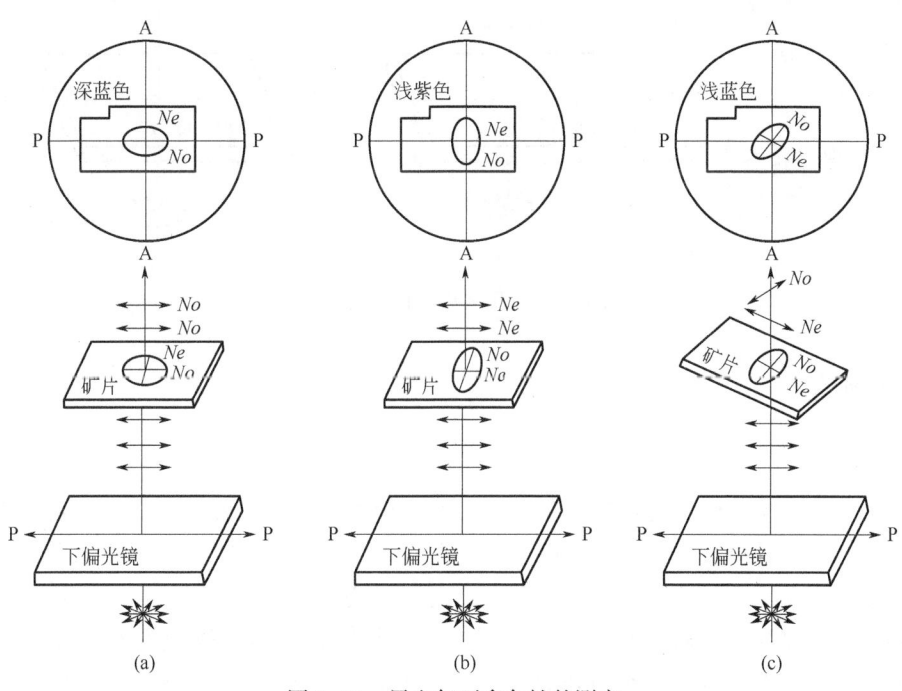

图 1-11　黑电气石多色性的测定

二轴晶矿物的光率体有三个主轴（Ng、Nm 和 Np），其多色性就用三个主轴上的颜色来表示。下面以黑云母为例展示二轴晶矿物多色性的测定过程[图 1-12(a)]。黑云母为负光性矿物，其 $Ng-Nm<Nm-Np$。首先测定 Nm 方向的颜色，需要选择垂直光轴的切面，其光率体是以 Nm 为半径的圆切面；将切片置于单偏光镜下，黑云母表面不具多色性，只显示深棕色，即 Nm 方向的颜色[图 1-12(b)]。然后选择平行光轴的切面，其光率体是以 Ng、Np 为半径的椭圆切面，显示深棕色为 Ng 方向，旋转载物台 90°即为 Np 方向上的颜色，为浅黄色[图 1-12(c)]。因为黑云母 $Ng≈Nm$，所以 Ng 方向上颜色也表现为深棕色。若是 Ng、Nm 相差较大，此时还需要借助于垂直 Bxa 或者垂直 Bxo 的切面来测定这两个主轴上的颜色。如图 1-12(a) 所示，黑云母垂直 Bxa 的切面是以 Ng、Nm 为半径的椭圆切面，该切面上多色性极不明显，均为深棕色。经上述测定，黑云母的多色性表达为：$Ng≈Nm=$ 深棕色，$Np=$ 浅黄色。

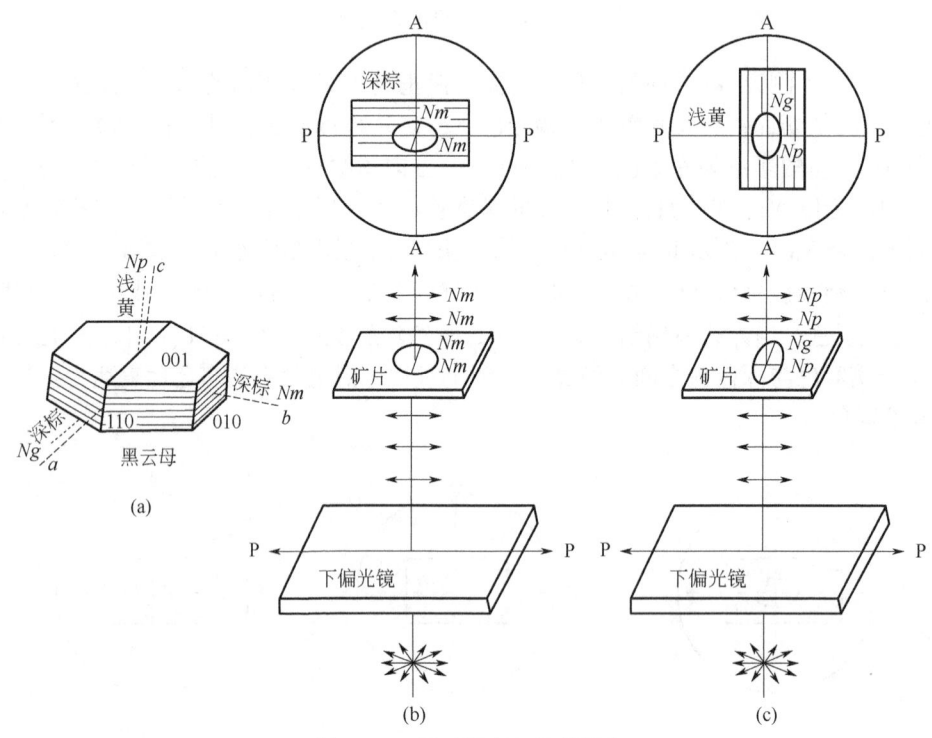

图 1-12 黑云母多色性的测定

（四）突起

1. 概念

突起是单偏光镜下矿物的重要特征之一，也是识别矿物的主要依据之一，是糙面与边缘的综合反应。糙面是指矿物表面的粗糙或者光滑程度，一般用极粗糙、粗糙、大致光滑、光滑（或者极显著、显著、略显粗糙、光滑）来表示。边缘是指薄片中两个折射率不同的物质接触处的黑色界线，一般用很宽、明显且粗、清楚较细、不清楚或者不明显来表示。此外，临近边缘处还可以看到一条明亮的线，称为贝克线。边缘和贝克线产生的原因主要是因为相邻两物质（矿物与矿物、矿物与树胶）折射率不等，光波通过二者接触界面时，发生折射、全反射作用引起的。贝克线与边缘示意可见图 1-13，图中黑色的细线为矿物边缘，黑色线里面的亮色白线则为贝克线。

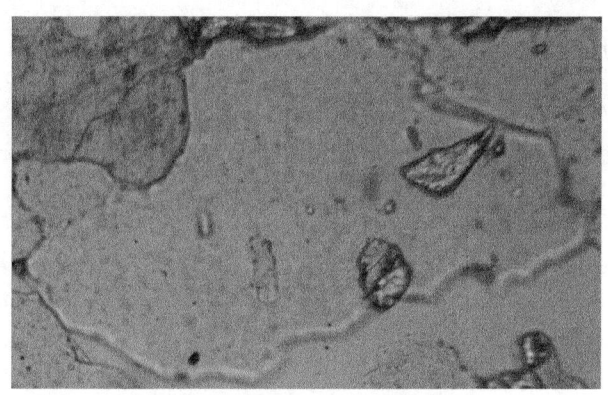

图 1-13 矿物的边缘与贝克线

2. 突起等级的观察与判断方法

突起的判断包括两个步骤，首先需要判断突起的正负；其次需要判断突起的高低。

1) 突起正负的判断

突起正负的判断需要借助于贝克线的移动规律。贝克线的移动规律是指提升镜筒时，贝克线向折射率高的物质移动；下降镜筒时，贝克线向折射率低的物质移动。实际操作显微镜时，镜筒是固定的，而载物台是可以上升或者下降的。因此，下降载物台是指提升镜筒，上升载物台是指下降镜筒。观察贝克线时，把相邻两物质的接触界线置于视域中心，使用中倍物镜（10×或者25×）并缩小锁光圈以减少倾斜角度较大的光线，此时，视域变得较暗，而贝克线显得较清晰。

贝克线是由于相邻两物质的折射率不同引起的，所以，根据贝克线的移动规律，可以判断相邻两物质折射率的相对大小。矿物突起的正、负就是在单偏光镜下找到矿物与树胶接触的界线，调出贝克线，下降或者提升载物台，根据贝克线的移动方向来判断。为了表达方便，矿物的折射率用 $N_{矿}$ 来表示，树胶的折射率为 1.54。下降载物台时，若贝克线移向矿物，则 $N_{矿}>1.54$，矿物为正突起；若贝克线移向树胶，则 $N_{矿}<1.54$，矿物为负突起。

再次强调，判断矿物突起的正负时，一定要找到矿物与树胶接触的界线，而不是矿物与矿物的接触界线。

2) 突起高低的判断

突起高、低的判断需要依据边缘与糙面的综合特征。一般来说，边缘越清晰越粗、糙面越粗糙，突起越高；边缘越细越不清晰、糙面越光滑，突起越低。

3) 突起等级的划分

综合矿物突起的正负以及边缘和糙面特征，可以把突起划分为六个等级，即正极高突起、正高突起、正中突起、正低突起、负低突起、负高突起，每一等级对应的折射率范围、边缘和糙面特征及典型矿物详见表 1-8。

表 1-8 单偏光镜下矿物突起等级的划分及其特征

突起等级	折射率	贝克线移动规律及糙面、边缘特征	典型矿物
负高突起	<1.48	下降载物台，贝克线向树胶移动 边缘明显且粗，糙面粗糙或显著	萤石、蛋白石

续表

突起等级	折射率	贝克线移动规律及糙面、边缘特征	典型矿物
负低突起	1.48~1.54	下降载物台，贝克线向树胶移动 边缘不清楚，表面光滑	正长石、微斜长石
正低突起	1.54~1.60	下降载物台，贝克线向矿物移动 边缘不清楚，表面光滑	石英、中长石
正中突起	1.60~1.66	下降载物台，贝克线向矿物移动 边缘明显较细，糙面略显粗糙或大致光滑	黑云母、普通角闪石
正高突起	1.66~1.78	下降载物台，贝克线向矿物移动 边缘明显且粗，糙面粗糙或显著	普通辉石、橄榄石、尖晶石
正极高突起	>1.78	下降载物台，贝克线向矿物移动 边缘很宽，糙面极粗糙或极显著	石榴子石、榍石、锆石

由表1-8可以看出，矿物与树胶折射率值相差越大，突起越高；反之，矿物与树胶折射率值相差越小，突起就越不明显。突起越高时，边缘越宽、糙面越明显；突起越低时，矿物边缘、糙面越不明显。

图1-14展示了常见造岩矿物的突起等级，可以作为鉴定参照矿物。

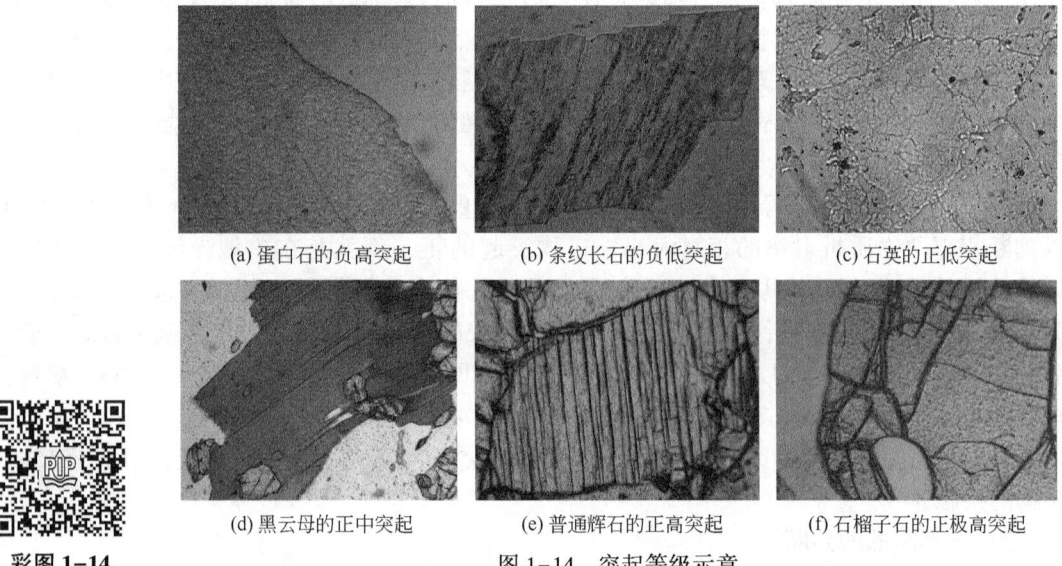

(a) 蛋白石的负高突起　　(b) 条纹长石的负低突起　　(c) 石英的正低突起

(d) 黑云母的正中突起　　(e) 普通辉石的正高突起　　(f) 石榴子石的正极高突起

图1-14　突起等级示意

黑线为矿物边缘，白色线为贝克线，且贝克线移动方向均为下降载物台时

3. 闪突起

有的矿物的突起等级在单偏光镜下旋转载物台时会发生改变，这种现象称为矿物的闪突起。比如常见的方解石族矿物、白云母均具有较明显的闪突起。就以方解石为例展示闪突起的特征和成因。图1-15为方解石平行光轴的切面在单偏光镜下的突起特征，该平行光轴的切面是以No、Ne为长、短半径的椭圆切面，$No = 1.658$，$Ne = 1.486$。图1-15(a)为$No//PP$，此时边缘明显且粗、表面粗糙，且$No>1.54$，所以为正中突起。图1-15(b)为$Ne//PP$，此时边缘、糙面不明显，且$Ne<1.54$，所以为负低突起。而方解石突起等级发生改变的根本原因在于矿物切面不同方向上的折射率与树胶折射率差值不同。从原理上来说，所有非均质

体矿物非垂直光轴的切面都具有闪突起的特征。但是，只有具有较大双折射率的矿物，且在平行光轴面的切面上观察时，矿物的闪突起才最为明显。

闪突起作为单偏光镜下矿物的特殊光学现象，经常出现在方解石族矿物和白云母中，方解石族矿物包括方解石、白云石、菱镁矿和菱铁矿等。

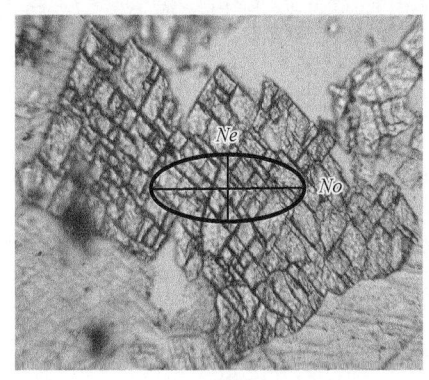 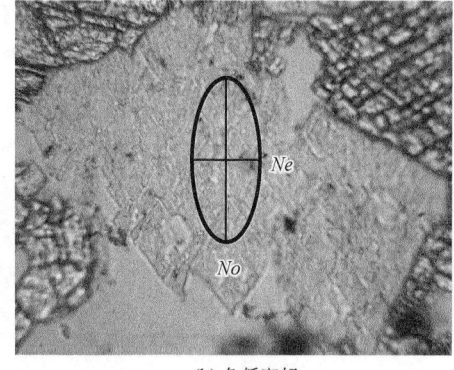

(a) 正中突起　　　　　　　　　　　　　　(b) 负低突起

图 1-15　方解石的闪突起
贝克线为下降载物台时其移动方向

三、矿物在正交偏光镜下的观察内容与描述方法

正交偏光镜是指同时使用上、下偏光镜，并且使两者振动方向相互垂直。下偏光镜的振动方向用 PP 来表示，上偏光镜的振动方向用 AA 来表示，PP、AA 分别平行于目镜十字丝的横丝、纵丝。如何检测上、下偏光镜的振动方向是否垂直呢？若载物台上不放置薄片，视域完全黑暗，则互相垂直，说明偏光显微镜调节到正交状态；若视域不黑暗，一般需要旋转下偏光镜直至视域完全黑暗。因此，确保上、下偏光镜的振动方向互相垂直，是在正交偏光镜下观测矿物光学现象和性质的首要前提。

正交偏光镜下有两大光学现象和一大法则，即消光现象、干涉现象和补色法则，矿物所需观察和测定的光学性质都以此为基础。

（一）消光现象

1. 消光现象分类

消光是指薄片中的透明矿物在正交偏光镜下视域呈现黑暗的现象。从矿物的不同光学性质和光率体的不同切面出发，把消光现象分为全消光和四次消光。

1) 全消光

在正交偏光镜下，旋转载物台 360°，薄片中某透明矿物表面始终保持黑暗，这种现象称为全消光。全消光主要出现在均质体矿物任意方向的切面上或者非均质体矿物垂直光轴的切面上，因为这两类切面均为圆切面，光波通过时不会发生双折射。如图 1-16(a) 所示，当载物台上放置均质体任意方向的切面或者非均质体垂直光轴的切面时，光波通过下偏光镜后，即转变为沿 PP 方向振动的偏光，进入矿片时，因为切面为圆切面，任意方向上折射率都相同，所以光波不发生双折射，不改变振动方向，仍沿 PP 方向振动并透过矿片，到达上偏光镜时，与 AA 垂直，不能透出上偏光镜，故而矿物表面呈现黑暗而出现全消光。

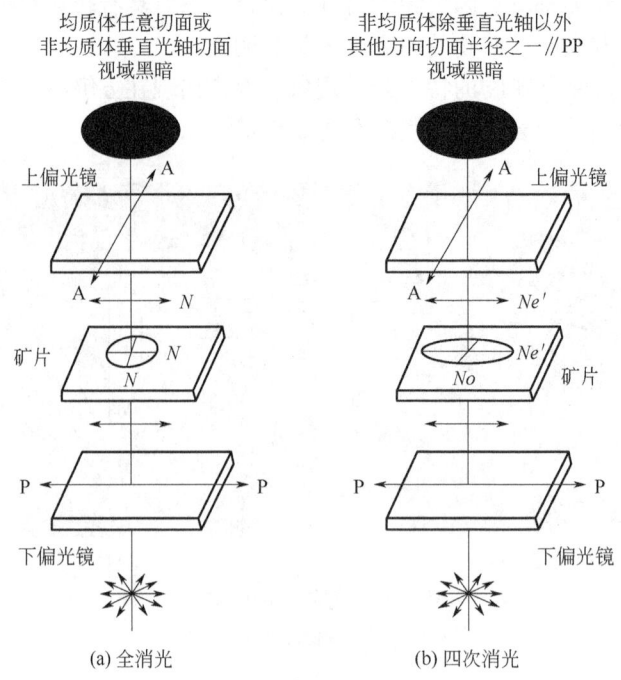

图 1-16 消光现象及其光学原理

2）四次消光

在正交偏光镜下，旋转载物台 360°，薄片中某透明矿物表面出现 4 次黑暗，这种现象称为四次消光。四次消光主要出现在非均质体矿物除垂直光轴以外其他方向的切面上，这种切面为椭圆切面，转动载物台 360°，椭圆长、短半径与上、下偏光振动方向 AA、PP 有四次平行的机会，因此，就会出现四次黑暗。如图 1-16(b) 所示，当载物台上放置非均质体矿物除垂直光轴以外其他方向的切面，且该椭圆切面的半径与 AA、PP 平行时，由下偏光镜透出的振动方向平行 PP 的偏光，垂直射入矿片后，则沿与 PP 平行的 Ne' 半径振动并透出矿片，没有改变振动方向，到达上偏光镜时，仍与 AA 垂直，不能透出上偏光镜，故而矿物表面仍然表现为黑暗，即消光。

综上所述，正交偏光镜下全消光的矿物，可能是均质体矿物，也可能是非均质体矿物垂直光轴的切面；而四次消光的矿物，绝对是非均质体矿物，而且是除垂直光轴以外其他方向的切面，具体是平行光轴的切面，还是斜交光轴的切面，需要结合其他光学性质进一步判断。

2. 消光类型与消光角

针对四次消光的非均质体矿物非垂直光轴的其他方向的切面，还存在消光位、消光角的概念及消光类型的划分。

1）消光类型

消光位是指非均质体矿物非垂直光轴的其他方向的切面在正交偏光镜间处于消光时的位置。矿片的消光类型则根据消光位时解理缝、双晶缝或长晶棱与目镜十字丝的关系划分为：平行消光、斜消光和对称消光三种。

平行消光是指矿片处于消光位时，矿片解理缝、双晶缝或长晶棱与目镜十字丝之一平行，如黑云母、白云母、石英。

斜消光是指矿片处于消光位时，矿片解理缝、双晶缝或长晶棱与目镜十字丝斜交，如普通角闪石、普通辉石、斜长石。

对称消光是指矿片处于消光位时，目镜十字丝平分两组解理夹角，如普通角闪石、普通辉石、方解石具有两组解理的切面。

2）消光角

消光角是指矿片处于消光位时，其解理缝、双晶缝或长晶棱与目镜十字丝的夹角。非均质体矿物非垂直光轴的矿片处于消光位时，其光率体椭圆长、短半径与上、下偏光振动方向AA、PP平行，而AA和PP又以目镜十字丝来代表，因此，目镜十字丝等同于矿片光率体椭圆半径的方向，而解理缝、双晶缝或长晶棱往往代表了晶体结晶轴的方向，所以消光角实质上是光率体椭圆半径与结晶轴之间的夹角。单斜晶系的矿物，消光角表示为 $Ng' \wedge c$。三斜晶系的矿物，消光角表示为 $Np \wedge (010)$。

在此需要说明的是，具有斜消光的矿物才测定消光角。一轴晶也即中级晶族的矿物以平行消光和对称消光为主，二轴晶中斜方晶系以对称消光和平行消光为主。因此，只有二轴晶中单斜晶系和三斜晶系的矿物需要准确定名时，才需要测定消光角。

（二）干涉现象

非均质体矿物除垂直光轴以外其他方向的切面在正交偏光镜下旋转载物台有四次黑暗、四次明亮的现象，四次黑暗称为四次消光，四次明亮的现象则为干涉，明亮的颜色被称为干涉色。

1. 干涉产生原理及光程差

干涉产生的原理可由图 1-17 来解释。当载物台上放置非均质体除垂直光轴以外其他方

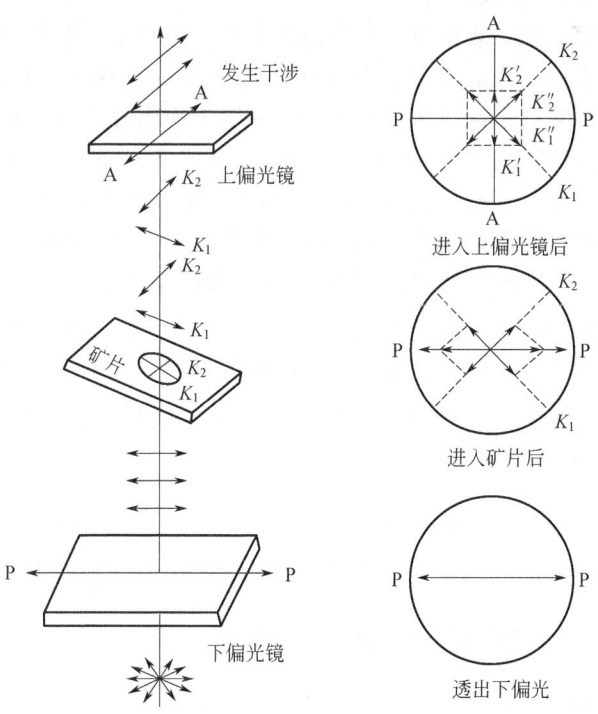

图 1-17 正交偏光镜下非均质体非垂直光轴的切片产生干涉的光学原理

向上的切片时,其光率体椭圆的长、短半径 K_1、K_2 与上、下偏光振动方向 AA、PP 均斜交,那么,下偏光镜透出的沿 PP 方向振动的偏光,进入薄片后,就会发生双折射,分解为振动方向相互垂直的两种偏光即 K_1、K_2。这两种偏光的振动方向与上偏光的振动方向斜交,当它们进入上偏光镜时,就会再度发生双折射而分解形成四种偏光,但只有平行上偏光镜的两种偏光可以透过上偏光镜,并且具备了发生干涉作用的条件,必将发生干涉作用。

矿片干涉结果主要取决于光程差。光程差由矿片的厚度和双折射率所决定,其表达式为:$R=d(N_1-N_2)=dBi$,R 表示光程差,d 表示矿片厚度,N_1-N_2 即 Bi 表示双折射率。此外,矿片干涉的明亮程度还与透出上偏光镜的两种偏光 $K_1'+K_2'$ 的振幅之和有关,振幅之和越大,亮度越强。如图 1-18 所示,OF 为 K_1'、K_2' 的振幅之和,$OF=OB\cos\alpha \cdot \sin\alpha$,只有当 $\alpha=45°$ 时,OF 最大,矿片最明亮。此时,矿片的光率体椭圆半径与 AA、PP 的振动方向成 45°夹角,该矿片的位置被称为 45°位置,于正交偏光镜下测定矿物的光学性质具有重要意义。

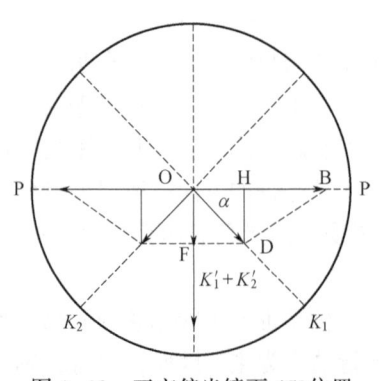

图 1-18 正交偏光镜下 45°位置

2. 干涉色及其色谱表

非均质体矿物在正交偏光镜下 45°位置会呈现最明亮的颜色,即为干涉色。在正交偏光镜下 45°位置,随着石英楔的缓慢推入,矿片由薄到厚,光程差由小到大,视域内将会观察到由低到高约一至四级的干涉色。将光程差、双折射率、矿片厚度放在同一个图表里,就构成了干涉色色谱表(附录 1)。干涉色色谱表中的横坐标表示光程差 R,以 nm 为单位,也代表干涉色级序;纵坐标表示矿片的厚度 d,以 mm 为单位,斜线的上方或者右方表示最大双折射率 Bi(Nesse,2004,有改动)。

由附录 1 可以看出,色谱表中可以清晰地观察到一至四级干涉色,每一级干涉色最高色序为紫色,最大光程差以 550nm 为界,除了第一级和高于五级干涉色,其余各级干涉色色序相同,由低到高依次为蓝、绿、黄、紫红。每一级干涉色都有各自的特征。第一级干涉色光程差 R 为 0~550nm,最大双折射率 Bi 为 0.018,干涉色级序为一级灰、一级灰白、一级黄、一级橙黄、一级紫红,没有蓝色和绿色,代表性的矿物有叶绿泥石、磷灰石、高岭石、钾长石、斜长石、石英、紫苏辉石等。第二级干涉色 R 为 550~1100nm,Bi 为 0.036,总体色调浓而纯,以二级蓝色最鲜艳,代表性的矿物有普通角闪石、普通辉石、透闪石、透辉石、电气石、镁橄榄石等。第三级干涉色 R 为 1100~1650nm,Bi 为 0.054,以三级绿色最为醒目,代表性的矿物有白云母、铁橄榄石、滑石、霓石等。第四级及以上干涉色,光程差越来越大,颜色越来越淡,且不见蓝色,常见浅绿色和浅粉色。当光程差达到第五级以上时,各单色光不等量混杂,构成了珍珠般的白色,称为高级白干涉色,是高双折射率矿物的特征,如方解石族矿物、榍石、金红石。

对于初学者而言,测定了矿物的干涉色之后,对照干涉色色谱表就可以查到对应的光程差,另外,在预知矿片厚度的前提下,就能查到矿物的最大双折射率。

(三)补色法则和常用补色器(试板)

正交偏光镜下,测定矿物光学性质时经常用到一个重要的法则,即补色法则。补色法则是指两个非均质体矿物除垂直光轴方向以外的任意切片,在正交偏光镜间,光率体椭圆切面长、短半径在 45°位置重叠时，光波通过这两个矿片后，总光程差增加或减小导致干涉色升高或降低的法则（图 1-19）。

将两个矿片在 45°位置重叠时，总光程差的增加或减小，取决于它们的重叠方式。如图 1-19（a）所示，当两个矿片同名半径平行时，也即 $Ng_1//Ng_2$、$Np_1//Np_2$ 时，总光程差增加，总干涉色升高。如图 1-19（b）所示，当两个矿片异名半径平行时，也即 $Ng_1//Np_2$、$Np_1//Ng_2$ 时，总光程差减小，总干涉色降低。在此要注意：总干涉色升高是指比两个矿片的原干涉色都高；总干涉色降低则不一定比两个矿片原干涉色都低，而是一定低于原干涉色高的矿片。

正交偏光镜下使用补色法则时，需要借助于补色器。补色器又被称为试板，是将已知光程差的非均质体矿物制成一定厚度、非垂直光轴的切片，试板上已经标注出光率体椭圆长、短半径的方向。实验室常用的补色器为石膏试板、云母试板和石英楔（图 1-20）。

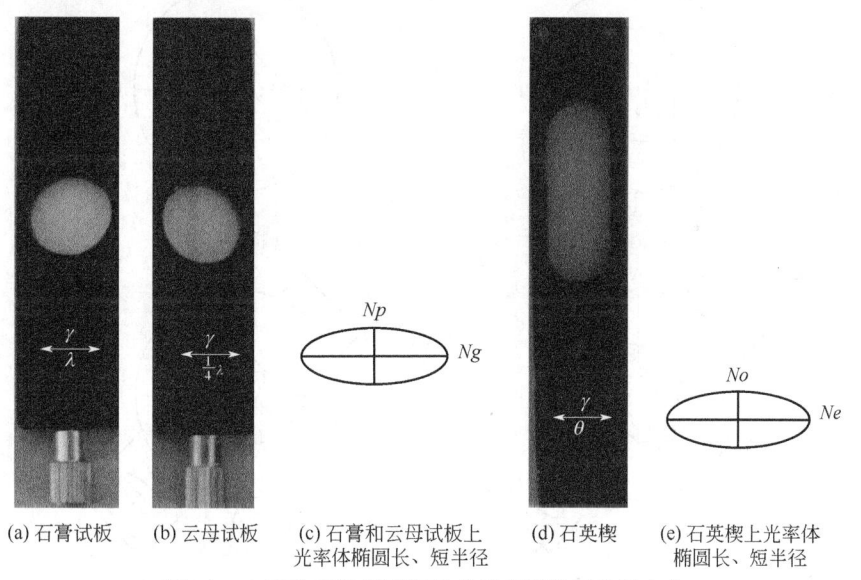

(a) 石膏试板　(b) 云母试板　(c) 石膏和云母试板上光率体椭圆长、短半径　(d) 石英楔　(e) 石英楔上光率体椭圆长、短半径

图 1-20　实验室常用试板及其光率体椭圆半径方向

石膏试板上标记着一个 λ，光程差 $R=550\text{nm}$，干涉色为一级紫红［图 1-20（a）］。云母试板标记着 $\frac{1}{4}\lambda$，$R=147\text{nm}$，干涉色为一级灰［图 1-20（b）］。石膏和云母均属于二轴晶矿物，因此其光率体非垂直光轴的椭圆切面的长、短半径分别为 Ng、Np，Ng 平行于试板短边，Np 平行于试板长边［图 1-20（c）］。

石英楔是由沿平行光轴方向、由薄到厚磨成楔形薄片、再用加拿大树胶粘在两块玻璃中间制成［图 1-20（d）］，其光程差在 0~1650nm 之间变化。正交偏光镜下 45°位置时，随着石英楔的缓慢推入，薄片厚度由薄到厚，光程差由小到大，干涉色也逐渐升高，可以依次观察到一至三级干涉色。石英为一轴晶正光性的矿物，其平行光轴的椭圆切面的长、短半径分别为 Ne、No，Ne 平行于试板短边，No 平行于试板长边［图 1-20(e)］。

正交偏光镜下使用补色法则时，试板为已知光率体椭圆半径名称和方向的矿片。那么如何选择试板呢？一般来说，矿物干涉色在Ⅱ级黄及以上时，选择云母试板，干涉色会升高或者降低一个色序，干涉色升降以矿物本身的干涉色为参照；矿物干涉色在Ⅱ级黄以下时，选择石膏试板，干涉色会升高或者降低一个级序，干涉色升降以石膏试板的一级红为参照。当熟练补色法则时，可以任意选择试板。

（四）正交偏光镜下观察内容和测定方法

矿物在正交偏光镜下需要观察和测定的内容包括非均质体矿片光率体椭圆半径方向及名称的测定、干涉色级序的测定、双折射率的测定、消光类型的判断和消光角的测定、延性符号的判断及双晶的观察。

1. 非均质体矿片光率体椭圆半径方向及名称的测定（定轴名）

测定非均质体矿片光率体椭圆半径的方向及名称，也称为定轴名，是观测其他光学性质的基础，其测定步骤如图 1-21 所示。

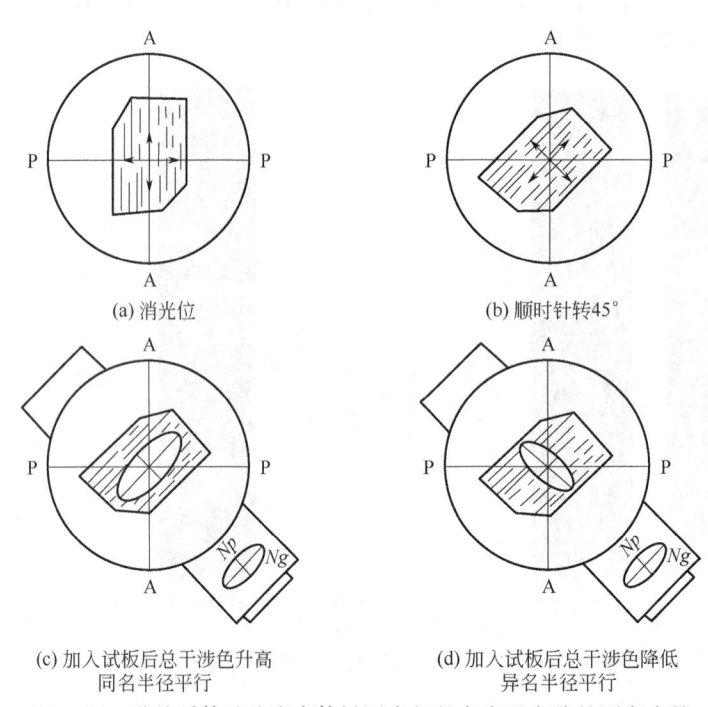

图 1-21　非均质体矿片光率体椭圆半径的方向及名称的测定步骤

1）使欲测矿片处于消光位

将需要测定的矿物置于视域中心，并旋转载物台使其处于消光位，此时矿片上光率体椭圆半径方向平行于上、下偏光镜的振动方向即 AA、PP 方向，即平行于目镜十字丝方向［图 1-21(a)］。

2）使欲测矿片处于 45°位置

顺时针旋转载物台 45°，此时矿片干涉色最亮，矿片上光率体椭圆半径与目镜十字丝夹角为45°，也即矿片的45°位置[图1-21(b)]。在该位置推入试板，总干涉色会出现如下所述两种情况之一。

（1）总干涉色升高：推入试板，总干涉色升高，则同名半径平行[图1-21(c)]。如果所测矿物为一轴晶（$Ne>No$），则$Ne//Ng$、$No//Np$；如果所测矿物为二轴晶，则$Ng'//Ng$、$Np'//Np$。

（2）总干涉色降低：推入试板，总干涉色降低，则异名半径平行[图1-21(d)]。如果所测矿物为一轴晶（$Ne>No$），则$Ne//Np$、$No//Ng$；如果所测矿物为二轴晶，则$Ng'//Np$、$Np'//Ng$。

2. 干涉色级序的测定

根据光程差$R=dBi$可知，薄片中同一矿物的不同颗粒，切面方向不同，双折射率不同，光程差不同，干涉色就会不同。正交偏光镜下测定矿物的干涉色是指最高干涉色，所以在测定时，尽量观察同一矿物的多个颗粒，取其中最高干涉色。

干涉色级序测定的方法有楔形边法和石英楔法，其中楔形边法适用于有楔形边且外侧边缘干涉色从一级灰白开始的矿物，石英楔法适用于不具有楔形边的矿物。

1）楔形边法

在磨制岩石薄片时，因为矿物颗粒的方位、形态以及用力的影响，薄片中的矿物切面往往边缘薄，向中间逐渐变厚，这种边缘就称为矿物的楔形边。具有楔形边的矿物从边缘向中间，薄片厚度逐渐增加，其干涉色也由边缘向中间逐渐升高，构成较细的干涉色色圈或者干涉色条带，所以楔形边法也称为色圈法。利用楔形边法测定矿物干涉色是最为便捷的方法，但是矿物边缘必须从一级灰白开始，然后向中间观察，若是期间经过n条紫红色条带，就是经过了n个级序，则矿物干涉色级序为$n+1$级，再结合矿物表面的颜色，就可以判定矿物的干涉色。如图1-22所示，该矿物为橄榄石，矿物具有楔形边，且边缘从一级灰白开始，向中间观察，出现2条紫红色条带，矿物表面颜色为紫红色，则矿物干涉色为三级紫红。

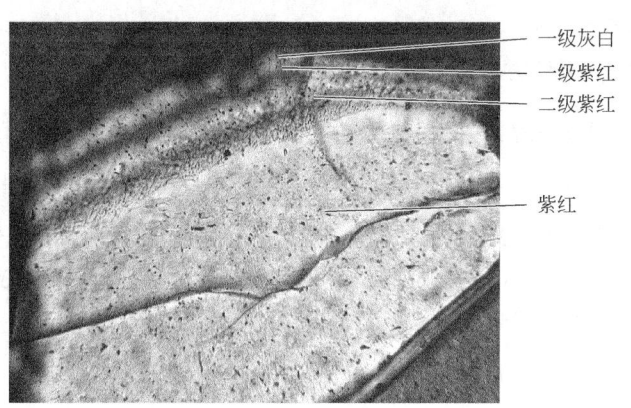

图1-22 利用楔形边法测定橄榄石的干涉色

彩图1-22

2）石英楔法

当薄片中的矿物没有楔形边或者楔形边的最外缘不是从一级灰白开始时，必须用石英楔来测定矿物的干涉色级序，测定步骤如下所述。

（1）将选好的矿物颗粒置于视域中心，转动载物台，使其至消光位[图1-23(a)]。

（2）再转载物台45°，使矿物处于45°位置，此时矿物表面干涉色最亮[图1-23(b)]。

(3) 推入石英楔寻找消色位置。

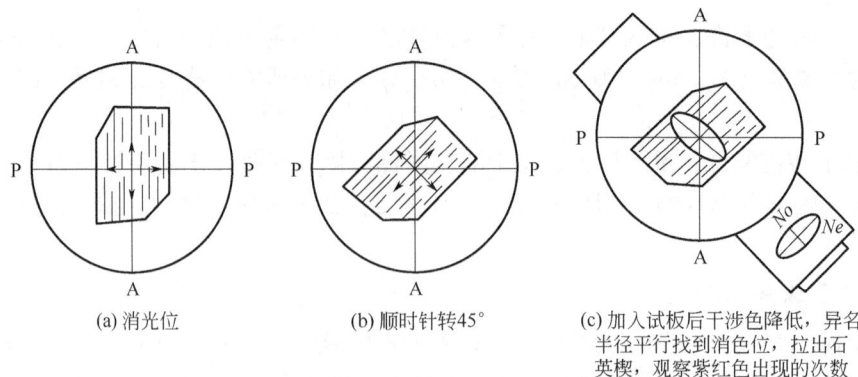

(a) 消光位　　　(b) 顺时针转45°　　　(c) 加入试板后干涉色降低，异名半径平行找到消色位，拉出石英楔，观察紫红色出现的次数

图 1-23　石英楔法测定矿物干涉色

在 45°位置，由试板孔从薄至厚推入石英楔，会出现两种情况：

一种是总干涉色一直升高的现象，表明矿物光率体椭圆切面与石英楔同名半径平行，不可能出现消色，必须旋转载物台 90°，使二者异名半径平行。

第二种就是二者异名半径平行时，随着石英楔的缓慢推入，总干涉色会逐渐降低直至一级灰黑，此时矿物表面的灰黑即为消色（消色是指正交偏光镜间两个非均质体非垂直光轴的切片在 45°位置因为异名半径平行而在矿物表面出现的灰黑色）；从消色位慢慢拉出石英楔，矿物干涉色又逐渐升高，直至全部拉出，矿物显示原来的干涉色；在拉出石英楔的过程中，仔细观察矿物干涉色的变化，如果其间经过 n 次紫红条带，矿物干涉色为 $n+1$ 级，加上其本来的干涉色，就是矿物的干涉色级序[图 1-23(c)]。

石英楔法测定矿物干涉色的过程中，有两个关键点：一是缓慢推入石英楔，找到消色现象；二是缓慢拉出石英楔，观察紫红色条带出现的次数。

3. 双折射率的测定

双折射率的测定也有两种方法。

(1) 利用光程差公式 $R=dBi$。根据光程差公式 $R=dBi$，则 $Bi=\dfrac{R}{d}$。由上述楔形边法或者石英楔法测定出矿物颗粒的干涉色，在干涉色色谱表上可以查出光程差 R 的大小，薄片厚度若无特别指出，一般为 0.025mm。注意单位换算，R 单位为 nm，d 单位为 mm。

(2) 利用干涉色色谱表，直接查出 Bi。在此需要注意，矿物颗粒的双折射率是指最大双折射率，因此测定矿物颗粒干涉色时尽量取最高干涉色。

4. 消光类型的判断和消光角的测定

1) 消光类型的判断

判断消光类型是针对具有四次消光的非均质体矿物的非垂直光轴的切面。当该切面处于消光位时，观察解理缝、双晶缝或者长晶棱与目镜十字丝的关系，若二者平行，则为平行消光；若有两组解理时，则为对称消光；若二者斜交，则为斜消光。斜消光的切面，需要测定消光角。

2) 消光角的测定

依前所述，消光角的测定主要针对二轴晶中单斜晶系和三斜晶系的矿物，因为二者以斜消光为主，但不同方向的切面上，消光角大小不同，所以，只有测定定向切面的消光角才有鉴定意义。单斜晶系的矿物通常选择平行光轴面的切面来测定消光角，也即双折射率最大、干涉色最高的切面，如普通辉石、普通角闪石。三斜晶系的矿物一般选择特殊方向的切面来测定消光角，如斜长石选择垂直（010）的切面，该切面上具有最为清晰的聚片双晶。测定消光角的步骤如图 1-24 所示。

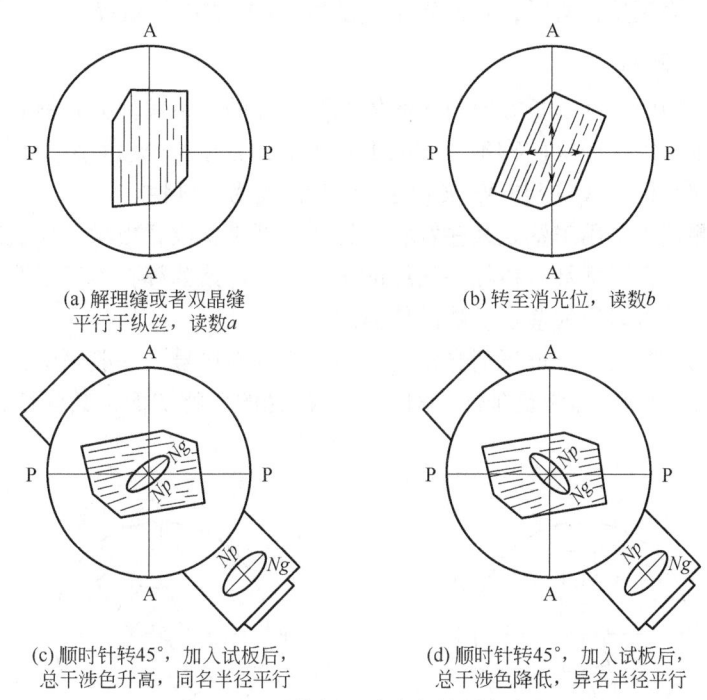

图 1-24　矿物切面消光角的测定步骤

（1）选择矿物切面。

根据上述原则，选择所测矿物颗粒的定向切面，然后将该切面置于视域中心，并使解理缝或者双晶缝或者长晶棱平行于目镜十字丝的纵丝，记下此时载物台上的读数 a［图 1-24(a)］。

（2）使欲测矿物切面处于消光位。

转动载物台，使该矿物切面处于消光位，记下此时载物台上的读数 b，则 $a-b$ 或者 $b-a$ 即为消光角。此刻，矿物切面光率体椭圆半径与目镜十字丝平行，所以，该角度代表了椭圆半径与解理缝或者双晶缝或者长晶棱的夹角［图 1-24(b)］。但是，该椭圆半径到底是长半径还是短半径，需要进一步测定。

（3）测定光率体椭圆半径。

由消光位顺时针旋转载物台 45°，使矿物切面干涉色最为明亮，此时该矿物切面上光率体椭圆半径与目镜十字丝呈 45°夹角，所测半径在一、三象限；根据矿物的干涉色选择合适试板，推入试板，若总干涉色升高，则同名半径平行，所测半径为长半径 Ng［图 1-24(c)］；若总干涉色降低，则异名半径平行，所测半径为短半径 Np［图 1-24(d)］。至此，确定消光角还需要考虑单斜晶系和三斜晶系的表示习惯。

（4）消光角的表示方法。

单斜晶系的矿物，消光角表示为 $Ng \wedge c$ 或者 $Ng' \wedge c$；三斜晶系的矿物，消光角表示为

$Np \wedge$（010）。以单斜晶系的普通角闪石和普通辉石为例，两者最高干涉色切面上（即平行光轴面的切面）的解理缝均代表了c晶轴方向，如果同名半径平行时，测得的夹角即为最大消光角，直接记录为$Ng \wedge c=|a-b|$；如果异名半径平行，则需在消光位逆时针旋转载物台$45°$，使干涉色最亮，此时测得的夹角为$Ng \wedge c$。三斜晶系的矿物以斜长石为例，具有最为清晰聚片双晶的切面为垂直（010）的切面，该切面上的双晶缝不代表结晶轴的方向，又依据消光角一般表示为锐角，所以，其消光角记录为$Np \wedge$（010）$=|a-b|$。

5. 延性符号的判断

长条状矿物的切面，其延长方向与光率体椭圆半径的关系被称为矿物的延性，延性符号是指矿物延性的正、负。如果矿物延长方向平行于Ng或与Ng夹角小于$45°$，则为正延性；如果矿物延长方向平行于Np或与Np夹角小于$45°$，则为负延性。

延性符号的测定主要用来鉴定某些针状、柱状、纤维状或者板状、片状矿物。如同为柱状的紫苏辉石和红柱石，都具有粉红—浅绿的多色性，但紫苏辉石为正延性，红柱石为负延性。所以，延性符号可以作为鉴定矿物的依据之一。

对于斜消光的矿物切面，根据消光角即可确定其延性符号。一般来说，若是消光角小于$45°$，即为正延性，否则，即为负延性。对于平行消光的矿物切面，其延性符号的测定步骤如图1-25所示。

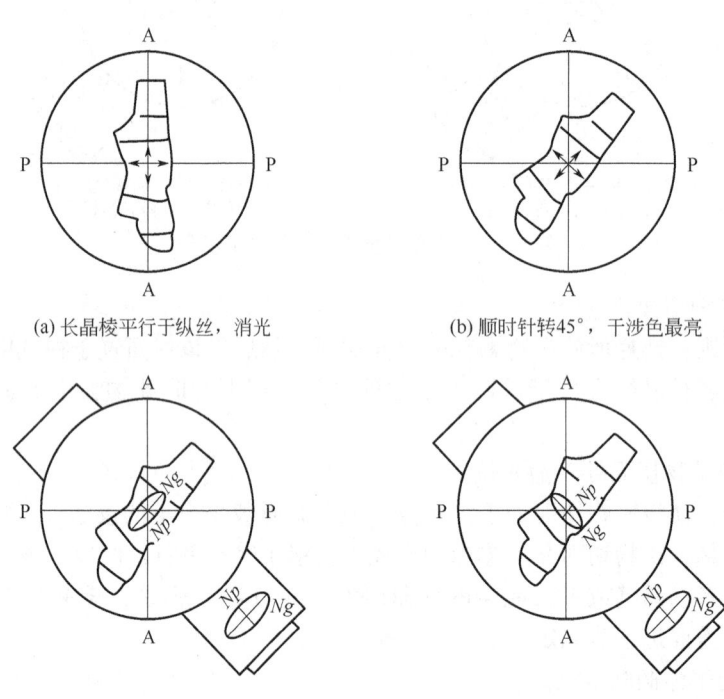

(a) 长晶棱平行于纵丝，消光　　　　(b) 顺时针转45°，干涉色最亮

(c) 加入试板后，干涉色升高，　　　(d) 加入试板后，干涉色降低，
　　同名半径平行，正延性　　　　　　　异名半径平行，负延性

图1-25 平行消光的矿物延性符号的测定方法

（1）使欲测矿物处于消光位。

将欲测矿物颗粒置于视域中心，使矿物的延长方向（解理缝的方向或者双晶缝的方向或者长晶棱的方向）平行于目镜十字丝的纵丝，此时，矿物颗粒表面消光，即平行消光，光率体椭圆半径也平行于目镜十字丝[图1-25（a）]，所以对于平行消光的矿物，其

延长方向与光率体椭圆半径的方向平行,究竟是与 Ng 平行还是与 Np 平行,需要进一步判定。

(2) 测定光率体椭圆半径名称。

由消光位顺时针转动载物台45°,此时矿物表面干涉色最亮,矿物的延长方向、光率体椭圆半径的方向均与目镜十字丝呈45°夹角[图1-25(b)];推入试板,利用补色法则,如果干涉色升高,同名半径平行,则矿物颗粒延长方向平行于 Ng,为正延性[图1-25(c)];如果干涉色降低,异名半径平行,则矿物颗粒延长方向平行于 Np,为负延性[图1-25(d)]。

6. 双晶的观察

双晶在手标本上表现为两个或者两个以上的单体的规则连生,在正交偏光镜下,则表现为两个单体消光位不同,表面呈现为一明一暗的现象,也即一个单体干涉,另外一个单体消光。

根据单体个数,在正交偏光镜下,可把双晶划分为两种类型:简单双晶和复式双晶。

(1) 简单双晶:由两个单体组成,一个单体消光,另外一个单体干涉,旋转载物台,两个单体的明暗相互更换,如正长石的卡斯巴双晶(也简称为卡式双晶)[图1-26(a)]。

(2) 复式双晶:由两个以上的单体组成,正交偏光镜下常见的类型包括斜长石的聚片双晶[图1-26(b)]及卡钠复合双晶、微斜长石的格子双晶[图1-26(c)]、十字石的十字双晶、堇青石的轮式双晶(六连晶)等。

不同矿物的双晶类型不同,因此双晶可以作为鉴定矿物的主要依据之一。

(a) 正长石卡式双晶

(b) 斜长石的聚片双晶

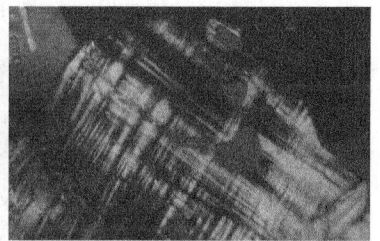
(c) 微斜长石的格子双晶

图1-26 长石中常见双晶类型

四、矿物在锥光镜下的观察内容与描述方法

锥光镜是指在正交偏光镜的基础上,加上聚光镜并旋转升降螺旋使其上升到最高位置,同时换用40倍以上的高倍物镜和使用勃氏镜(不建议去掉目镜)。正交偏光镜的作用是产生消光和干涉,聚光镜的作用是把之前单偏光镜、正交偏光镜下的平行偏光束转换为锥形偏光束,两者共同作用形成干涉图。高倍物镜的作用是接收倾斜角度较大的光线,使图像更为清晰、完整。勃氏镜的作用是放大干涉图。

若想在锥光镜下观察到清晰的干涉图,调整偏光镜时必须做到"两个确保":一是确保上、下偏光镜的振动方向互相垂直,即偏光镜处于正交状态(正交:载物台上不放置薄片,视域完全黑暗,否则,旋转下偏光镜至视域最为黑暗);二是确保高倍物镜下的中心已经校正好,否则,旋转载物台,矿物颗粒偏离十字交点或者逸出视域。确保上述两个条件,才能在锥光镜下观察到清晰的干涉图。

因为均质体矿物在正交偏光镜下表现为全消光,所以锥光镜下无干涉图。因此,在锥光镜下,主要观察非均质体矿物也即一轴晶和二轴晶的干涉图特征。

(一)一轴晶矿物主要切面的干涉图特征

一轴晶矿物的光率体主要有三个方向上的切面,即垂直光轴的切面、斜交光轴的切面及平行光轴的切面,每个切面上干涉图特征不同。

1. 一轴晶垂直光轴切面的干涉图

1)图像特征

如图1-27所示,一轴晶垂直光轴切面的干涉图的特征如下所述。

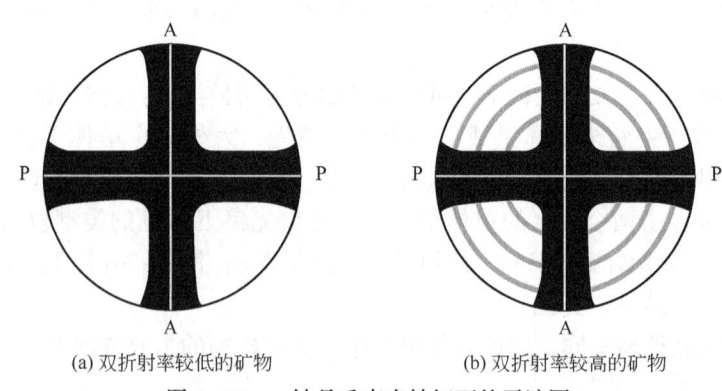

(a)双折射率较低的矿物　　(b)双折射率较高的矿物

图1-27　一轴晶垂直光轴切面的干涉图

(1)由黑十字和同心圆状的干涉色色圈组成。

(2)黑十字交点位于目镜十字丝中心,为光轴出露点;两条黑臂粗细相等,且分别与上、下偏光振动方向AA、PP平行,黑带中心较窄,边缘较宽。

(3)干涉色色圈以黑十字交点为中心,呈同心环状,色圈的多少,取决于矿物双折射率的大小及矿片厚度。若是双折射率较低或者薄片较薄,则色圈较少,如石英$Bi=0.009$,薄片厚度$d=0.03$mm,其垂直光轴切面的干涉图仅见一圈干涉色,即一级灰白[图1-27(a)]。若是双折射率较高或者薄片较厚,则色圈较多,如方解石$Bi=0.172$,$d=0.03$mm,其垂直光轴切面的干涉图则可以观察到五级以上,每一级干涉色以紫色为界,从黑十字中心向边缘干涉色级序越来越高,颜色越来越淡[图1-27(b)]。

(4)旋转载物台360°,干涉图不发生变化。

2)图像成因

根据正交偏光镜下的光学现象可知,黑十字是消光的结果,色圈是干涉的结果,那么这两种现象在锥光镜下是如何同时形成的呢?解释这两者的成因需要从锥形偏光束中各个方向上的入射光波所对应的光率体切面去考虑。

如图1-28所示,对于一轴晶垂直光轴的切片,锥形偏光束中,只有中央一条光波的入射方向是垂直切片即平行于光轴,对应的光率体切面为圆切面,不会发生双折射。其余各个入射光波以中央光波为对称轴,均是斜交光轴的方向入射,而且越往外倾斜角度越大,其对应的光率体切面均为椭圆,这些椭圆切面的长、短半径大小不同,在矿片平面分布方位不同,也即与上、下偏光镜的振动方向互不相同,或平行、近于平行,或斜交。平行或者近于平行的入射光波就会发生消光,斜交的入射光波就会发生干涉。这些光波同时到达上偏光镜就会同时发生消光和干涉的综合效应，最终形成干涉图。

锥形偏光束中，哪些光波会发生干涉、哪些光波会发生消光呢？这与各入射光波的光率体椭圆半径在矿片平面上的分布方位密切相关，这种分布方位图被称为波向图。如何得到波向图呢？要把一轴晶各入射光波的光率体各个椭圆切面半径在空间的分布方位经过2次投影反映到矿片平面上。第一次投影用星射球面投影的方法，具体操作如下：如图1-29(a)所示，以一轴晶正光性光率体为例，在光率体外面套上一个圆球体，并使两者中心重合，再把各光率体椭圆切面的长、短半径投影到圆球球面上，球面上经线与纬线的交点代表各入射光波在圆球表面上的出露点，经线的切线方向代表 Ne' 的投影方向，纬线的切线方向代表 No 的投影方向，Ne'、No 以光轴为对称轴在球面上对称分布。

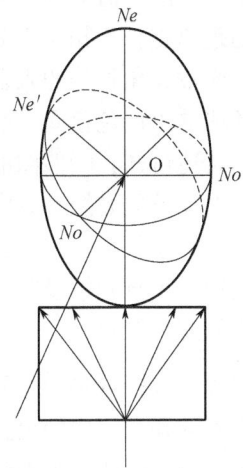

图1-28　一轴晶垂直光轴切面上锥形偏光束所对应的光率体切面

第二次投影用正射投影的方法，把圆球表面各方向上 Ne'、No 投影到平面上，就得到了一轴晶不同方向切面上光率体椭圆半径在切片平面上的分布图，即为一轴晶垂直光轴切面的波向图，如图1-29(b)所示。图中中心为光轴 OA 在矿片平面上的出露点，同心圆表示纬线的投影，其切线方向代表 No 的方向，四个象限里的放射线表示各个大小不等的 Ne' 的投影，同心圆与放射线的各交点表示锥形偏光束中各入射光波在矿片平面上的出露点。

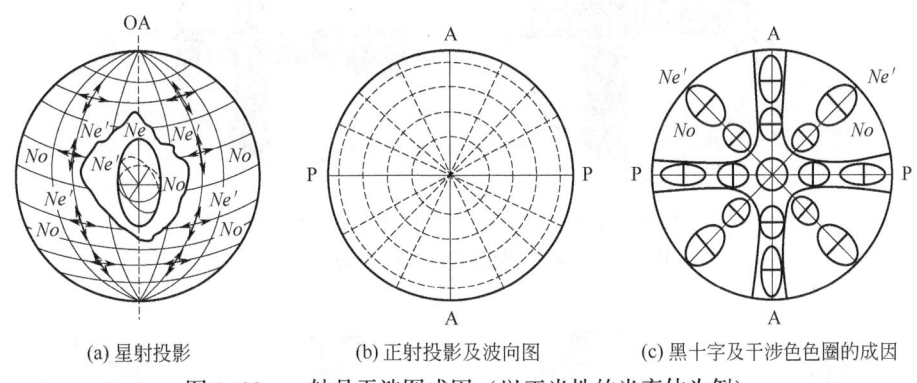

(a) 星射投影　　　　(b) 正射投影及波向图　　　(c) 黑十字及干涉色色圈的成因

图1-29　一轴晶干涉图成因（以正光性的光率体为例）

根据波向图中 Ne'、No 的分布方向，可以得到各光率体椭圆在矿片平面上的分布方位，如图1-29(c)所示。该图解释了一轴晶干涉图中黑十字和干涉色色圈的成因。依据正交偏光镜下干涉和消光产生的原理，凡是光率体椭圆切面半径平行于上、下偏光的振动方向时，就会出现消光；凡是光率体椭圆半径斜交于上、下偏光的振动方向时，就会出现干涉。图1-29(c)中，AA、PP 表示上、下偏光的振动方向，而二者方向上及邻近该方向上的光率体椭圆半径平行及近于平行 AA、PP，因此出现消光和近于消光，形成黑十字。四个象限内光率体椭圆呈放射状对称分布，其半径与 AA、PP 均斜交，因此发生干涉，形成干涉色。又因为锥形偏光束中由光轴向外的入射光越往外，其与光轴的夹角越大，所对应的光率体椭

圆的两个半径的差值 |Ne'-No| 越大，双折射率 Bi 也就越大，同时越往外入射光波在薄片中经历的距离越长，相当于薄片厚度越厚，这二者的增加都使光程差由光轴向外逐渐增大。又因为与光轴夹角相等的入射光波产生的光程差相等，所以，最终形成以黑十字交点为中心的同心环状的干涉色色圈，而且越往外干涉色级序越高。

由上所述可知，干涉图的成因本质上是由锥形偏光束中所有入射光波所对应的光率体切面半径与上、下偏光振动方向的关系所决定，半径与上、下偏光振动方向平行或者近于平行就会消光，斜交就会干涉。在此，详细讲解了一轴晶垂直光轴切面干涉图的成因，有关一轴晶斜交光轴、平行光轴及二轴晶干涉图的成因，也是按照如上所述的思路去理解，后面就不再做过多的原理解释。

2. 一轴晶斜交光轴切面的干涉图

因为光轴在矿片中的位置是倾斜的，所以光轴在矿片平面上的出露点，也即黑十字交点不在视域中心。因此，锥光镜下所观察到的一轴晶斜交光轴切面的干涉图图像往往是垂直光轴切面干涉图的一部分。

1）当入射光波与光轴斜交夹角较小时

干涉图由不完整的黑十字和不完整的干涉色色圈组成。黑十字交点可以不在视域中心，但视域内可见（图1-30）。干涉色色圈的多少也是由矿片的双折射率和厚度所决定的。旋转载物台时，黑十字交点围绕视域中心（十字丝中心）做圆周运动，色圈随黑十字交点移动，黑臂则作上下、左右平行移动（图1-31）。

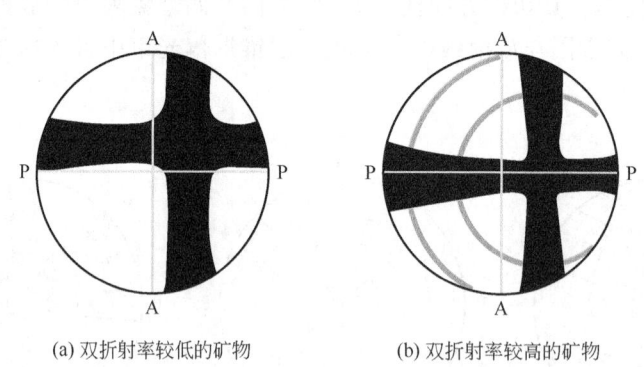

(a) 双折射率较低的矿物　　　(b) 双折射率较高的矿物

图1-30　一轴晶斜交光轴切面的干涉图

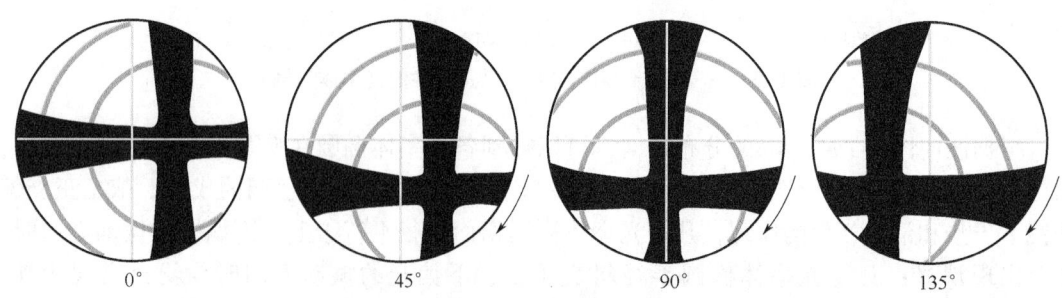

图1-31　一轴晶斜交光轴切面干涉图的移动（入射角较小时）
0°表示该干涉图处于该位置时的相对刻度，不代表载物台上的实际读数，
顺时针旋转的角度也是相对旋转的度数，后同

2）当入射光波与光轴斜交夹角较大时

干涉图中黑十字交点不在视域之内，只能观察到一条黑臂，若是双折射率较大的矿片，能看到部分干涉色色圈。旋转载物台时，黑臂作上下、左右平行移动，并交替出现在视域内（图1-32）。

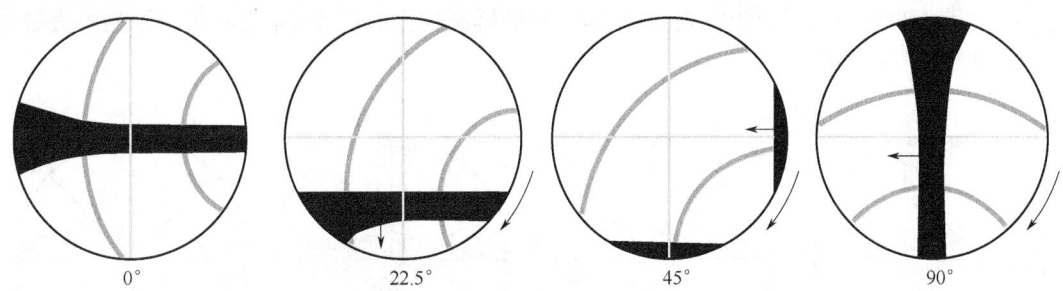

图1-32　一轴晶斜交光轴切面干涉图的移动（入射角较大时）

3）当入射光波与光轴斜交夹角很大时

干涉图中黑臂比较模糊。旋转载物台时，黑臂会成弯曲的黑带扫过视域。这种切面的干涉图与二轴晶的干涉图不易区分，一般不用来测定光学性质。

3. 一轴晶平行光轴切面的干涉图

因为该切面的光轴方向平行于上、下偏光的振动方向之一，锥形偏光束中绝大部分入射光波所对应的光率体椭圆半径与上、下偏光振动方向平行或近于平行，所以其干涉图为一粗大黑十字，几乎占据整个视域[图1-33(a)]。旋转载物台约12°~15°时，黑十字从中心向四个象限分裂为四个弯曲的黑带，并且迅速退出视域，这种干涉图被称为瞬变干涉图或者闪图。旋转载物台约45°时，视域最明亮，若矿片双折射率较低，整个视域为一级灰白干涉色；若矿片双折射率较高，可在四个象限出现弧形对称干涉色色带[图1-33(b)]。

该切面干涉图与二轴晶平行光轴面的干涉图很相似，所以，一般不用来测定光学性质。

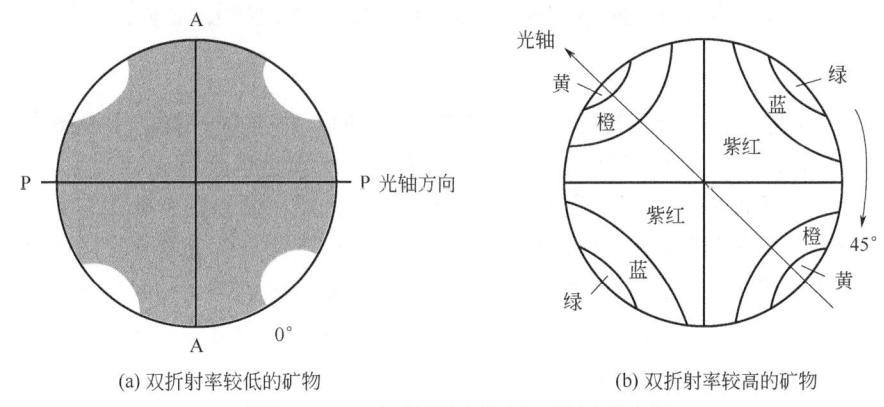

(a) 双折射率较低的矿物　　　　　(b) 双折射率较高的矿物

图1-33　一轴晶平行光轴切面的干涉图

（二）二轴晶矿物主要切面的干涉图特征

二轴晶矿物的光率体为三轴不等的椭球体，切面较多，但其干涉图之间存在共性，因此，在此只描述两种常见切面的干涉图，即垂直锐角等分线切面的干涉图和垂直一根光轴切面的干涉图。

1. 垂直锐角等分线（⊥Bxa）切面的干涉图

二轴晶矿物的光率体有正、负光性之分。正光性的光率体⊥Bxa 的切面为以 Nm、Np 为半径的椭圆切面，负光性的光率体⊥Bxa 的切面为以 Ng、Nm 为半径的椭圆切面。无论光性正、负，其光轴面 Ap 始终为以 Ng、Np 为半径的椭圆切面。图 1-34 表示了二轴晶垂直锐角等分线的干涉图的特征。

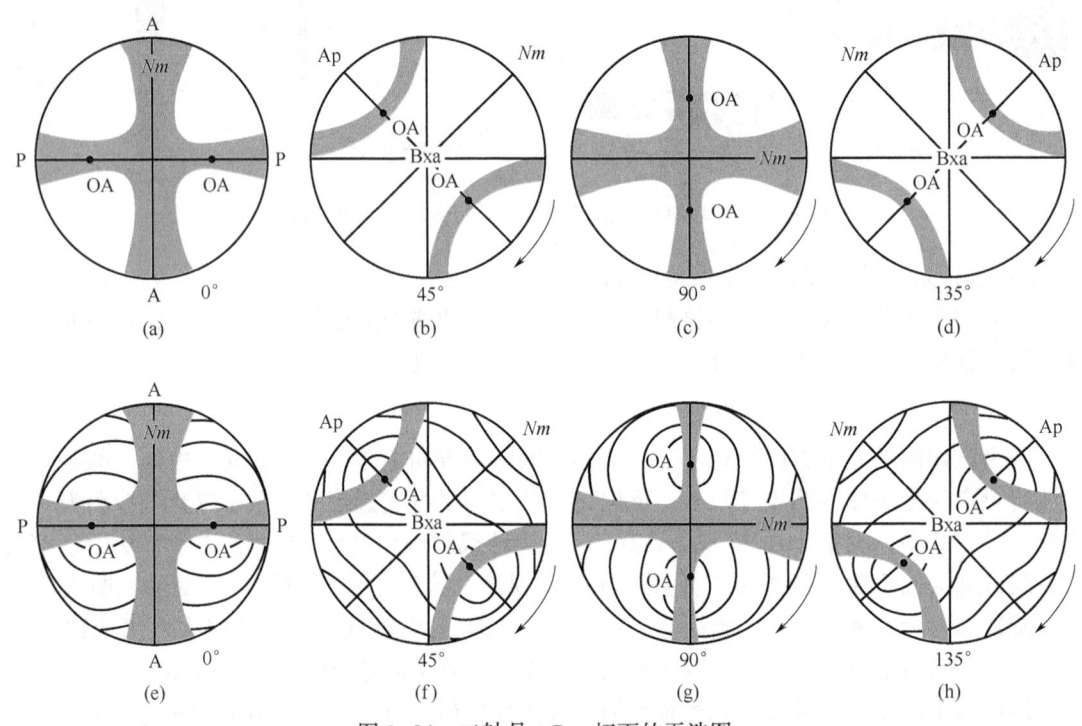

图 1-34　二轴晶⊥Bxa 切面的干涉图

(a)～(d) 为双折射率较小的矿片，(e)～(h) 为双折射率较大的矿片

1）0°位置

当光轴面 Ap 与上、下偏光镜的振动方向之一平行时，称为 0°位置，干涉图由黑十字和"∞"字形（可以读为"倒8字形"或者"哑铃状"）干涉色色圈组成。

黑十字交点位于视域中心，为锐角等分线 Bxa 的出露点，两条黑臂分别与上、下偏光的振动方向平行，且粗细不等。较细的黑臂表明光轴面平行于该方向上的十字丝即该偏光的振动方向。每一条黑臂中间细，边缘粗，两个光轴出露点处最细。图 1-34 为光轴面平行于下偏光振动方向 PP 时的干涉图，因此，横臂较细，竖臂较粗。竖臂表示垂直光轴面的方向，代表 Nm 的方向，OA 表示光轴出露点。

"∞"字形干涉色色圈以两根光轴出露点为中心，干涉色级序由内向外逐渐升高，且越往外越密。色圈的多少同样取决于矿物双折射率的大小及矿片厚度。在薄片为标准厚度的前提下，图 1-34(a)～(d)所示为双折射率较低的矿片⊥Bxa 切面的干涉图，0°位置时，其特征为：在黑十字周围的四个象限内只能观察到一圈一级灰白的干涉色，两条黑臂的粗细不是很明显 [图 1-34(a)]。图 1-34(e)～(h)所示为双折射率较高的矿片⊥Bxa 切面的干涉图，0°位置时，其特征为：黑十字周围的四个象限内色圈较多，两条黑臂粗细非常明显[图 1-34(e)]。

2) 45°位置

顺时针转动载物台，黑十字从中心分裂形成两个弯曲的黑带。如图 1-34(b)(f) 所示，由 0°位置旋转了 45°时，也即光轴面与上、下偏光镜的振动方向 AA、PP 成 45°夹角时，两个弯曲的黑带分布于二、四象限，弯曲的黑带曲度最大，对称出现，黑带顶点之间的距离最远。黑带顶点为两根光轴的出露点，两根光轴出露点的连线为光轴面的迹线，迹线中心也即视域中心为 Bxa 出露点，垂直光轴面迹线方向为 Nm 的方向。另外，两个弯曲的黑带顶点间的距离远近与光轴角 $2V$ 大小呈正比，距离越近，$2V$ 越小；若是两个弯曲的黑带逸出视域，$2V$ 较大。

3) 90°位置

继续顺时针旋转载物台，两个弯曲的黑带逐渐向视域中心移动。当由 0°位置转动载物台 90°时，弯曲黑带又合成黑十字，但其粗细黑臂已更换了位置。如图 1-34(c)(g) 所示，此时，光轴面平行于上偏光 AA 的振动方向，因此，竖臂较细，横臂较粗。

4) 135°位置和 180°位置

自 90°位置继续顺时针旋转载物台，黑十字又从中心分裂为两个弯曲的黑带，转至 135°位置时，弯曲的黑带位于另外两个象限即一、三象限内，其他特征同 45°位置 [图 1-34(d)(h)]。再继续顺时针旋转载物台，两个弯曲的黑带又向视域中心移动，至 180°位置，弯曲的黑带又合成黑十字，特征同 0°位置。

当存在"∞"字形干涉色色圈时，在载物台旋转的过程中，黑带随光轴出露点移动，形状不改变。

2. 垂直一根光轴（⊥OA）切面的干涉图

二轴晶垂直一根光轴（⊥OA）切面的干涉图相当于垂直锐角等分线（⊥Bxa）切面干涉图的一半，其光轴出露点只有一个，且位于视域中心，另一半干涉图位于视域之外，如图 1-35 所示。

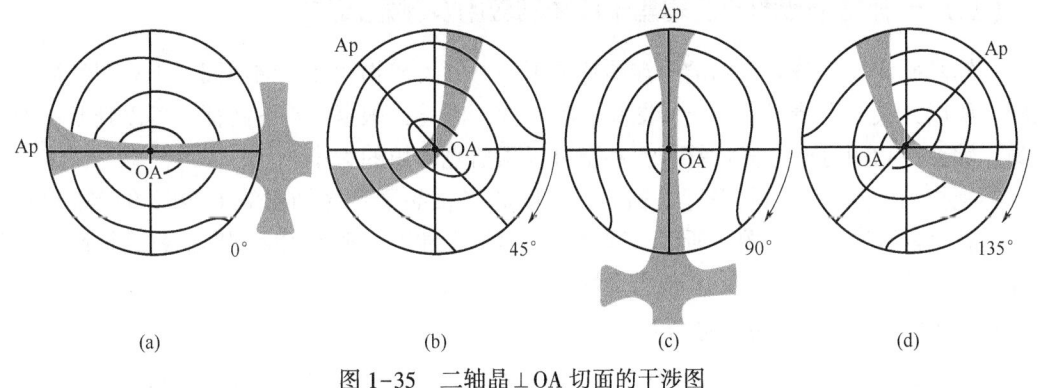

图 1-35　二轴晶⊥OA 切面的干涉图

1) 0°位置

0°位置即光轴面 Ap 与上、下偏光镜振动方向之一平行时的位置。如图 1-35(a) 所示，Ap 平行于下偏光的振动方向，此时，干涉图的特征依然与矿片双折射率的大小密切相关：当矿片双折射率较高时，干涉图由一条直的黑臂和卵形干涉色色圈组成；当矿片双折射率较低时，干涉图由一条直的黑臂和一圈一级灰白干涉色组成。黑臂最细处为一根光轴出露点，若色圈较多，色圈凹向黑十字交点。

2) 45°位置

顺时针转动载物台，黑臂发生弯曲形成黑带。当旋转 45°时，黑带曲度最大，其顶点为光轴出露点，位于视域中心并凸向 Bxa 出露点，如图 1-35(b) 所示。

3) 90°位置

继续旋转载物台，弯曲的黑带逐渐变直，至 90°时，又成为一条黑臂，但其方向已经平行于上偏光的振动方向，如图 1-35(c) 所示。

4) 135°位置和 180°位置

继续旋转载物台至 135°时，黑臂又弯曲为曲度最大的黑带，但弯曲的顶点凸出方向已发生改变，如图 1-35(d) 所示。继续旋转至 180°时，图像特征又恢复到 0°位置。

二轴晶矿物的干涉图特征，除了平行光轴面的切面，其他切面基本都与⊥Bxa 切面的干涉图有共同之处，或是其一部分，或是相似，所以，在此不再过多阐述。

（三）一轴晶干涉图与二轴晶干涉图的区别

综上所述，一轴晶矿物和二轴晶矿物的干涉图特征有相似之处，也有鲜明的区别。相似之处在于两者都具有黑十字和干涉色色圈，鲜明的区别在于黑十字和干涉色色圈的特征不同，其中最重要的区别在于以下两点：

一是关于黑十字。一轴晶矿物的干涉图，无论是黑十字还是仅有一条黑臂，旋转载物台时，黑十字或者黑臂均保持平直，不会分裂，不会弯曲成黑带，两条黑臂粗细相等；而二轴晶矿物的干涉图，无论任何切面，其黑十字或者黑臂，旋转载物台时，均会发生分裂，形成弯曲的黑带，同时横臂和竖臂还有粗细之分。

二是关于干涉色色圈。当双折射率较高时，二者均会形成色圈。一轴晶矿物的干涉色色圈是同心圆状，二轴晶矿物的干涉色色圈则是哑铃状或者称为"∞"字形；当双折射率较低时，二者黑十字周围仅见一级灰白干涉色，但根据黑臂粗细可以区分。

（四）一轴晶干涉图与二轴晶干涉图的应用及测定方法

一轴晶矿物和二轴晶矿物的干涉图特征不同，同类矿物切面方向不同，干涉图特征也不相同。所以，大多数情况下，干涉图具有唯一性。因此，根据干涉图特征，可以判断矿物的种类、轴性、切面方向、光性符号，甚至可以预估光轴角的大小。

特别指出的是，一轴晶平行光轴的干涉图和二轴晶平行光轴面的干涉图的特征非常相似，也就是前面提到的闪图。所以，这两个切面的干涉图一般不用来判断矿物的轴性，除非在知道轴性的前提下，去测定其他光学性质。

1. 判断矿物的轴性和切面方向

矿物的轴性是指非均质体矿物属于一轴晶还是二轴晶。根据前面论述可知，具有干涉图的矿物肯定属于非均质体，一轴晶和二轴晶矿物的干涉图又有明显区别，同类矿物的不同切面的干涉图也具有唯一性。因此，依据干涉图图像特征可以准确判断矿物的轴性和切面方向。

2. 判断光性符号

光性符号是指一轴晶矿物或者二轴晶矿物属于正光性还是负光性。一轴晶的光性正、负需要判断 Ne、No 的相对大小，若 $Ne>No$，为正光性，若 $Ne<No$，为负光性。二轴晶的光性

正、负需要判断 Bxa 与 Ng、Np 的关系，若 Bxa = Ng，为正光性，若 Bxa = Np，为负光性。判断光性符号的基础理论就是正交偏光镜下的补色法则，该法则的核心就是总干涉色升高，同名半径平行，总干涉色降低，异名半径平行。这一核心一定要理解透彻，才能进行正确判断。

1) 一轴晶干涉图判断光性符号的方法

判断一轴晶的光性符号主要依据垂直光轴的干涉图和斜交光轴的干涉图。判断的方法为：首先明确干涉图的四个象限内 Ne' 和 No 的方向，Ne' 为象限内的放射线方向，No 为垂直于 Ne' 的方向，切记该点在一轴晶任何方向的干涉图内固定不变；然后根据补色法则判断是同名半径平行还是异名半径平行，写出象限内 Ne'、No 与试板上长、短半径的平行关系；最后判断 Ne' 和 No 的相对大小，就能定出光性正负。

(1) 一轴晶垂直光轴切面干涉图判断光性符号的方法。

一轴晶垂直光轴切面的干涉图有两种情况：一种为双折率较低的干涉图，仅由一个黑十字和一级灰白干涉色组成；一种为双折射率较高的干涉图，由一个黑十字和同心环状的干涉色圈组成。二者的具体判断过程如下所述。

图 1-36(a) 为双折射率较低的干涉图，黑十字周围有四个象限 Ⅰ、Ⅱ、Ⅲ、Ⅳ，Ⅰ、Ⅲ 象限内 Ne' 和 No 的分布一致，Ⅱ、Ⅳ 象限内 Ne' 和 No 的分布一致。四个象限内干涉色为一级灰白，干涉色较低，选择石膏试板（λ）。推入石膏试板，黑十字变为一级紫红，四个象限内干涉色的变化会出现两种情况：如图 1-36(b) 所示，Ⅰ、Ⅲ 象限干涉色变为蓝色，Ⅱ、Ⅳ 象限干涉色变为黄色；如图 1-36(c) 所示，Ⅰ、Ⅲ 象限干涉色变为黄色，Ⅱ、Ⅳ 象限干涉色变为蓝色。从这两种情况可以总结出，Ⅰ、Ⅲ 象限干涉色变化一致，Ⅱ、Ⅳ 象限干涉色变化一致，因此判断光性符号时，可以选择 Ⅰ、Ⅲ 象限或者 Ⅱ、Ⅳ 象限。

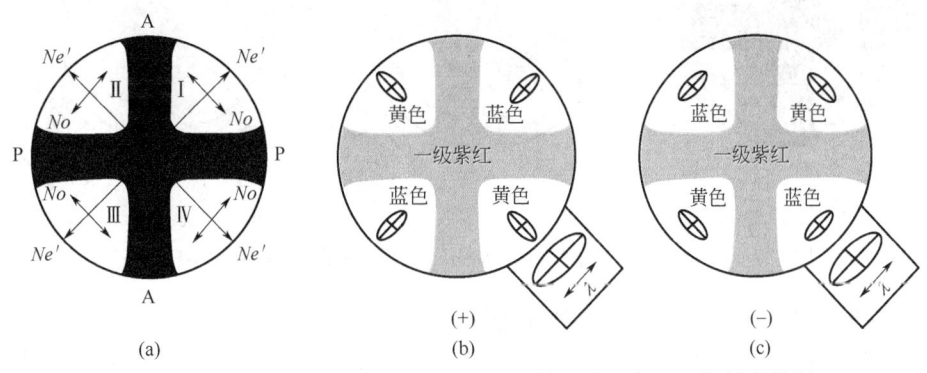

图 1-36　一轴晶垂直光轴切面干涉图光性符号的测定（双折射率较低）

首先判断象限内总干涉色是升高还是降低，如果升高，总光程差就是所测矿物与试板的光程差之和，如果降低，就是二者光程差之差。石膏试板本身是一级紫红，其光程差为 550nm，一级灰白对应的光程差大约为 150nm，那么两者之和为 700nm，两者之差为 400nm。根据附录1干涉色色谱表，可以查得 700nm 对应的干涉色为二级蓝，400nm 对应的干涉色为一级黄，所以推入石膏试板之后，变蓝色的象限内为二级蓝色，相比石膏试板本身的一级紫红和矿物本身的一级灰白，总干涉色升高；变黄色的象限内为一级黄，相比石膏试板的一级紫红，总干涉色降低。

依据上面的结论，图1-36(b)中，Ⅰ、Ⅲ象限总干涉色升高，同名半径平行，平行关系为 $Ne'//Ng$，$No//Np$，石膏试板上的 $Ng>Np$，则 $Ne'>No$，正光性；Ⅱ、Ⅳ象限总干涉色降低，异名半径平行，平行关系为 $Ne'//Np$，$No//Ng$，试板上 $Np<Ng$，则 $Ne'>No$，正光性。图1-36(c)中，Ⅰ、Ⅲ象限总干涉色降低，则异名半径平行，平行关系不变，依然为 $Ne'//Ng$，$No//Np$，试板上 $Ng>Np$，则 $Ne'<No$，负光性；Ⅱ、Ⅳ象限总干涉色升高，同名半径平行，平行关系为 $Ne'//Np$，$No//Ng$，试板上 $Np<Ng$，则 $Ne'<No$，负光性。

在此要注意，无论依据Ⅰ、Ⅲ象限判断光性符号，还是依据Ⅱ、Ⅳ象限判断光性符号，结论应该一致。另外，Ⅰ、Ⅲ象限内或者Ⅱ、Ⅳ象限内 Ne'、No 与试板上 Ng、Np 的平行关系不变，只是因总干涉色变化不同，所以光性符号不同。

图1-37(a)为双折射率较高的一轴晶垂直光轴切面的干涉图，四个象限内分布着颜色鲜艳的同心环状色圈，干涉色较高，选择云母试板 $\frac{1}{4}\lambda$。推入云母试板，黑十字变为一级灰白，四个象限内干涉色的变化会出现两种情况：如图1-37(b)所示，Ⅰ、Ⅲ象限色圈外移，即原为一级灰白的色圈变为黑色，原一级黄的色圈变为一级灰白，原一级紫红的色圈变为一级黄……如此类推，也就是说原色圈向外移动了一个色序，Ⅰ、Ⅲ象限干涉色降低；Ⅱ、Ⅳ象限色圈内移，即原一级灰白的色圈范围缩小，原一级灰白处升高为一级黄，原一级紫红升高为二级蓝，也就是说Ⅱ、Ⅳ象限干涉色升高；如图1-37(c)所示，Ⅰ、Ⅲ象限色圈内移，干涉色升高，Ⅱ、Ⅳ象限色圈外移，干涉色降低。根据光性符号判断方法，图1-37(b)所示的矿物为负光性，图1-37(c)所示的矿物为正光性。

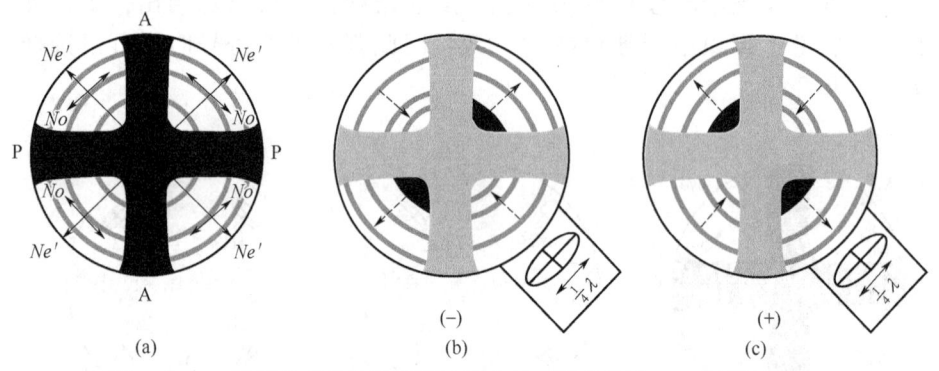

图1-37 一轴晶垂直光轴切面干涉图光性符号的测定（双折射率较高）

(2) 一轴晶斜交光轴切面干涉图判断光性符号的方法。

对于一轴晶斜交光轴切面的干涉图，只要黑十字交点在视域之内，就能判断出四个象限，继而明确 Ne'、No 的分布方位，判断方法与垂直光轴切面的干涉图相同。但是，若黑十字交点不在视域之内，且只能看到一条黑臂，首先需要确定光轴出露点的位置（即黑十字交点）及象限归属，然后才能判断光性符号。如何判断光轴出露点的位置及象限归属呢？如图1-38所示，如果视域内见到一条横臂，顺时针旋转载物台，黑臂向下移动，光轴出露点在右边，视域内为Ⅱ、Ⅲ象限；横臂向上移动，光轴出露点在左边，视域内为Ⅰ、Ⅳ象限。如果视域内看到一条竖臂，顺时针转动载物台，竖臂向左移动，光轴出露点在下边，为Ⅰ、Ⅱ象限；竖臂向右移动，光轴出露点在上边，为Ⅲ、Ⅳ象限。黑臂的移动规律可以概括为：若为横臂，下右上左；若为竖臂，左下右上。

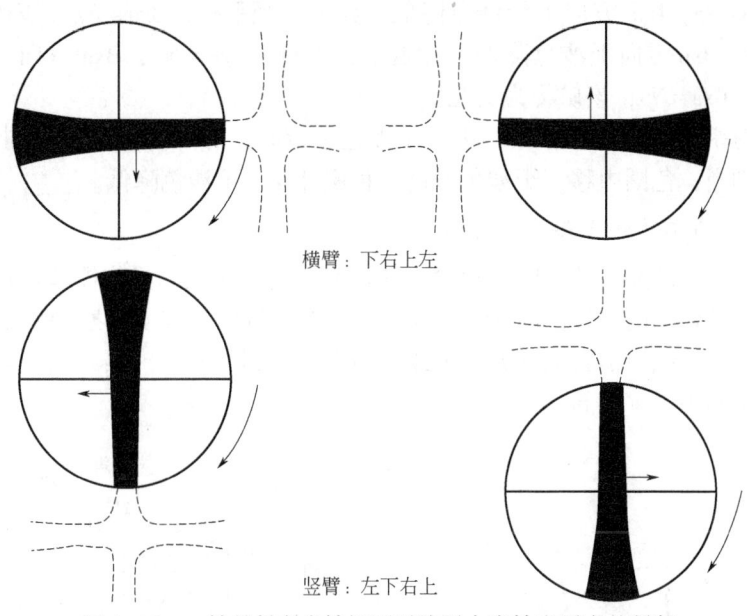

横臂：下右上左

竖臂：左下右上

图 1-38　一轴晶斜交光轴切面干涉图中光轴出露点的判断

2) 二轴晶干涉图判断光性符号的方法

二轴晶干涉图均与垂直 Bxa 切面的干涉图有关联，因此，依据垂直 Bxa 切面的干涉图说明二轴晶干涉图测定光性符号的过程。该过程包括 3 个步骤，首先选择 45°位置时的干涉图，然后确定图中 Bxa 的方向，最后推入试板，观察 Bxa 方向上的干涉色变化，判断其等于 Ng 还是 Np，若 $Bxa = Ng$，正光性，若 $Bxa = Np$，负光性。

图 1-39(a) 为双折射率较低的二轴晶⊥Bxa 切面的干涉图，此时为 45°位置，视域内可见Ⅱ、Ⅳ象限分布着两条弯曲的黑带，其余部分为一级灰白。图中黑带曲度最大的顶点为两根光轴出露点，其连线方向为光轴面的迹线，顶点之间的方向为 Bxo 的投影，顶点之外的方向为 Bxa 的投影，垂直光轴面的迹线方向则始终为 Nm 的方向。图 1-39(b) 示意推入石膏试板后，位于Ⅱ、Ⅳ象限的黑带变为一级紫红，顶点之间即 Bxo 方向上的区域变为蓝色，顶点之外即 Bxa 方向上的区域变为黄色。图 1-39(c) 示意推入石膏试板后，干涉色变化与图 1-39(b) 相反。前面讲述一轴晶干涉图判断光性符号时，若是欲测矿物的一级灰白推入石膏试板，则会出现二级蓝或者一级黄。那么图 1-39(b) 中，Bxo 方向干涉色升高，同名

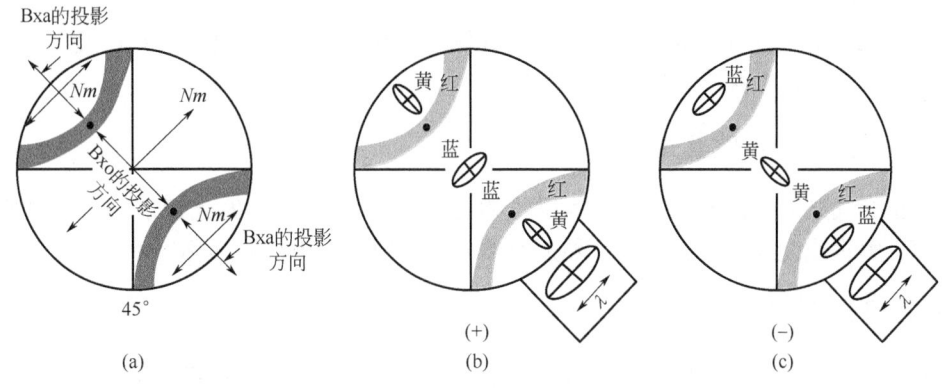

图 1-39　二轴晶⊥Bxa 切面干涉图光性符号的判断

半径平行，Bxo＝N_p，Bxa 方向上干涉色降低，异名半径平行，Bxa＝N_g，该矿物为正光性。图 1-39 (c) 中，Bxo 方向干涉色降低，异名半径平行，Bxo＝N_g，Bxa 方向上干涉色升高，同名半径平行，Bxa＝N_p，该矿物为负光性。

若是双折射率较高，出现 "∞" 字形干涉色色圈时，总干涉色的升降同样依据色圈的移动方向进行判断，色圈内移，干涉色升高，色圈外移，干涉色降低。

3. 预估二轴晶矿物的光轴角（2V）

在测定未知矿物的光学性质时，很少去估计光轴角，在此，只作简单概述。图 1-40 示意了垂直一根光轴切面的干涉图位于 45°位置时，其黑带曲度与 2V 之间的关系，二者大小成反比。当 2V＝90°时，黑带为直带；当 2V＝0°时，黑带构成黑十字；当 2V＝0°～90°时，黑带曲度介于直带与黑十字之间。

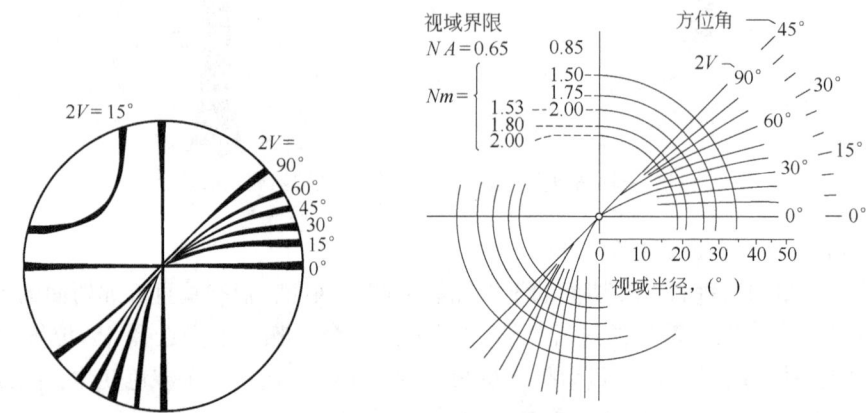

图 1-40 二轴晶⊥OA 切面干涉图中黑带曲度与 2V 之间的关系

五、透明矿物在偏光显微镜下的系统鉴定过程

（一）区分均质体和非均质体矿物

1. 均质体矿物

正交偏光镜下各个方向上的切面全消光，锥光镜下无干涉图。

2. 非均质体矿物

正交偏光镜下仅垂直光轴切面全消光，其他方向的切面四次消光、四次明亮，产生干涉色；锥光镜下有可识别性、特征性的干涉图。

（二）均质体矿物的鉴定

根据正交偏光镜和锥光镜鉴定出均质体矿物之后，只需在单偏光镜下进一步观察其颜色、晶形、解理或裂纹、突起等级，然后查阅有关资料，定出矿物名称。

（三）非均质体矿物的鉴定

区分出非均质体矿物之后，需要综合观察其单偏光、正交偏光和锥光镜下的光学性质。

1. 单偏光镜下

需要观察非均质体矿物的颜色、多色性及吸收性、解理或者解理夹角、突起等级、是否有闪突起等特征。特别注意的是，尽量观察整个薄片，综合同一矿物的多个颗粒特征，才能完整总结出其光学性质。

2. 正交偏光镜下

需要观察和测定非均质体矿物的消光类型、干涉色、消光角、延性符号及双晶等特征。

3. 锥光镜下

选择垂直光轴的切面或者斜交光轴的切面或者垂直 Bxa 的切面，来确定矿物的轴性并测定光性符号。

在测定矿物的某些光学性质时，需要选择某个特定方向上的切面。比如测定多色性、最高干涉色时需要选择平行光轴或光轴面的切面，测定 Nm 或者 No 的颜色、突起等级时需要选择垂直光轴的切面。一轴晶和二轴晶矿物各切面的特征详见表1-9、表1-10。

表1-9 一轴晶各切面光学特征

切面方向	切面	单偏光镜下（-N）	正交偏光镜下（+N）	锥光镜下（C.L.）
⊥OA	No／No	No 的特征 无多色性 无闪突起	全消光	
//OA	No／Ne／No	多色性、闪突起 最为明显	四次消光 干涉色最高	逸出角度 12°~15°
╳OA	No／Ne'／No	多色性或者闪突起 可存在，非最明显	四次消光 非最高干涉色	

表1-10 二轴晶主要切面光学特征

切面方向	切面	单偏光镜下（-N）	正交偏光镜下（+N）	锥光镜下（C.L.）
⊥OA	Nm／Nm	Nm 的特征 无多色性 无闪突起	全消光	
//Ap	Ng／Np／Np／Ng／OA	多色性、闪突起 最为明显	四次消光 干涉色最高	逸出角度 <10°
⊥Bxa	Nm／Np／Nm／Ng	多色性或者闪突起 可存在，非最明显	四次消光 非最高干涉色	

4. 定名称

系统测定光学性质后，查阅有关资料，定出矿物名称。

六、偏光显微镜下的实验及实验中常见问题

（一）认识偏光显微镜的构造，掌握偏光显微镜的调焦和中心校正

1. 实验要求

（1）了解使用偏光显微镜的注意事项。
（2）认识偏光显微镜的构造。
（3）掌握偏光显微镜的调节和校正方法。

2. 实验内容及方法

1）使用偏光显微镜的注意事项

偏光显微镜是一种贵重而精密的光学仪器，同时也是教学和科研工作中必备的工具。因此，在使用时，要谨慎细心、倍加爱护，自觉遵守以下使用规则：

（1）操作各个部件时，动作轻柔；
（2）使用上偏光镜、勃氏镜或者试板时，轻轻地推入，轻轻地拉出，以免拉断或者损坏；
（3）载物台上放置薄片时，盖玻片（相对较短，较长的为载玻片）的一面必须朝上，否则，无法调焦；
（4）使用中、高倍物镜调焦时，眼睛要先从侧面观察，将物镜下降至薄片近距离处，然后，再注视目镜，调节微动螺旋降低载物台，直至调焦清晰，此举是防止压碎薄片和损坏物镜镜头。

2）偏光显微镜的构造

偏光显微镜是研究透明矿物光学性质的主要仪器。与一般的生物显微镜相比，最主要的区别是有两个偏光镜，其中，一个安装在载物台之下，称为下偏光镜，另一个安装在载物台之上的镜筒中，称为上偏光镜，两个偏光镜的振动方向应当相互垂直。

以载物台为界，载物台之下存在下偏光镜、锥光镜、锁光圈、光源、电压调节钮、粗动螺旋、微动螺旋；载物台之上存在物镜、物镜旋转盘、物镜定心校正螺丝口、上偏光镜、勃氏镜、目镜。另外，目前各高校及科研单位均引进了多媒体数码互动系统，该套系统包含数码的偏光显微镜系统、计算机及其软件系统、图像处理系统等，因此，偏光显微镜还多了照相装置和显微镜图像与计算机图像之间的转换拉栓。

3）偏光显微镜的调焦（视频1）

视频1 偏光显微镜的调焦

调焦是指调节物镜与薄片之间的距离，是为了使薄片中某矿物颗粒清晰可见，这也是观察和测定矿物光学性质的基础环节。调焦步骤包括三步，对光、目镜和物镜的调节、准焦。

（1）对光。

打开光源，把显微镜调节到单偏光镜的状态下，即拉出上偏光镜、勃氏镜，不使用锥光镜，不放置薄片。此时，从目镜看进去，整个视域明亮。

(2) 目镜和物镜的调节。

根据使用者的两眼间距，调节两个目镜之间的距离，使双眼间距与双筒视域一致，此时能清晰地看到视域内的十字丝，通过旋转使十字丝位于东西、南北的方向，而且，带刻度的十字丝为横丝，即东西方向，不带刻度的十字丝为竖丝，即南北方向。理论上，十字丝应当正交，若不正交，需要进行专业维修。

对于初学者来说，尽量先选择低倍物镜4×或者中倍物镜10×（有的显微镜没有4×）进行调焦。因为低倍物镜的工作距离较长，降低了压碎薄片的风险。若是转换物镜，一定要用右手握住物镜旋转盘进行旋转，且旋转于正确的位置，不能用手直接握住物镜进行转换，否则后面的中心校正就无效了。

(3) 准焦。

首先，将欲测薄片置于载物台中心，初学者可以用弹簧夹把其夹住，使薄片的盖玻片朝上，否则不能准焦。然后，从侧面观察，转动粗动调焦螺旋，使载物台上升，至物镜与薄片比较靠近为止。若使用高倍物镜，必须使物镜几乎与薄片接触为止。最后，从目镜中观察，轻微地转动粗动调焦螺旋，使载物台缓缓下降，至视域内矿物颗粒基本清楚或者出现模糊轮廓，再转动微动调焦螺旋，直至视域内颗粒完全清晰为止。

在此特别指出，调焦的最初时刻，眼睛绝不能看着目镜内而使用粗动螺旋上升载物台。因为这样很容易使物镜镜头与薄片相碰，不仅压碎薄片而且易损坏物镜。使用高倍物镜时，尤应注意，因为高倍物镜的工作距离短，准焦后物镜几乎与薄片直接接触，稍一不慎，就会出现损坏。

另外，在低倍物镜下调焦后，可以转换中、高倍物镜继续调焦，要做到熟练自如。

4）物镜中心校正（视频2）

在偏光显微镜的光学系统中，载物台的旋转轴、物镜中轴及目镜中轴应当严格在一条直线上。如图1-41(a)所示，此时，转动载物台，视域中心（即目镜十字丝交点）的物像不动，其余物像围绕视域中心作圆周运动。如果三者不在一条直线上，当转动载物台时，视域中心的物像将离开原来的位置，围绕另一中心旋转，甚至该物像会转到视域之外，如图1-41(b)(c)所示。此时，就需要一系列操作将目镜中轴、物镜中轴与载物台旋转轴调节到一致，这一过程称为中心校正。

视频2 物镜中心校正

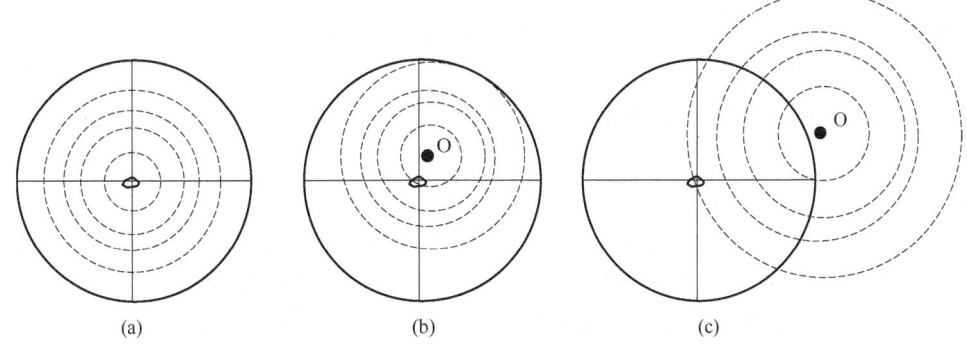

图1-41 目镜中轴、物镜中轴及载物台旋转轴的关系

目镜与载物台一般都是固定的，因此只能进行物镜中轴的校正，即物镜中心校正。物镜

中心校正是借助于物镜旋转盘上的两个定心校正螺丝口来完成，校正螺丝一般放置于附件盒内。

特此强调，校正过程中，如果定心校正螺丝扭动困难或扭不动时，切勿强行扭动，应立即检查原因，或与实验室管理人员或与指导老师联系，以便及时解决问题。物镜中心校正的具体操作步骤如下（图1-42）。

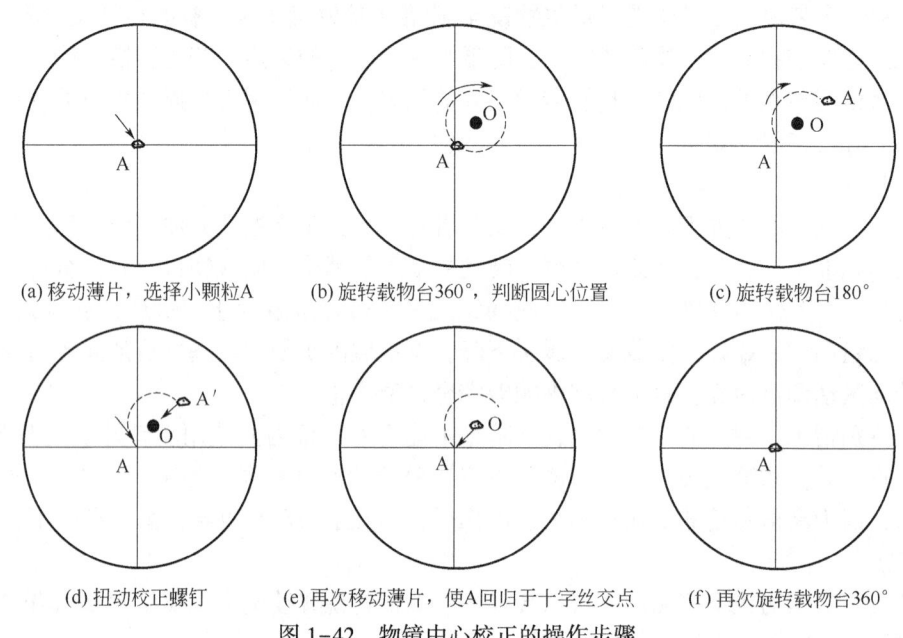

图1-42 物镜中心校正的操作步骤

（1）首次移动薄片，选择小颗粒。

选择要校正的物镜（有的显微镜低倍物镜两侧无校正螺丝口，无需校正），旋转物镜旋转盘使其处于正确位置，然后调焦，在薄片中任选一细小颗粒，记作A。继而，移动薄片，使小颗粒A位于视域中心即十字丝交点[图1-42(a)]。

（2）旋转载物台360°，判断圆心位置。

旋转载物台360°，若目镜中轴、物镜中轴与载物台旋转轴一致，A不离开十字丝中心；若三者不一致，A则离开十字丝中心，围绕另一点作圆周运动，该点记作O[图1-42(b)]。

（3）旋转载物台180°。

旋转载物台180°，使A由十字丝交点移至A′处[图1-42(c)]。

（4）扭动校正螺丝。

扭动该物镜两侧对应的定心校正螺丝，使小颗粒A由A′处移至圆心O点处[图1-42(d)]。

（5）再次移动薄片，使小颗粒A回归十字丝交点。

再次移动薄片，使小颗粒A由O点重新回归到十字丝交点[图1-42(e)]。继续旋转载物台360°，如果A位于十字丝中心不动[图1-42(f)]，则中心已经校正好；如果A仍离开十字丝交点，则需重复操作上述(2)~(5)的步骤，直至完全校正好为止。

（6）细小颗粒A在视域之外。

如果转动载物台，小颗粒A由十字丝交点偏移至视域之外，如图1-41(c)所示，此时，旋转载物台360°，估计圆心O点在视域外的位置及圆半径大小。然后扭动物镜上的定心校正螺丝，使 A 由十字丝交点，向圆心 O 点相反的方向移动大约相当于圆半径的距离。再移动薄片，使 A 回到十字丝交点处，转动载物台 360°，A 基本就在视域内以半径较小的圆周移动。此时，可按上述(2)~(5)的步骤进行操作，完成中心校正。

5) 偏光显微镜的其他校正

在偏光显微镜的光学系统中，尤其是正交偏光镜下和锥光镜下测定光学性质时，必须保证上、下偏光镜的振动方向正交，且在视域内位于东西、南北的方向，分别与目镜十字丝平行。具体操作步骤如下所述：

（1）校正下偏光镜的振动方向。单偏光镜下，中、低倍物镜调焦后，在薄片中找一个具极完全解理的黑云母置于视域中心，并使其解理缝与目镜十字丝的横丝平行。此时，黑云母的颜色应当最深，其解理缝的方向代表下偏光镜的振动方向（因为光波沿黑云母解理缝的方向振动时，吸收性最强，颜色最深）。如果黑云母颜色不是最深，则旋转下偏光镜，使其颜色变得最深为止。此时下偏光镜的振动方向位于东西方向，与横丝方向一致。

（2）检查上、下偏光镜的振动方向是否正交。从载物台上取下薄片，使视域内明亮，继而推入上偏光镜。若视域内全黑，证明上、下偏光镜的振动方向正交。否则，需要转动上偏光镜至视域内最黑暗为止，此时，上偏光镜的振动方向位于南北方向，与十字丝中的竖丝方向一致。

3. 实验中常见的问题

1) 调焦时出现的问题

一是眼睛一直盯着目镜，没有从侧面观察物镜与薄片之间的距离，致使薄片压碎，甚至损坏物镜镜头。

二是载物台上放置薄片时，载玻片朝上，始终不能对焦。

2) 转换物镜时出现的问题

该过程中，手没有握住物镜旋转盘，而是直接握住了物镜，致使校正好的中心又出现了偏离。

（二）单偏光镜下的实验及实验中常见问题

1. 实验要求

（1）学会调节偏光显微镜到单偏光镜的装置。

（2）掌握多色性和吸收性的表达方式。

（3）认识解理等级，掌握解理夹角的测定方法。

（4）观察各突起等级的边缘与糙面特征，并且认识贝克线，熟练应用贝克线移动规律确定相邻物质折射率的相对大小，确定突起正负，掌握突起等级的判断方法。

2. 实验内容及方法（视频 3）

1) 观察黑云母、普通角闪石的多色性、吸收性与解理等级

（1）黑云母的识别特征。

长方形的形态，表面可见一组细、密、长且贯通性好的解理缝，即极完全解理；旋转载物台，表面颜色发生变化，即多色性，最深为深棕色，最浅为浅黄色，注意颜色最深、最浅时解理缝与十字丝

视频 3　单偏光镜的调节、实验中所观察的矿物、贝克线的观察方法、突起正负的判断

的关系。

(2) 普通角闪石的识别特征。

切面常见长条形、六边形或者菱形。长条形的切面多见一组间距较宽、不完全连续的解理缝，为完全解理；六边形或者菱形的切面常见两组完全解理。旋转载物台时，两种切面上均可见多色性，长条形切面上较明显，最深时可见深绿色，最浅时浅绿甚至无色，同样需要注意最深、最浅时解理缝与十字丝的关系。

(3) 黑云母与普通角闪石的多色性表达方式。

黑云母与普通角闪石均为二轴晶矿物，其多色性公式用 Ng、Nm、Np 上的颜色来表示，二者的吸收性均为 $Ng>Nm>Np$。

2) 普通角闪石解理夹角的测定

对于具有两组甚至更高组数解理的矿物，需要测定解理夹角。对于普通角闪石而言，选择两组解理缝最清晰的菱形或者六边形切面，测定方法参考单偏光镜下的光学性质部分。需要注意解理夹角一般表示为锐角，多测几个颗粒，测得的夹角以平均值表示，以便减少误差。

准确测定解理夹角的前提是校正好物镜中心，解理夹角测定的详细步骤见图1-9。

3) 判断橄榄石、普通角闪石、黑云母和石英的突起等级

突起等级的判断包括两个方面，一是判断突起的正负；二是判断突起的高低。突起正、负的判断需要借助于贝克线的移动规律，即下降载物台，贝克线向折射率大的物质移动；上升载物台，贝克线向折射率小的物质移动。贝克线的观察方法：选择10×物镜，调焦，找到矿物与树胶接触的界线，置于视域中心，缩小锁光圈并用微动螺旋轻微地下降载物台，这时就能看到清晰的亮色贝克线和暗色矿物边缘，并能观察到贝克线的移动方向。若贝克线移向矿物，则 $N_{矿}>1.54$，为正突起；若贝克线移向树胶，则 $N_{矿}<1.54$，为负突起。

突起高低的判断需要综合边缘与糙面的特征。边缘越清晰越粗、糙面越粗糙，突起越高；边缘越细越不清晰、糙面越光滑，突起越低。

另外，简单介绍一下单偏光镜下橄榄石、石英的识别特征。橄榄石，薄片中无色，不规则粒状，边缘明显且粗，表面粗糙，不完全解理，有时可见裂纹。石英，薄片中无色，不规则粒状，边缘不明显，表面洁净光滑，不完全解理。

4) 观察方解石的闪突起

方解石的识别特征：无色，粒状，两组完全解理，边缘在清晰较粗至不清晰之间变化，糙面从较粗糙至光滑之间变化，闪突起十分鲜明，表现为低负突起至正中突起。

3. 实验中常见的问题

1) 解理组数的理解不正确

一组解理是由矿物颗粒表面同一个方向上的相互平行的多条解理缝组成，而不是指一条解理缝。另外，解理组数是指一个矿物颗粒表面能观察到几个方向上的解理缝就是几组解理，而不是多个矿物颗粒的解理组合在一起。

2) 测定解理夹角时没有校正好中心

没有提前校正好物镜中心，当旋转载物台时，矿物颗粒偏离中心甚至跑出视域之外，不能正确测定解理夹角。

3) 判断突起等级时没有找到矿物与树胶的接触界线

该过程中找到的是两矿物之间的界线，此时根据贝克线的移动方向，判断的是两矿物折

射率的相对大小,并不是所测矿物与树胶折射率的相对大小。因此,判断突起正负时,一定要找到矿物与树胶的接触界线。

(三)正交偏光镜下的实验及实验中常见问题

1. 实验要求

(1)学会检查和校正正交偏光镜装置。
(2)认识正交偏光镜下的消光和干涉现象。
(3)使用石英楔认识一至三级干涉色的特征。
(4)掌握测定光率体椭圆半径方向和名称的方法。
(5)掌握用石英楔子测定干涉色级序的方法,并学会使用楔形边法来验证。
(6)认识各种消光类型,掌握消光角的测定方法和延性符号的判断方法。

2. 实验内容及方法(视频4)

(1)检查并调节偏光显微镜到正交状态。

正交偏光镜下测定一系列光学性质的前提是确保上、下偏光的振动方向正交。二者正交的标志是单偏光镜下载物台上不放置薄片,推入上偏光镜,视域完全黑暗。否则,需要按照前面所述的方法进行上、下偏光镜振动方向的校正。

视频4 正交偏光镜的调节、干涉和消光现象

(2)观察石英、白云母、辉石的消光和干涉现象。

消光是正交偏光镜下矿物表面完全黑暗的现象,干涉则是矿物表面明亮的现象。石英、白云母、辉石属于非均质体矿物,其垂直光轴的切面会观察到全消光,非垂直光轴的切面会观察到四次消光、四次干涉。注意,观察消光时,可以反复缓慢转动载物台,保证矿物颗粒表面最为黑暗。

(3)使用石英楔观察干涉色级序。

将石英楔缓缓推入试板孔,随着其厚度的增加,其光程差在0~1650nm之间逐渐变大,视域内可以观察到一至三级干涉色,各级之间以紫红色条带为界,可以观察到每一级色序的特征。

(4)测定矿物光率体椭圆半径的方向和名称。

① 绘图表示用石膏试板测定石英的光率体椭圆半径的方向和名称,并写出判断依据。
② 绘图表示用云母试板测定辉石的光率体椭圆半径的方向和名称,并写出判断依据。

首先介绍一下石英和辉石的镜下识别特征。石英,单偏光镜下,无色,低正突起,不完全解理;正交偏光镜下,一级灰白干涉色,平行消光。辉石,单偏光镜下,四边形或者八边形,正高突起,切面可见一组或者两组完全解理,夹角近83°/97°;正交偏光镜下,平行消光、斜消光、对称消光均可见,一至二级干涉色。

图1-43展示了测定石英光率体椭圆半径方向和名称的方法(视频5)。

首先将石英颗粒移至视域中心即十字丝交点,旋转载物台使其消光(一定要使石英颗粒表面最黑),此时,石英的光率体椭圆长、短半径分别平行于上、下偏光镜的振动方向,也即平行于十字丝[图1-43(a)]。

视频5 以石英为例测定其光率体椭圆半径方向和名称的方法

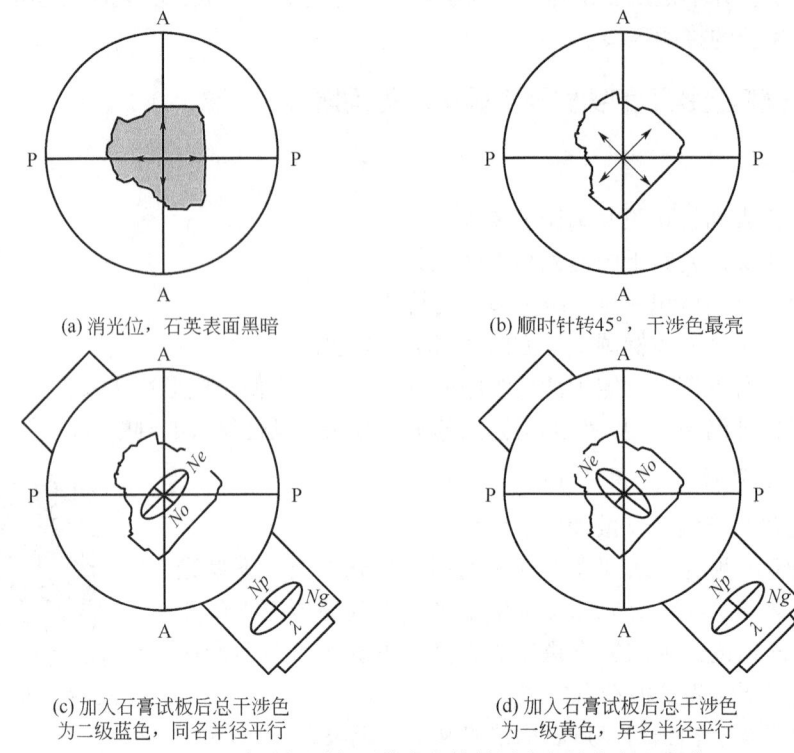

图1-43 石膏试板测定石英光率体椭圆半径的方向和名称

然后顺时针旋转载物台45°（逆时针也可以，为了表达方便，偏光显微镜下的实验均为顺时针旋转），此时，光率体椭圆长短半径分别与十字丝夹角成45°，干涉色最亮[图1-43(b)]。

最后推入石膏试板，观察总干涉色的变化，石英表面会出现蓝色或者黄色。那么如何判断几级蓝色、几级黄色呢？

根据补色法则的原理，总干涉色升高就是两矿片光程差之和，总干涉色降低就是两矿片光程差之差。石英为一级灰白，据附录1干涉色色谱表可查得光程差约150nm，石膏试板为一级紫红，其光程差为550nm。二者之和为700nm，对应二级蓝色（有时会出现二级蓝绿）；二者之差为400nm，对应一级黄色或一级橙黄。所以，如果推入石膏试板，石英表面出现蓝色，即二级蓝，相对于石英的一级灰白和石膏的一级紫红，均升高，即同名半径平行，如图1-43(c)所示；若石英表面出现黄色，即一级黄，相对于石膏的一级紫红，降低，即异名半径平行，如图1-43(d)所示。石膏试板属于已知长、短半径分布方向和名称的矿片，把其作为参照物，就能判断出石英光率体椭圆半径的方向和名称。由此也可以得出，如果总干涉色升高，是比两个矿片的干涉色都升高；如果总干涉色降低，是比干涉色高的矿片降低，比干涉色低的矿片未必降低。

注意：石英为一轴晶正光性矿物，所以其光率体长、短半径用Ne、No表示；辉石为二轴晶矿物，所以其光率体长、短半径用Ng、Np表示；石膏和云母均属于二轴晶矿物，其试板上光率体椭圆长、短半径也用Ng、Np来表示。

辉石在正交偏光镜下常见一级黄色、一级紫红、二级蓝色、二级绿色，而且一般具有一组解理的切面干涉色较高，两组解理的切面干涉色较低。测定其光率体椭圆半径的方向和名称时，尽量选择具有一组完全解理且干涉色较高的切面，测定方法如图 1-43 所示。另外，云母试板的标记为 $\frac{1}{4}\lambda$。

(5) 用石英楔测定白云母的干涉色，同时测定其双折射率。

测定干涉色的方法有楔形边法和石英楔法两种。楔形边法快速、简便，但只适用于具有楔形边且最外边缘从一级灰白开始的矿物。若无楔形边，就用石英楔法。有时，二者也可以相互验证。楔形边法的具体操作步骤见"正交偏光镜下观察内容和测定方法"。

图 1-44 展示了用石英楔测定白云母干涉色的过程（视频 6）。

首先在薄片中选择干涉色较高的白云母颗粒并将其置于视域中心，旋转载物台，使其消光。白云母的识别特征：单偏光镜下，无色，闪突起，一组极完全解理；正交镜下，平行消光，最高干涉色可达二级顶部或三级底部[图 1-44(a)]。

然后旋转载物台 45°，此时白云母表面干涉色最亮，为蓝色或紫色（尽量选择颜色鲜艳的颗粒，确保测定其最高干涉色）[图 1-44(b)]。

视频 6　以白云母为例展示石英楔测定矿物干涉色的方法

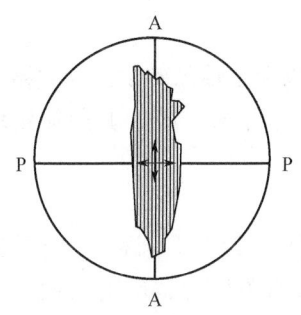
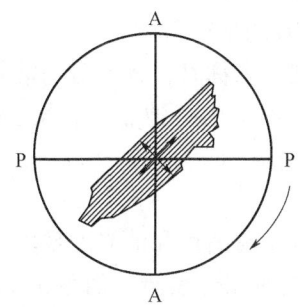
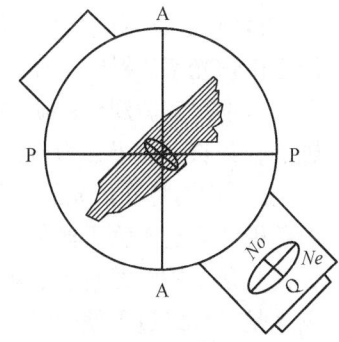

(a) 消光位，白云母平行消光　　(b) 顺时针转 45°，白云母　　(c) 推入石英楔，找到消色位
　　　　　　　　　　　　　　　　　表面为蓝色　　　　　　　　拉出石英楔，出现 2 次紫红

图 1-44　石英楔法测定白云母的干涉色

继而在 45°位置，由试板孔缓缓推入石英楔，观察白云母表面是否出现消色，即是否出现灰黑色。若出现灰黑色，则石英楔与白云母二者光率体椭圆异名半径平行，光程差的差值为 0nm，该位置即消色位。最后于消色位，缓缓将石英楔拉出，在这个过程中观察到视域内白云母表面经过 2 次紫红，干涉色级序就是 2+1=3 级，再加上 45°位置时白云母表面的颜色，就是白云母的干涉色[图 1-44(a)]。另外，如果推入石英楔时，白云母表面的干涉色一直很鲜艳，表明二者同名半径平行，需要旋转载物台 90°，使二者异名半径平行，再缓缓推入石英楔，找到消色位，重复图 1-44(c) 的操作步骤。

注意：石英楔法测定矿物干涉色有两个关键点，一是缓慢推入石英楔，找到消色位；二是缓慢拉出石英楔，观察紫红色条带出现的次数。

通过上面操作测得了白云母的干涉色，求其双折射率 Bi 时，可以通过附录 1 干涉色色谱表，查得 Bi，也可以根据 $Bi=\frac{R}{d}$ 求得，注意单位换算。

(6) 图示测定普通辉石消光类型、消光角及延性符号（视频 7）。

普通辉石属于单斜晶系，其消光类型是根据切面处于消光位时解理缝与十字丝的关系进

视频7 测定普通辉石的消光角和延性符号

行划分的。薄片中可见两种类型,即斜消光和对称消光。斜消光出现于具有一组完全解理的切面,对称消光出现于具有两组完全解理的切面。注意绘图时要准确表达出处于消光位时解理缝与十字丝的关系。

测定消光角是针对斜消光的切面,而且尽量选择平行光轴面的切面,也即具有一组完全解理、干涉色最高的切面。测定的步骤详见图1-24。在此要注意消光角的表达方式,一般表示为 $Ng \wedge c$,即光率体椭圆的长半径 Ng 与矿物 c 晶轴的夹角。所以,测定夹角后,推入试板,若是异名半径平行,还需要把夹角换算成 $Ng \wedge c$。

对于斜消光的普通辉石,若是测得的夹角为 $Ng \wedge c$,且小于 $45°$,即为正延性,否则,测得的夹角为 $Np \wedge c$,且小于 $45°$,即为负延性。而对于平行消光的矿物颗粒,其延性符号的判断方法详见图1-25。

3. 实验中常见的问题

1)没有将偏光显微镜调节到正交状态

使用正交偏光镜时,如果没有确保上、下偏光镜的振动方向正交,就不能观察到正确的消光和干涉现象,也就不能正确测定光学性质。

2)标注错了欲测矿物光率体椭圆的半径名称

测定矿物光率体椭圆半径的方向和名称时,分不清一轴晶矿物和二轴晶矿物,标注错了半径名称。本次实验观察的矿物中,石英为一轴晶,其长、短半径为 Ne、No,其余矿物均为二轴晶,其长、短半径为 Ng、Np。

3)分不清消色和消光的现象

石英楔法测定矿物干涉色时,分不清消色和消光的现象,致使测定结果错误。正交偏光镜下,消光是指旋转载物台,矿物表面完全黑暗,消色是指推入石英楔时,矿物表面灰黑色;消光是光线经过下偏光镜、矿物颗粒后,没有透出上偏光镜,所以颗粒表面完全黑暗;消色是补色法则的结果,是两个矿物颗粒在 $45°$ 位置叠放,异名半径平行,总光程差为 0nm 的光学现象,有光线透出上偏光镜,所以表面不是全黑,而是灰黑。

4)干涉色的表达方式错误

表达干涉色时,有时只写颜色,有时只写级序。干涉色的完整表达是级序+颜色,如白云母的三级蓝、辉石的二级红。

5)测定普通辉石的消光角时,没有正确选择切面

测定消光角时,选择了两组解理的切面或者是紫苏辉石平行消光的切面,测试结果错误。应当选择具有一组完全解理、干涉色最高、斜消光的颗粒进行测定,才能得到正确结果。

6)绘制矿物颗粒时,没有正确表达其特征

绘制任何一个测试的矿物颗粒,要表达清楚其镜下特征。如绘制石英颗粒,其不规则形态、低正突起、不完全解理等特征要表示清楚。

(四)锥光镜下的实验及实验中常见问题

1. 实验要求

(1)学会调节偏光显微镜到锥光镜的装置。

(2)认识一轴晶矿物垂直光轴切面和斜交光轴切面干涉图的图像特征,掌握利用干涉

图判断光性符号的测试方法。

（3）认识二轴晶矿物垂直 Bxa 切面干涉图的图像特征，掌握利用干涉图判断光性符号的测试方法。

2. 实验内容及方法

（1）调节偏光显微镜到锥光镜的装置（视频8）。

在操作过程中需要注意两点：

① 因为使用的是高倍物镜（40×以上），工作距离较短，调焦时先用10×物镜找到清晰的物像，再转换到40×，转换时一定要从侧面观察，缓缓下降镜筒至薄片近距离处，再用微动螺旋缓缓提升镜筒（即下降载物台）至准焦；

视频8　锥光镜的调节

② 使用载物台下侧的聚光镜时，切记顶起薄片，必要时可调节侧面螺旋使其下降。

（2）绘图表示锥光镜下石英或方解石垂直光轴切面或斜交光轴切面的干涉图，并判断其光性符号。

石英的双折射率较低，方解石的双折射率较高。石英垂直光轴切面的干涉图为一个粗大的黑十字，其周围四个象限内为一级灰白；方解石垂直光轴切面的干涉图为一个相对较细的黑十字，其周围分布着鲜艳的同心圆状的干涉色色圈。石英斜交光轴切面的干涉图仅能观察到一条黑臂，方解石斜交光轴切面的干涉图能观察到一条黑臂和部分干涉色色圈。

无论是垂直光轴方向的干涉图还是斜交光轴方向的干涉图，判断光性符号的思路一致：首先明确象限及象限内 Ne、No 的方向，象限内放射线方向为 Ne，与其垂直的方向为 No；然后推入试板，判断干涉色升高还是降低，Ⅰ、Ⅲ象限干涉色变化一致，Ⅱ、Ⅳ象限干涉色变化一致；最后依据补色法则，判断出象限内 Ne、No 与试板上光率体椭圆长、短半径是同名半径平行还是异名半径平行，写出平行关系，进而得出结论。

垂直光轴切面的干涉图象限明确，容易判断光性符号，具体测试步骤见图1-36、图1-37。斜交光轴切面的干涉图，若是能看见不完整的黑十字或者不完整的色圈，也较容易判断出象限，继而进行光性符号的判断。但若是仅见到一条黑臂，就需要先判断出视域外黑十字交点的位置，再进一步明确象限，判断光性符号。黑十字交点位置的判断方法可参照图1-38。

（3）绘图表示锥光镜下白云母⊥Bxa切面的干涉图，并判断其光性符号。

白云母⊥Bxa切面的干涉图由一个粗细不等的黑十字及其周围四个象限内的一级灰白干涉色组成。

测定光性符号的方法：首先于45°位置，2条黑臂呈弯曲黑带时，推入石膏试板，观察黑带内外干涉色的变化，二级蓝表示干涉色升高，一级黄表示干涉色降低；然后明确弯曲黑带顶点之间为 Bxo 的方向，黑带的凹向为 Bxa 的方向；最后根据补色法则，判断 Bxa = Ng 还是 Bxa = Np，进而得出其为正光性还是负光性。详细的操作步骤可参考图1-39。

3. 实验中常见问题

1）单偏光镜下调焦不准确

调焦不准确，导致锥光镜下观察不到干涉图。调焦时最好先在10×镜下准焦，再转换为40×，此时能看到模糊的图像，通过微调即可清晰。

2) 偏光显微镜没有调到正交状态

正交偏光镜下，上、下偏光不正交，导致无法正确观察到消光和干涉，因此看不到清晰的干涉图像。

3) 没有明确干涉图内各半径分布方位

一轴晶或者二轴晶无论哪个方向上的干涉图，一轴晶各象限内 Ne、No 的方向，二轴晶弯曲的黑带内、外 Bxa、Bxo 的方向是恒定不变的，明确这一点，才能正确判断光性符号。

思考题与练习题

1. 矿物手标本的观察内容包括哪些？
2. 分泌体和结核体、鲕状体及豆状体有何异同？
3. 如何区分隐晶或者胶态集合体与矿物单体？
4. 何谓矿物的透明度？如何判断矿物的透明度？
5. 矿物的颜色、条痕、透明度与光泽之间有什么关系？
6. 何谓矿物的解理？它是如何划分等级的？如何识别矿物单体的解理面与晶面？
7. 如何鉴定矿物的硬度？写出摩氏硬度计。指甲、小刀、玻璃和陶瓷各相当于几级摩氏硬度？
8. 均质体矿物、一轴晶矿物和二轴晶矿物的光率体有何不同？各自有哪些主要切面？这些切面又有什么光学特征？
9. 单偏光镜下观察和测定矿物的哪些光学性质？
10. 角闪石类的矿物具有 2 组解理，为什么在矿片中它的有些切面上只见一组解理缝、有些切面上看不见解理缝？若是测定其解理夹角，如何选择切面？
11. 何谓多色性？矿物在薄片中的多色性受哪些因素的影响？
12. 何谓突起？如何判断矿物的突起等级？举例写出不同突起等级的代表性矿物。
13. 如何调整偏光显微镜到正交装置？正交偏光镜下观察和测定矿物的哪些光学性质？
14. 透辉石 $Ng=1.728$，$Nm=1.706$，$Np=1.699$，它属于几轴晶矿物？光性符号是什么？其最大双折射率的值是多少？若矿物厚度为 0.03mm 时，其光程差是多少？最高干涉色是什么？
15. 方解石 $No=1.658$，$Ne=1.486$，它属于几轴晶矿物？光性符号是什么？其最大双折射率的值是多少？其突起有什么特征？其最高干涉色是什么？
16. 消光和消色有什么异同？正交偏光镜下如何寻找消色位？
17. 正交偏光镜下测定光学性质时常用的补色器有哪些？各补色器有什么特征？
18. 何谓消光角？如何测定矿物的消光角？
19. 如何调整偏光显微镜到锥光镜的装置？锥光镜下观察和测定矿物的哪些光学性质？
20. 如何区别一轴晶⊥OA 切面的干涉图和二轴晶⊥Bxa 切面的干涉图？

第二章 常见造岩矿物的手标本与镜下鉴定特征

第一节 三大岩类中常见矿物的手标本与镜下鉴定特征

一、石英

石英在地壳中的分布仅次于长石,是岩浆岩、沉积岩和变质岩的主要造岩矿物。石英不与橄榄石、似长石类矿物(霞石、白榴石等)共生。它在深成岩浆岩中结晶最晚,酸性火山岩中常呈斑晶出现,一般岩石中出现的是低温石英,而在喷出岩和浅成岩中出现的是高温石英。在花岗伟晶岩脉和大多数热液脉中,石英常作为主要脉石矿物产出。常压、温度低于573℃时,稳定存在。

(1) 手标本:石英通常包括α-石英和β-石英。现在自然界所见的石英全为α-石英,即使原先晶出时为β-石英,也已转变为α-石英了,但保留了假象。α-石英为六方柱与菱面体的聚形,集合体多为他形粒状、致密块状。颜色通常为无色、乳白色等,也可呈紫色、烟黄色—黑色、蔷薇色等,分别称为紫水晶、烟水晶、墨晶、蔷薇石英等。透明,晶面玻璃光泽,断口油脂光泽。无解理,贝壳状断口,硬度7。

(2) 镜下:不规则粒状,无色透明,表面洁净,不完全解理,正低突起。一级灰白干涉色(薄片较厚时可达一级黄白),平行消光,变质岩中常见波状消光,正延性(图2-1)。一轴晶,正光性。石英是一种稳定矿物,不易风化。

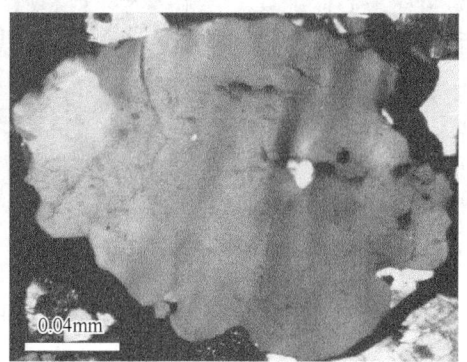

(a) 一级灰白,平行消光,正延性(花岗岩)   (b) 波状消光(斜长片麻岩)

图 2-1 石英正交偏光镜下的特征

(3) 鉴定特征:手标本上无解理,断口油脂光泽,硬度7。镜下无色透明,正低突起,不完全解理,一级灰白,平行消光,正延性,一轴晶,正光性。

二、钾长石

长石是地壳中分布最广的矿物,约占地壳总质量的50%。它不仅是三大岩类的主要造岩矿物,其种类和含量还是岩石分类和命名的主要依据之一,因此准确鉴定长石种属具有重要意义。

长石根据端元组分,可以分为碱性长石亚族、斜长石亚族和钡冰长石亚族,前两者自然界中常见。富钾长石类属于碱性长石亚族,是由钾长石(Or)与钠长石(Ab)构成的类质同象系列,常见的矿物种类为正长石、微斜长石、透长石。透长石主要出现于岩浆岩中,所以不在此处描述。而条纹长石是在正长石向微斜长石转化过程中形成的,以下一并描述。

(一) 正长石

在岩浆岩中,正长石主要产于酸性岩浆岩和碱性侵入岩,如花岗岩、正长岩。在变质岩中,正长石主要出现于花岗质的片麻岩。在碎屑沉积岩中,正长石主要出现于长石砂岩。

(1) 手标本:单体短柱状或者厚板状,岩石中常见不规则粒状,卡斯巴双晶常见,简称卡式双晶,巴温诺双晶和曼尼巴双晶少见。晶体常呈肉红色,有时可见白色(无色透明或乳白色的低温正长石称为冰长石),条痕为白色。透明,玻璃光泽。硬度为6,常见夹角为90°的两组完全解理。

(2) 镜下:宽板状、柱状、不规则状,无色透明,低负突起,可见两组夹角为90°的完全解理。一级灰白,平行消光、斜消光,消光角较小,3°~12°,卡式双晶[图2-2(a)],二轴晶,负光性。颗粒表面常见高岭土化,呈尘土状,显得脏污,被称为泥化[图2-2(b)]。热液作用下,可被白云母、石英交代,或者被绿帘石、方解石交代。

(a) 正长石的卡式双晶,一级灰白,斜消光　　(b) 高岭土化(泥化)的正长石

图2-2　钾长石正交偏光镜下特征

(3) 鉴定特征:手标本肉红色,玻璃光泽,正交解理。镜下低负突起,卡式双晶,表面脏污,二轴晶。

(二) 微斜长石

微斜长石主要产于花岗岩、花岗伟晶岩、正长岩、片麻岩、花岗混合岩中,少见于喷出岩。与正长石相比,多见于变质岩。砂岩中常作为碎屑出现。

（1）手标本：自然界常见不规则粒状，肉红色或者浅灰色，透明，玻璃光泽（附录2照片1）。常见两组完全解理，其夹角为89°40′，硬度为6。伟晶岩中含Rb和Cs时，呈淡绿色，称为天河石。

（2）镜下：无色，低负突起，一组或两组夹角近90°的完全解理[图2-3(a)]。一级灰白，斜消光，格子双晶[图2-3(b)]，有时可与石英交生，形成文象结构。

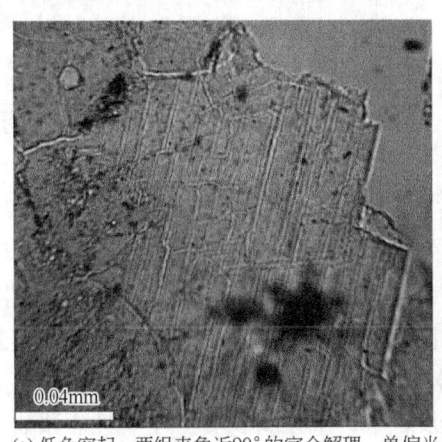 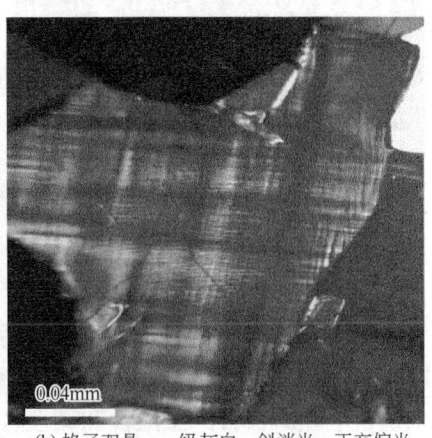

(a) 低负突起，两组夹角近90°的完全解理，单偏光　　(b) 格子双晶，一级灰白，斜消光，正交偏光

图2-3　微斜长石偏光镜下的特征（混合花岗岩）

（3）鉴定特征：手标本若是肉红色时，与正长石不好区分；若是绿色时，结合两组近似于垂直的解理，可以与其他矿物区分。镜下格子双晶是其独有的特征；无格子双晶时，其消光角大于正长石，可达20°；与歪长石二者均具有格子双晶，但微斜长石的双晶条带呈纺锤状，歪长石的双晶条带平直。

（三）条纹长石

正长石转变为微斜长石的过程中，Or与Ab以任意比例混溶形成固溶体，温度降低时，逐渐熔离成Or与Ab的交生体，形成条纹结构，即条纹长石。含量多的部分称为主晶，含量少者称为客晶。若钾长石为主晶，钠长石为客晶，称为正条纹长石，也即条纹长石；反之，则称为反条纹长石。如果条纹长石中的Or与Ab形成显微层状交生，就会产生美丽的"浮光"效应，可作为宝石，即月光石。

（1）手标本：不规则粒状，条纹形态多样，有细脉状、树枝状、羽毛状等。常见白色或者灰白色，透明，玻璃光泽，条纹结构。

（2）镜下：无色，低负突起，两组夹角为89°40′的解理。一级灰白，条纹结构，斜消光（图2-4）。在偏光镜下判断正、反条纹长石的方法是：单偏光镜下，缩小光圈，微调下降载物台，观察主、客晶的贝克线移动方向，若移向条纹，表明条纹为钠质斜长石，主晶为钾长石，即正条纹长石；若移向主晶，则表明主晶为钠质斜长石，客晶为钾长石，即反条纹长石。

（3）鉴定特征：条纹结构是其独有的特征。

三、斜长石

斜长石是由钠长石（Ab）和钙长石（An）构成的一个完全类质同象系列，根据An含量由低到高分为钠长石（An含量为0~10%）、更长石（An含量为10%~30%）、中长石

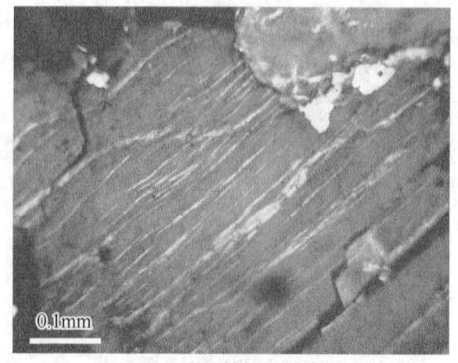

(a) 一级灰白，两组完全解理　　　　　　　(b) 正条纹结构，斜消光

图 2-4　条纹长石正交偏光镜下特征（花岗岩）

（An 含量为 30%~50%）、拉长石（An 含量为 50%~70%）、培长石（An 含量为 70%~90%）和钙长石（An 含量为 90%~100%）共 6 个矿物种。其中钠长石和更长石称为酸性斜长石，中长石称为中性斜长石，拉长石、培长石和钙长石则称为基性斜长石。因此，测定斜长石中 An 的含量是准确命名矿物种的依据，而矿物种是岩浆岩和变质岩分类命名的主要标志。

一般来说，酸性斜长石产于酸性和碱性岩浆岩中，中性斜长石产于中性岩浆岩中，基性斜长石产于基性和超基性岩浆岩中。另外，斜长石也常见于区域变质岩中。而碎屑岩中，斜长石的分布不及碱性长石普遍。

（一）手标本

单体常见板状或者柱状，集合体呈粒状。白色或者灰白色，某些拉长石会产生晕彩。透明，玻璃光泽，两组完全解理（附录 2 照片 2），硬度 6~6.5。

（二）镜下

无色，钠长石和部分更长石为低负突起，其余矿物种均为低正突起，两组完全解理，夹角约为 86°。由酸性到基性斜长石，干涉色逐渐升高，一级灰白、一级黄白至一级黄；常见聚片双晶或者卡钠复合双晶[图 2-5(a)(b)]，中长石常见环带结构[图 2-5(c)]；近于平行消光或者斜消光，二轴晶，光性可正可负。斜长石表面常发生钠黝帘石化、绢云母化、黑云母化等蚀变[图 2-5(d)(e)]。

（三）鉴定特征

钠长石与钾长石的区别主要在于，手标本上斜长石多为白色，钾长石肉红色或者白色；偏光镜下斜长石中除了钠长石和部分较低 An 含量的更长石为低负突起，其他矿物种均为低正突起，而钾长石均为低负突起；斜长石的解理夹角为 86°，而钾长石的解理夹角稍高，近于或者等于 90°；斜长石斜消光为主，钾长石平行消光或者斜消光，消光角较小；斜长石常见聚片双晶、卡钠复合双晶和环带结构，钾长石常见卡式双晶、格子双晶和条纹结构；斜长石常发生绢云母化呈现浅灰色，钾长石常发生高岭土化呈现淡褐色。

（四）斜长石牌号的测定

斜长石牌号是指钙长石（An）的百分含量，如果 An 含量为 65%，则表示为 An65，对应的矿物种为拉长石。斜长石牌号的测定方法较多，此处只介绍常用的两种，⊥（010）切面聚片双晶的最大消光角法和卡钠复合双晶切面的消光角法。

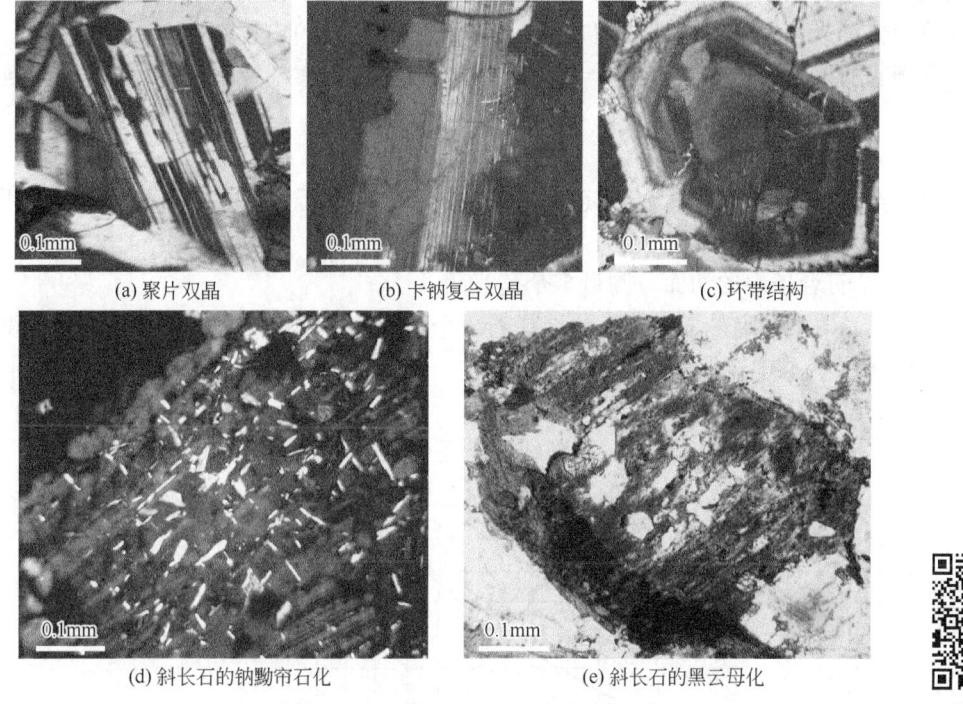

图 2-5 斜长石正交偏光镜下特征
（a）~（d）为正交偏光，（e）为单偏光

1. ⊥（010）切面聚片双晶的最大消光角法

1）选择切面

正交偏光镜下该切面具备2个显著特征：（1）具有明显的聚片双晶（即钠长石双晶），双晶纹细直、清晰；（2）双晶纹平行于纵丝或者与十字丝夹角呈45°时，双晶消失，只看见细细的结合缝，此时，双晶纹两侧的单体具有对称出现、大小相同的消光角（图2-6）。

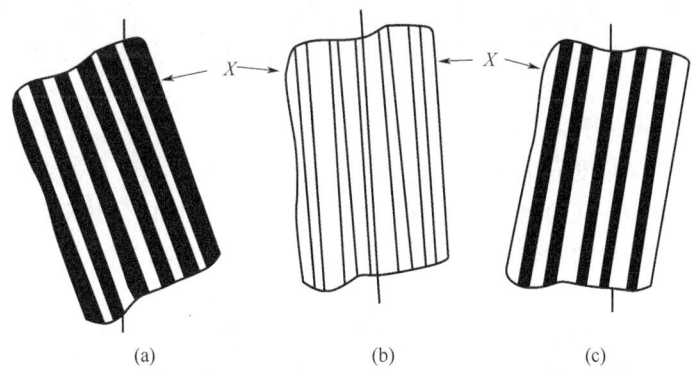

图 2-6 斜长石⊥（010）切面聚片双晶的最大消光角法示意图

2）测量消光角

（1）将选择好的切面置于视域中心，使双晶纹平行于纵丝，记下载物台读数，称为初次读数［图2-6（b）］；

(2) 如图 2-6(a) 所示，逆时针旋转物台至双晶中的一组单体消光，记下读数，称为左读数；

(3) 如图 2-6(c) 所示，顺时针旋转物台至另一组单体消光，记下读数，称为右读数；

(4) 计算单体消光角 A 和 B，即 $A=|$左读数-初次读数$|$，$B=|$右读数-初次读数$|$；

(5) 计算斜长石的消光角，理论上 $A=B$，但只要误差$|A-B|\leq 5°$，就可以计算消光角 $=(A+B)/2$。

3) 判断光率体半径的方向为 Np'

从消光位转 45°，推入石膏试板，确定光率体半径的方向是否为 Np'，若不是，需要用 $90°-(A+B)/2$，即 $Np' \wedge (010)$。

4) 选择若干个符合条件的切面，测量多个消光角

此次所测的消光角不一定是最大值，再选择若干个符合条件的切面，重复上述步骤，得到一系列 $Np' \wedge (010)$，从中选取一个最大值。

5) 确定斜长石的牌号和矿物种

查图 2-7，若是喷出岩中的斜长石，查虚线；若是侵入岩中的斜长石，查实线。

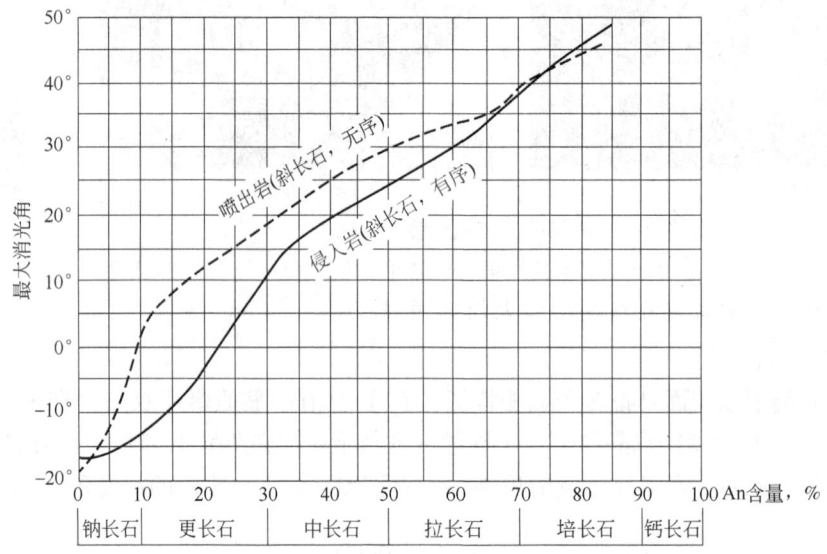

图 2-7 ⊥(010) 切面聚片双晶的最大消光角与成分关系示意图

2. 卡钠复合双晶切面的消光角法

因为该切面在某个角度只呈现出卡式双晶，即一个单体消光，一个单体干涉，但稍微旋转载物台，每一个单体内又会出现聚片双晶纹，测定两个单体内聚片双晶的消光角，方法同上。该方法测出的消光角精度较高，因此，只需选择一个颗粒。

1) 选择切面

如图 2-8 所示，正交偏光镜下该切面具备 2 个显著特征：①当双晶纹平行于十字纵丝时，聚片双晶消失，只见双晶结合缝和不明显的卡式双晶；②当双晶纹与十字纵丝夹角为 45°时，观察到清晰的卡式双晶，整个斜长石颗粒被分为明、暗不同的两部分，可以称为左单体和右单体，两个单体内的聚片双晶只能见到细细的结合缝，而稍微旋转载物台，每个单体内都能看到清晰的聚片双晶。

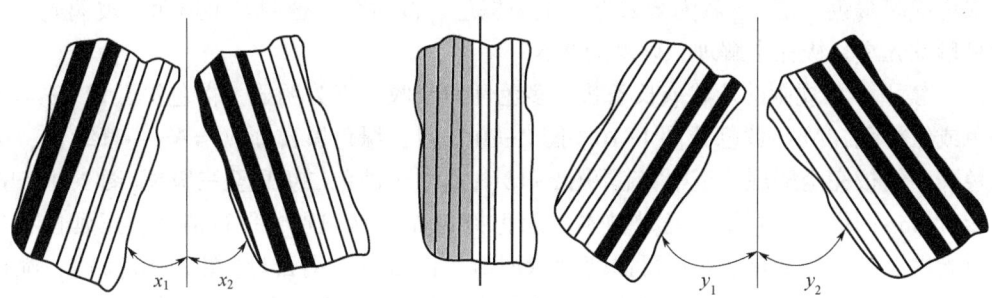

图 2-8　斜长石具有卡钠复合双晶切面的消光角法示意图

2）测定消光角

将选择好的颗粒置于视域中心，分别测定左、右两个单体内聚片双晶的消光角，测定方法同⊥（010）切面聚片双晶的最大消光角法。左单体的消光角 $=(x_1+x_2)/2$，右单体的消光角 $=(y_1+y_2)/2$。特别注意两点：一是初次读数仍然为双晶结合缝平行于纵丝时的读数；二是每个单体内测得的两个消光角的误差仍然要小于或等于 5°。

3）确定斜长石的牌号和矿物种

查图 2-9，此时，测得的两个消光角大小不等，较小值查纵坐标，较大值查"S"状曲线，两者相交点在横坐标上的投影即为 An 的含量，即斜长石的矿物种。若两个消光角均小于 16°，查纵坐标时取负值，其余情况均取正值。

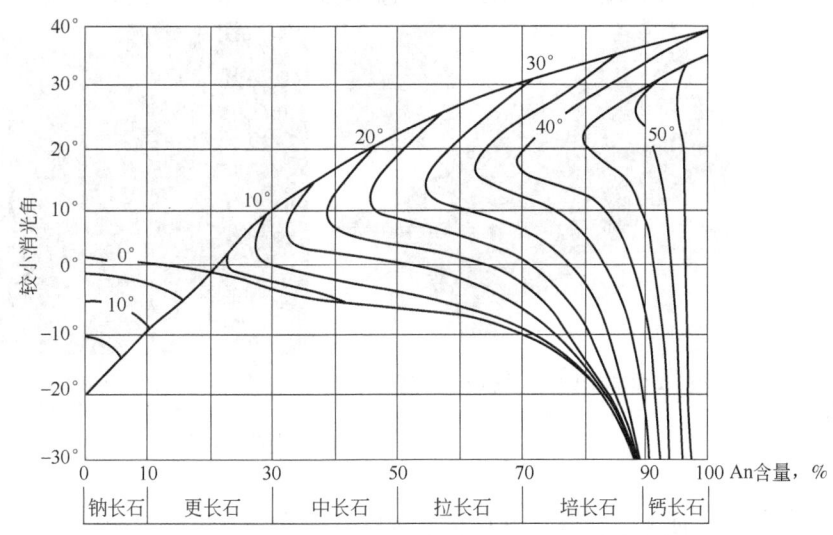

图 2-9　斜长石具有卡钠复合双晶切面的消光角与
成分关系示意图（据王德滋，1975）

四、黑云母

黑云母主要产于中—酸性侵入岩、碱性侵入岩、伟晶岩、接触变质岩、区域变质岩、砂岩和黏土岩中。

（1）手标本：假六方板状或片状，片状或鳞片状集合体（附录 2 照片 3）。以黑色、深褐色为主，富含 Ti 者呈浅红褐色或红棕色，富含 Fe^{3+} 者呈绿色，富含 Fe^{2+} 而少 Fe^{3+}、Ti 者呈黄褐色或暗褐色，富 Mg 者为金云母，呈现棕色、浅黄色。透明—半透明，玻璃光泽，解理面见珍珠光泽。极完全解理，硬度为 2.5。

（2）镜下：不规则的片状或长条状。多色性和吸收性极为明显，褐色黑云母 $Ng=Nm$—深褐色或红褐色，Np—黄色［图 1-10、图 2-10(a)］；绿色黑云母 $Ng=Nm$—草绿色，Np—浅黄色。一组极完全解理，正中突起［图 2-10(a)］。干涉色二级顶至三级顶［图 2-10(b)］，铁黑云母可达四级，但其干涉色常被本身颜色掩盖而不易识别。平行消光，正延性，二轴晶，负光性。黑云母受热液作用可蚀变为绿泥石、白云母或绢云母［图 2-10(c)］；喷出岩中黑云母斑晶周围常见暗化边，暗化强烈时遍及整个颗粒，只保留外形；变质岩中可被夕线石（又称为硅线石）取代并析出细小铁质矿物［图 2-10(d)］；沉积岩中可逐步风化分解为水黑云母、蛭石、高岭石。

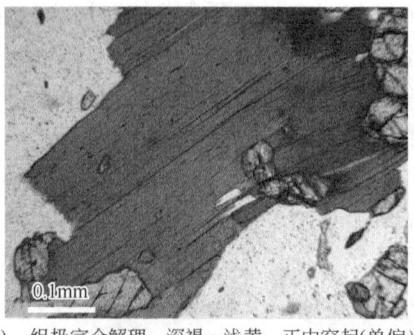

(a) 一组极完全解理，深褐—浅黄，正中突起(单偏光)　　(b) 二级红的干涉色(正交偏光)

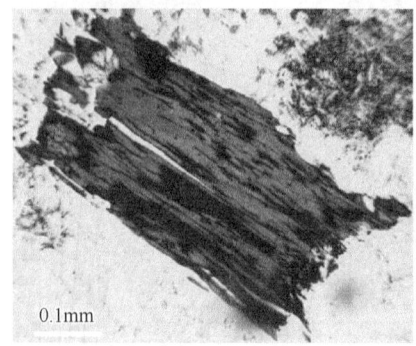

(c) 黑云母表面几乎完全绿泥石化(单偏光)　　(d) 黑云母边缘具有暗化边，沿解理缝有析铁化(单偏光)

彩图 2-10　　　　　　　　　图 2-10　黑云母偏光镜下特征

（3）鉴定特征：手标本上的假六方片状或板状、极完全解理、珍珠光泽、与指甲相等的硬度；镜下极完全解理、深褐色—浅黄色或者深绿—浅黄的多色性、平行消光、正延性、二轴晶、负光性。

五、白云母

白云母广泛分布于变质岩中，是云母片岩的主要矿物，也产于片麻岩中。当中酸性岩浆岩受高温热液作用发生云英岩化时，产生大量白云母，并与石英共生。花岗伟晶岩及白云母花岗岩中也均有白云母产出。由于其性质稳定，也经常出现于碎屑沉积岩中，但单元层间的 K^+ 部分淋失，被 H_3O^+ 代替，形成水白云母。

(1) 手标本：假六方板状、短柱状、片状、鳞片状集合体。一般无色透明，富含 Fe^{2+} 时呈浅绿色，富含 Cr^{3+} 时呈鲜绿色。玻璃光泽，解理面珍珠光泽，极完全解理，硬度 2.5（附录 2 照片 4）。

(2) 镜下：不规则片状或者长条状。无色透明，有时表现为极淡的绿色或浅褐色。闪突起明显，在正低突起—正中突起之间变化（图 2-11）。完全或者极完全解理。干涉色鲜艳明亮，二级顶至三级顶。平行或者近平行消光，正延性，二轴晶，负光性。

 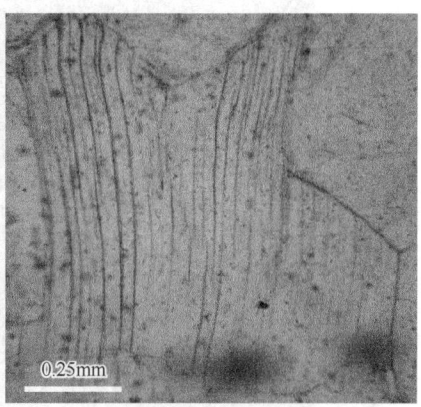

(a) 平行横丝时为正中突起　　　　　　(b) 平行纵丝时为正低突起

图 2-11　白云母单偏光镜下的闪突起（白云母片岩）

(3) 鉴定特征：手标本上无色、片状、一组极完全解理、珍珠光泽、与指甲相等的硬度；镜下闪突起、一组极完全解理、鲜艳干涉色、平行消光、正延性、二轴晶、负光性。

六、绢云母

呈极细小鳞片状集合体并具有丝绢光泽的白云母，称为绢云母。其成分基本和白云母相同，含 K 略少，H_2O 略多。干涉色鲜艳亮丽，但有时因晶体细小使其干涉色呈现为一级。绢云母常常是斜长石、石榴子石、蓝晶石、红柱石、堇青石等的蚀变产物。

七、普通角闪石

角闪石族矿物在自然界分布很广，是岩浆岩和变质岩的主要造岩矿物之一。可以分为斜方闪石亚族和单斜闪石亚族，斜方闪石亚族包括直闪石类，单斜闪石亚族包括透闪石、阳起石、普通角闪石、玄武角闪石、蓝闪石等。自然界中，单斜闪石亚族较常见。

普通角闪石为中、酸性侵入岩，角闪岩、角闪片岩和角闪片麻岩等变质岩的主要组成矿物，砂岩中也可见到其碎屑。

(1) 手标本：长柱状、针状或者短柱状，集合体细柱状、纤维状或者致密块状。暗绿、暗褐色至黑色，无色或白色条痕。透明—半透明，玻璃光泽。完全解理，夹角 56° 或者 124°，称为角闪石式解理。硬度 5~6。

(2) 镜下：横切面呈菱形、近菱形的六边形、近六边形，可见两组角闪石式解理，纵切面为柱状，经常见到一组完全解理。不同颜色的角闪石其多色性不同，绿色的角闪石 Ng—深绿、深蓝绿，Nm—绿、黄绿，Np—浅绿、浅黄绿；褐色的角闪石 Ng—暗褐、红褐，Nm—褐，Np—浅褐。正中或正高突起（图 2-12）。干涉色可达二级中部，有时受本身颜色干扰。横切面为对称消光，其他切面可见平行消光和斜消光，消光角 15°~25°。正延性，二轴晶，负光性。喷出岩中角闪石斑晶常见暗化现象。

(a) 长柱状，一组完全解理，解理缝平行于横丝，深绿色，角闪石片岩

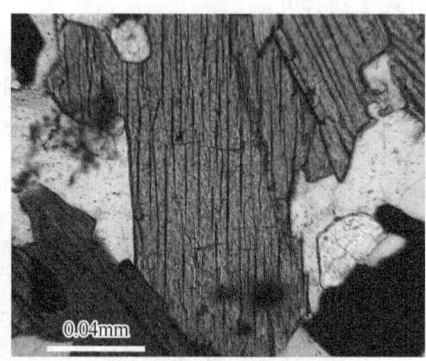
(b) 正中突起，解理缝平行于纵丝，浅黄绿色，角闪石片岩

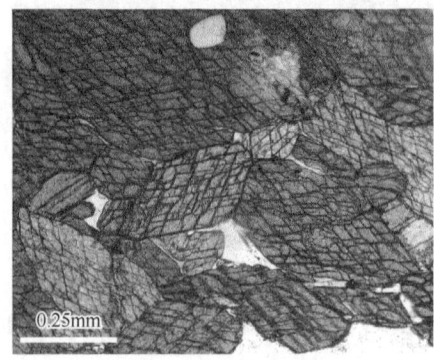
(c) 横切面上的角闪石式解理，角闪石片岩

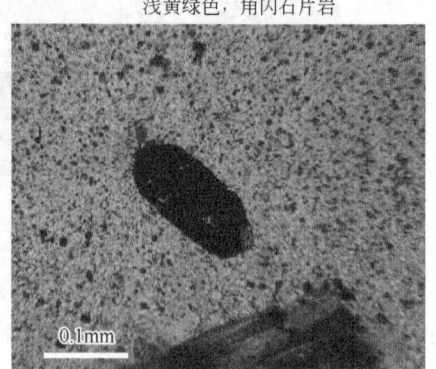
(d) 角闪石表面暗化强烈，但保留了其形态，即矿物假象，安山岩

彩图 2-12

图 2-12 普通角闪石单偏光镜下特征

(3) 鉴定特征：普通角闪石与普通辉石在手标本上不易区分，但在偏光显微镜下极易辨别。普通角闪石镜下具有角闪石式解理、显著的绿色或者褐色的多色性、突起稍低、消光角一般 20°左右等特征。

八、普通辉石

辉石族矿物广泛分布于岩浆岩与变质岩中，是重要的造岩矿物之一。可以分为斜方辉石亚族和单斜辉石亚族，斜方辉石亚族包括顽火辉石、古铜辉石和紫苏辉石，单斜辉石亚族包括透辉石、普通辉石、霓辉石、霓石、绿辉石、硬玉等。

普通辉石主要出现于超基性、基性侵入岩和喷出岩中，如橄榄岩、辉长岩、苦橄岩、玄武岩等，也可出现于酸性的紫苏花岗岩中。另外，在中高级变质岩中也可出现。

(1) 手标本：短柱状、粒状，岩石中常为半自形或者他形。绿黑至黑色，无色至浅褐色条痕。透明，玻璃光泽。两组完全解理，夹角 87°或者 93°。硬度 5.5~6。

(2) 镜下：横切面（近）八边形、四边形，可见两组完全解理，夹角 87°或者 93°，称为辉石式解理；无色，略带浅绿、浅褐色调，正高突起[图 2-13(a)]。最高干涉色常在二级中上部[图 2-13(b)]，横切面对称消光，纵切面可见平行消光和斜消光，消光角 39°~55°。可见简单接触双晶[图 2-13(c)]。二轴晶正光性。岩浆岩中的普通辉石常含片状钛铁矿、磁铁矿等包裹体构成席勒构造[图2-13(d)]。易蚀变为绿泥石、纤闪石等。

（3）鉴定特征：与普通角闪石的区别在于，普通辉石手标本上短柱状、以黑色调为主、近似于垂直解理，镜下横切面近八边形或者四边形、无明显多色性、辉石式解理、消光角较大、正光性、多蚀变为纤闪石；普通角闪石手标本上长柱状、暗绿色调为主、菱形解理，镜下横切面菱形或者六边形、明显多色性、角闪石式解理、消光角较小、负光性、多蚀变为绿泥石。

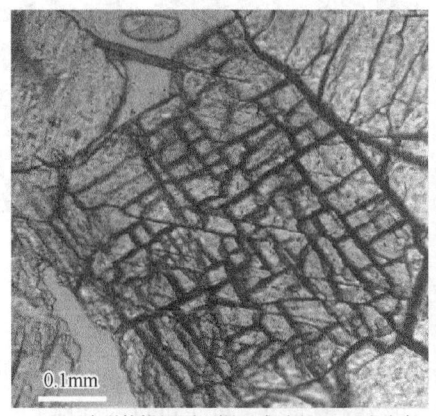
(a) 四边形的横切面，辉石式 解理，正高突起

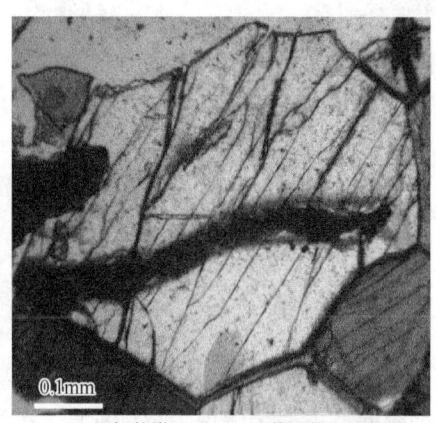
(b) 短柱状纵切面，二级黄绿的干涉色

(c) 简单接触双晶，包含橄榄石，包橄结构

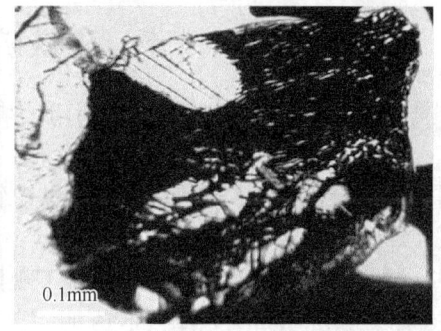
(d) 含磁铁矿构成"席勒构造"

图2-13　普通辉石单偏光镜下特征（辉长岩）
（a）、（d）为单偏光，（b）、（c）为正交偏光

彩图2-13

九、橄榄石

橄榄石是镁橄榄石—铁橄榄石、锰橄榄石—铁橄榄石、钙镁橄榄石—钙铁橄榄石的类质同象系列，自然界中分布最广的是镁橄榄石—铁橄榄石的完全类质同象系列。主要产于超基性—基性等地幔岩浆岩、石陨石、富镁夕卡岩中，镁橄榄石不与石英共生，铁橄榄石常见于黑曜岩、流纹岩等酸性和碱性喷出岩。受到热液作用后，镁橄榄石易蚀变为蛇纹石、滑石，铁橄榄石易蚀变为伊丁石、蛇纹石、绿泥石等。

（1）手标本：柱状、厚板状或他形粒状，集合体呈粒状。颜色随铁质含量增加而加深，镁橄榄石为淡黄、淡绿色，铁橄榄石为绿、褐绿色，通常呈现橄榄绿。玻璃光泽，透明—半透明，不完全解理，常见不规则裂纹，贝壳状断口，硬度6.5~7。

（2）镜下：切面呈他形粒状或不规则六边形，无色或者淡黄色，正高或正极高突起，不完全解理，常见裂纹[图2-14(a)]。干涉色最高可达四级，平行消光，延性可正可负，二轴晶，折射率随含铁量增高而增大，光性由正到负（镁橄榄石正光性，其余矿物种负光性），光轴角较大，近于90°；垂直光轴切面的干涉图可见近于平直的黑臂。地幔岩中的橄榄石常见貌似双晶的"肯特带"（橄榄石捕虏晶有状似双晶的现象，幔源标志）[图2-14(b)]。

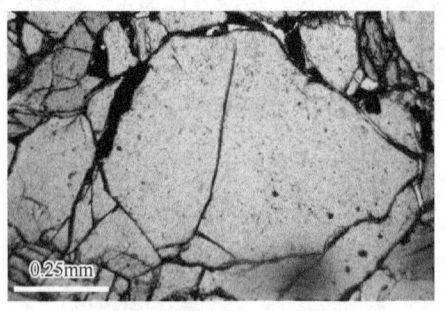
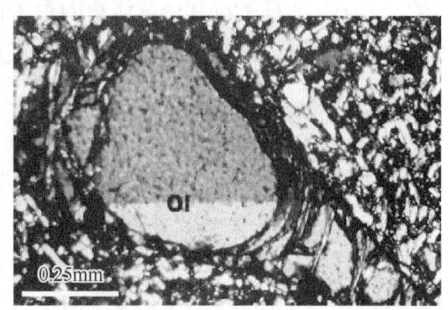

(a) 无色，正高突起，不完全解理，可见裂纹，辉石橄榄岩(单偏光)

(b) 橄榄石的干涉色及"肯特带"，幔源标志，橄榄玄武岩(正交偏光)(据常丽华等，2006)

彩图 2-14

图 2-14 橄榄石偏光镜下特征

（3）鉴定特征：手标本上的橄榄绿或者黄绿色、透明—半透明、不完全解理、贝壳状断口，镜下正高—极高突起、不完全解理、裂纹发育、高达四级的干涉色、可正可负的延性。

十、磁铁矿

磁铁矿形成于岩浆岩作用、变质作用和高温热液作用，是各类岩浆岩、变质岩中的副矿物，是各种成因铁矿床中的主要铁矿物，砂矿中也常见。

（1）手标本：八面体或者菱形十二面体，集合体呈致密块状或者不规则粒状。铁黑色，条痕黑色。半金属光泽，不透明。无解理，常见晶面条纹，硬度6，强磁性。

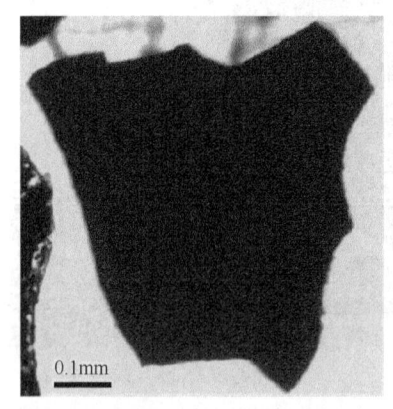

图 2-15 磁铁矿在偏光镜下的特征

（2）镜下：不规则粒状，有时呈四方形自形晶；偏光镜下不透明矿物，黑色（图2-15）。反射光下有时呈钢灰色，有时可见表面附有细条纹式白色絮状物（白钛矿），称为含钛磁铁矿。

（3）鉴定特征：手标本上的铁黑色、黑色条痕，半金属光泽，不透明，强磁性；镜下不透明、黑色。

十一、榍石

榍石作为副矿物广泛分布于各类岩浆岩、夕卡岩、片岩、片麻岩等变质岩中，因其稳定性较强，可在重砂或者在沉积岩中呈自生矿物产出。

（1）手标本：菱形、楔形或不规则粒状，集合体呈板状、粒状、针状。颜色常见蜜黄色、褐色、绿色，有时也见黑色，含Mn时呈红色，无色或者白色条痕。透明—半透明，金刚光泽、油脂或树脂光泽。中等解理，可见裂理，硬度5~6。

（2）镜下：切面常呈菱形、双楔形。无色、淡黄色，有时可见微弱多色性，Ng—褐色，

Nm—淡黄，Np—无色。解理少见，可见裂纹，正极高突起[图 2-16(a)]。高级白干涉色，菱形切面常见对称消光[图 2-16(b)]，有时可见简单接触双晶，二轴晶，正光性。

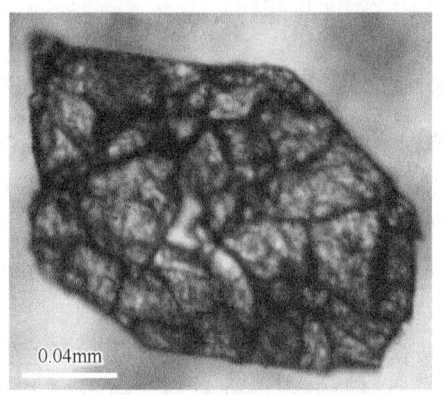 

(a) 楔形切面，微弱多色性，正极高突起，裂理发育，石英闪长岩，单偏光

(b) 菱形切面，高级白干涉色，对称消光，黑云斜长片麻岩，正交偏光

图 2-16　榍石偏光镜下特征

（3）鉴定特征：菱形、楔形的晶形及切面、正极高突起，高级白干涉色。

十二、锆石

锆石作为副矿物常常出现于酸性、中性、碱性岩浆岩中，如花岗岩、正长岩。也可出现于变质岩中，如前寒武纪的片麻岩。在沉积岩中以重矿物的形式出现，常富集成砂矿，与金红石、独居石等伴生。三大岩类中的锆石晶形及其标型特征，往往作为岩石对比、鉴定及恢复原岩的依据之一。锆石在中性岩浆岩中因锥面不发育而成柱状，酸性岩浆岩中柱面和锥面均发育，碱性岩浆岩中因柱面不发育而成短柱状或者四方双锥。

（1）手标本：四方柱、四方双锥或复四方双锥组成的聚形，岩石中自形但细小。无色或灰色、黄色、褐色、绿色。透明—半透明，玻璃—金刚光泽，断口油脂光泽。不完全解理，贝壳状或不平坦断口，硬度 7.5~8。

（2）镜下：切面常见两端呈锥状的长柱形。一般无色、淡黄色或淡褐色，有时显褐到黄的多色性。不完全解理，正极高突起（图 2-17）。最高干涉色可达三级紫红至四级，平行消光，正延性，一轴晶正光性。有时会作为包裹体出现在电气石、角闪石、辉石、堇青石等矿物中，此时锆石周围出现较浓的"多色晕"。

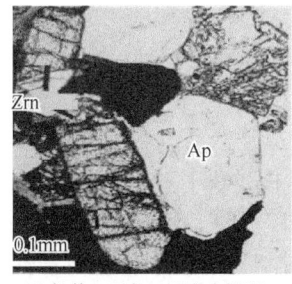 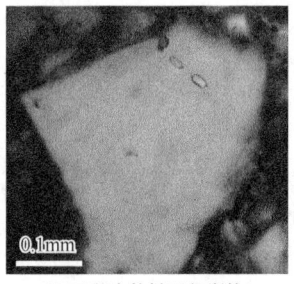 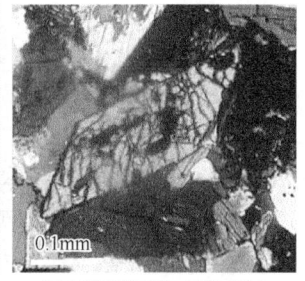

(a) 柱状，无色，不完全解理，正极高突起，单偏光（据常丽华，2006）

(b) 石英中的锆石包裹体，三级红，平行消光，正交偏光

(c) 石菱形切面，三级紫红，正交偏光

图 2-17　锆石（Zrn）偏光镜下特征

（3）鉴定特征：手标本上四方双锥柱、柱状的晶形，较高的硬度，金刚光泽，贝壳状或不平坦的断口；与金红石相比，不溶于热磷酸，与锡石相比，在锌板上不与盐酸反应。镜下正极高突起、三级紫红甚至高达四级的干涉色、一轴晶正光性。

十三、金红石

金红石常以细小晶体广泛分布于角闪岩、榴辉岩、片麻岩等变质岩中；粗大的晶体常出现于花岗伟晶岩中，发状包裹体的形式常出现于酸性岩浆岩中；以重矿物的形式出现于砂矿中。

（1）手标本：柱状、针状、四方双锥状或他形粒状，集合体常呈块状。褐红、暗红色，铁金红石、铌铁金红石呈黑色，条痕浅褐色。微透明至不透明，金刚光泽。中等或完全解理，硬度 6~6.5。有时可见膝状双晶、三连晶或六连晶。

（2）镜下：薄片中常以纤维状、针状、毛发状包裹体的形式出现。微弱多色性，No—黄至褐黄，Ne—暗红至暗褐或褐黄至黄绿。较大的颗粒可以见到解理，横断面还可见到两组直交解理，正极高突起（图 2-18）。高级白，但有时被本身颜色掩盖，平行消光，正延性，有时可见双晶，一轴晶，正光性。

 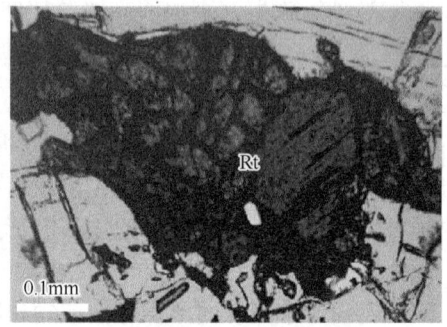

(a) 针柱状，正极高突起　　　　　(b) 他形，褐红色，两组直交解理

图 2-18　金红石单偏光镜下特征（据常丽华等，2006）

（3）鉴定特征：手标本上以柱状或针状晶形、褐红色、条痕浅褐色、双晶等特征可与其他矿物区别。镜下以高级白、正极高突起、褐红色的色调可与锆石、锡石区分开；以颜色、消光类型、轴性可与榍石区分开。

第二节　主要出现在岩浆岩中的矿物的手标本与镜下鉴定特征

十四、鳞石英

鳞石英通常指 α-鳞石英，是低温变体；β-鳞石英是高温变体，极少保存。在酸性喷出岩中，于 870~1470℃ 时最初形成 β-鳞石英，随着温度降低至低于 117℃ 时，转变为 α-鳞石英。常以基质的形式存在于中酸性喷出岩如黑曜岩、流纹岩、粗面岩和安山岩中，也可填充于气孔内，常与方石英、透长石共生。

（1）手标本：六边形的薄板状，有时具八面体假象，自然界中常呈扇形或球状集合体产出。无色或者灰白色，透明，玻璃光泽，无解理，硬度 7。

(2) 镜下：常见细粒状、扇形或球状集合体，无色透明，负中—负高突起，不完全解理。一级暗灰，二轴晶，正光性，有时颗粒太小，不易测定其轴性。有时可见楔形或扇形三连晶。

(3) 鉴定特征：手标本上呈灰白色或者无色、无解理、六边形的薄板状、双晶；镜下的负突起、无解理、一级暗灰、二轴晶、正光性。

十五、透长石

透长石属于碱性长石亚族中的富钾长石。在高温钾长石中，透长石形成温度最高，其次为正长石，温度更低者为微斜长石，条纹长石的结晶温度介于正长石与微斜长石之间。透长石属于高温岩浆快速冷凝的产物，主要出现于中酸性喷出岩中，如流纹岩、粗面岩。

(1) 手标本：板状或者柱状，常见卡式双晶。无色、乳白色，含杂质时呈肉红、浅黄、棕色等。透明，玻璃光泽。硬度6。不同晶面上解理程度不同，可见完全解理、不完全解理，甚至裂理。

(2) 镜下：自形，条状或略显方形。无色透明，低负突起，可见一组完全解理或者两组夹角为90°的完全解理。一级灰白，卡式双晶，斜消光，消光角5°~11°。二轴晶，负光性。通常颗粒表面干净，有时可见裂纹，有时也可风化为高岭石、绢云母（图2-19）。

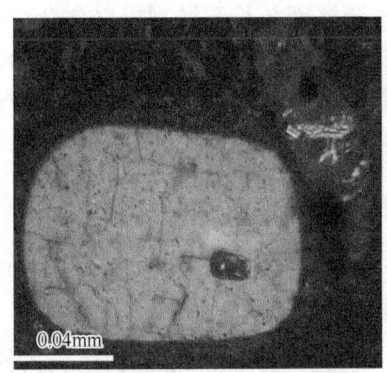
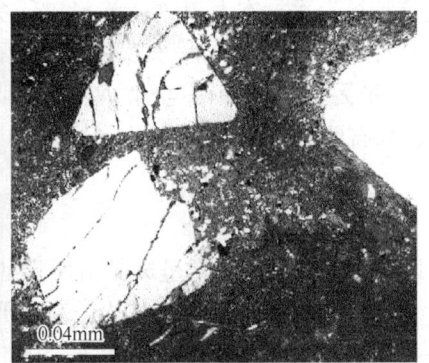

(a) 近方形的切面上近似于垂直的两组解理，一级灰白，低负突起　　(b) 自形，表面干净，裂纹发育，一级灰白

图2-19　透长石正交偏光镜下特征（角闪安山岩）

(3) 鉴定特征：手标本上以宽板状、乳白色、近似于垂直的解理、卡式双晶可与石英区别，以产于喷出岩与正长石区别。镜下以低负突起、近似于垂直的解理、卡式双晶、二轴晶可与石英、霞石区分。

十六、霞石

霞石主要产于富Na_2O贫SiO_2的碱性侵入岩、喷出岩和伟晶岩中，与富Na的碱性长石、碱性辉石（霞石、霓辉石等）、碱性角闪石（钠闪石、钠铁闪石等）共生，不与石英共生。经热液作用或风化后可蚀变为沸石、高岭石、方解石、钙霞石等。

(1) 手标本：六方短柱状或厚板状，岩石中常见他形不规则粒状，集合体呈粒状、致密块状。无色、白色、灰色，风化或蚀变后呈红、砖红或者绿色，条痕为无色或白色。透明，含杂质者显得不透明，玻璃光泽，断口油脂光泽。块状且具油脂光泽者称为"脂光石"。不完全解理，贝壳状断口。硬度5~6。

(2) 镜下：方形或者六边形，无色透明，蚀变后表面浑浊，呈灰色。低正或低负突起，不完全解理。一级灰，平行消光，正延性，一轴晶负光性（图 2-20）。有时因混入钙长石，使其双折射率为 0 而转变为均质体或者转变为正光性或者可见环带结构。

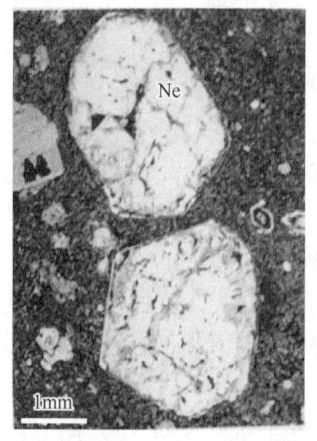 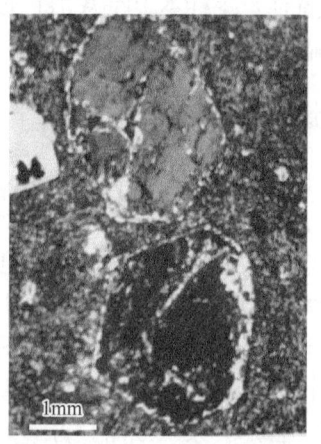

(a) 六边形自形晶，不完全解理，单偏光　　　(b) 一级灰、平行消光，正交偏光

图 2-20　霞石（Ne）偏光镜下特征（霞石响岩）（据常丽华等，2006）

（3）鉴定特征：手标本上以油脂光泽、不完全解理与长石区别，以含杂色斑点、易风化、其粉末加入浓盐酸中煮沸后可出现硅胶与石英区别；镜下以方形或六边形、极低突起（折射率低、几乎无突起）、不完全解理、无双晶、干涉色低、一轴晶、大部分情况下为负光性与石英、长石区别。

十七、白榴石

白榴石为均质体矿物，常常呈斑晶出现于富 K 贫 Si 的喷出岩和浅成岩中，与碱性辉石、霞石共生，不与石英共生，若 SiO_2 富余，就会形成钾长石。

（1）手标本：四角三八面体，粒状集合体，有时可见聚片双晶。白色、灰色、炉灰色，偶尔见浅黄色，条痕为无色或白色。透明，晶面无光泽，断口油脂光泽。无解理，贝壳状断口，硬度 5.5~6。

（2）镜下：单偏光镜下为六边形、八边形或圆粒状，熔蚀后浑圆状[图 2-21(a)]；无色，低负突起、无解理[图 2-21(b)]；常含霓石、霓辉石、玻璃、磁铁矿等包裹体，包裹

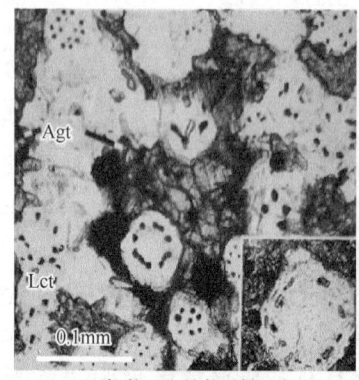 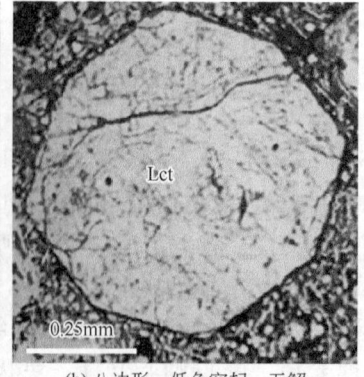 

(a) 粒状、车轮状磁铁矿包　　　(b) 八边形、低负突起、无解　　　(c) 多组相交的聚片双晶，正交偏光
裹体，单偏光(Agt 表示霓辉石)　　　理，单偏光

图 2-21　白榴石（Lct）偏光镜下特征（白榴石响岩）（据常丽华等，2006）

体排列似车轮状。正交偏光镜下，细小晶体全消光，有时具有微弱的一级暗灰干涉色，并见聚片双晶[图 2-21(c)]。

（3）鉴定特征：手标本上以完整的四角三八面体、炉灰色、产于碱性喷出岩等特征区别于其他矿物。镜下以低负突起、无解理、浑圆状、似车轮状排列的包裹体、聚片双晶等特征区别于其他矿物。

十八、方钠石

方钠石为均质体矿物，主要产于富 Na 贫 Si 的碱性侵入岩如霞石正长岩，喷出岩如粗面岩、响岩中，与霞石、钙霞石、透长石、萤石等共生，不与石英共生。

（1）手标本：菱形十二面体或与立方体呈聚形，粒状、块状集合体。无色、蓝、灰、红色等，条痕为无色或白色。透明，玻璃光泽，断口油脂光泽。紫外光照射下发橘红色荧光。中等至不完全解理，不平坦断口，硬度 5.5~6。

（2）镜下：单偏光镜下无色或淡粉、淡蓝色，低负突起（图 2-22）。正交偏光镜下全消光，包裹体可呈微弱干涉色。

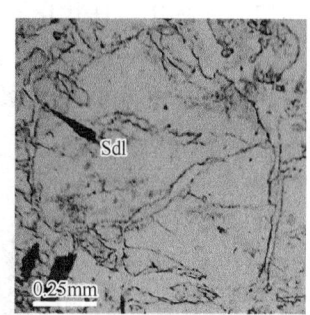

图 2-22　方钠石 Sdl 单偏光镜下特征（白榴石响岩）
（据常丽华等，2006）

（3）鉴定特征：手标本上为菱形十二面体的晶形，具橘红色的荧光性；镜下为均质体矿物及其低负突起。

十九、黝方石

黝方石为均质体矿物，通常以斑晶的形式产于碱性喷出岩及碱性火山弹中，如响岩、粗面岩。

（1）手标本：菱形十二面体，不规则粒状集合体。灰、蓝、褐色，常含气、液、玻璃质、细小的赤铁矿、磁铁矿等包裹体，致使其几乎不透明。不完全解理，硬度 5.5。紫外线下具有荧光性。

（2）镜下：单偏光镜下，无色透明，低负突起；断面六边形、八边形；颗粒表面因含包裹体而不透明，包裹体的排列呈棋盘状或环带状；颗粒边缘因熔蚀呈圆滑状或港湾状，可见褐色镶边（即斑晶由深处到浅处或地表出现的暗化现象）（图 2-23）。正交偏光镜下全消

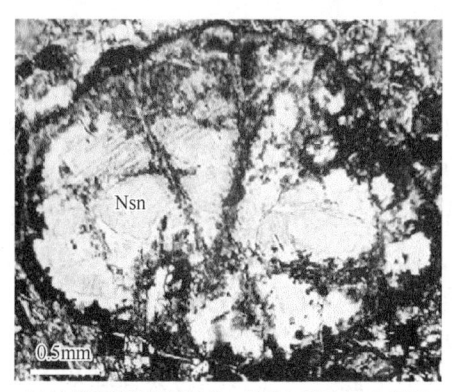
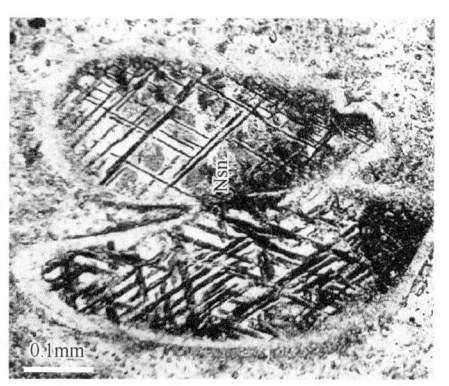

(a) 边缘因熔蚀呈圆滑状，黑褐色镶边(暗化现象)　　(b) 边缘因熔蚀呈港湾状、内含格子状排列的铁质包裹体，低负突起，不完全解理

图 2-23　黝方石（Nsn）单偏光镜下特征（黝方石响岩）（据常丽华等，2006）

光，有时包裹体会有微弱干涉色。

（3）鉴定特征：手标本上为菱形十二面体，因含包裹体而不透明；镜下低负突起、褐色镶边、特殊排列的包裹体、颗粒边缘呈现圆化或港湾化。

二十、玄武角闪石

玄武角闪石又称氧角闪石，属于普通角闪石的变种，富含 Fe_2O_3 和 TiO_2。主要以斑晶产于安山岩，在其他中酸性及玄武质火山熔岩中、闪斜煌斑岩中也有发现。

（1）手标本：柱状自形晶，黑色，完全解理，夹角为56°或者124°。

（2）镜下：多色性明显，Ng—深红褐色，Nm—红褐色，Np—淡黄色；正高突起（图2-24）。干涉色由二级顶至四级，因其矿物本身颜色影响，干涉色总带有褐色色调。正延性，二轴晶，负光性。有时可见简单接触双晶和聚片双晶。常见熔蚀和暗化边。

图2-24　角闪安山岩中的红褐至淡黄多色性的玄武角闪石（据常丽华等，2006）

（3）鉴定特征：手标本上颜色深；镜下与褐色普通角闪石的区别在于其消光角小、颜色深、多色性更明显、突起高、干涉色高。

第三节　主要出现在变质岩中的矿物的手标本与镜下鉴定特征

二十一、红柱石

红柱石广泛分布于热接触变质的角岩中，以及低温、低压的区域变质岩如富铝的泥质片岩中，常与堇青石、白云母、石英、长石等共生。

（1）手标本：柱状、他形粒状，集合体呈粒状、放射状、纤维状。淡红、玫瑰红色，绢云母化呈灰白色。透明—半透明，玻璃光泽，完全或不完全解理，硬度6.5~7.5。当纵切面含有碳质包裹体且呈黑色纵纹分布时，称为空晶石。

（2）镜下：近正方形切面上可见两组近似直交的解理，长条形切面上可见一组完全解理。无色，有时微弱多色性，淡红—淡绿色，正中突起。干涉色一级灰白—黄，平行消光、对称消光，负延性，二轴晶，负光性（图2-25）。常含碳质包裹体，近正方形切面上对角线分布，长条形切面呈带状分布。易转变为绢云母、白云母、夕线石、蓝晶石。

(a) 近方形切面上两组近似直交的解理，
正中突起，一级灰白，对称消光

(b) 长条形切面上一组完全解理，平行
消光，表面有绢云母化

图 2-25 红柱石正交偏光镜下特征（红柱石角岩）

彩图 2-25

（3）鉴定特征：手标本上呈灰色、浅玫瑰红色，近正方形的横切面，两组完全解理。镜下较低的干涉色、完全解理、负延性和含碳质包裹体。

二十二、蓝晶石

蓝晶石是由泥岩经低温、高压区域变质作用形成的矿物，产于结晶片岩、片麻岩。

（1）手标本：扁平的柱状或板状，有时可见放射状集合体。白、蓝色常见，也有绿、黄、粉、灰、黑色，透明—半透明，玻璃光泽，完全解理。硬度具有异向性，沿 c 轴方向为 4.5，小刀能划动，垂直 c 轴方向为 6，小刀刻划不动，也称为二硬石。

（2）镜下：通常无色，薄片较厚时有多色性，Ng—淡青色、蓝色，Nm—淡蓝色，Np—无色。横切面可见两组夹角为 74°的解理，柱状纵切面有一组完全解理，正高突起。干涉色最高可达一级黄至橙红，柱状纵切面斜消光，消光角 0°～30°，有时近平行消光，横切面对称消光，正延性，可见简单接触双晶和聚片双晶，二轴晶，负光性（图 2-26）。

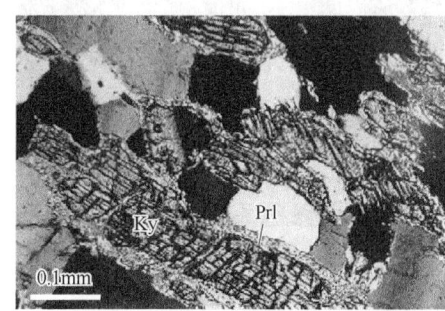
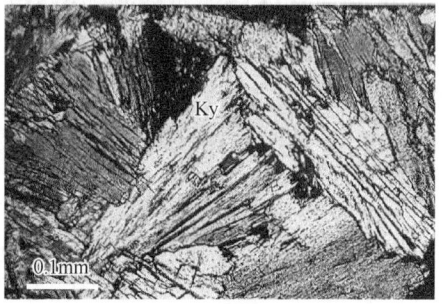

(a) 两组夹角为 74°的解理，正高突起，
一级灰，边缘已转变为叶蜡石(Prl)

(b) 一组完全解理的切面，一级
灰—黄，斜消光，正延性

图 2-26 蓝晶石（Ky）偏光镜下特征（据常丽华等，2006）

彩图 2-26

（3）鉴定特征：手标本上蓝晶石的硬度异向性是其鉴别的主要特征。镜下以正高突起、74°的解理夹角、斜消光、一级干涉色、负光性、聚片双晶为主要特征。

二十三、夕线石

夕线石也称为硅线石，是中高级区域变质岩的特征矿物，主要产于高温接触变质带的铝质岩、片岩、片麻岩中。红柱石、夕线石、蓝晶石属于同质多象的变体矿物：红柱石在温度、压力升高的条件下，可以转变为夕线石、蓝晶石；夕线石在压力升高时可以转变为蓝晶石；蓝晶石在温度升高时也可以转变为夕线石，压力降低时转变为红柱石。

（1）手标本：长柱状、针状，晶面具纵纹，集合体呈纤维状、放射状，有时作为包裹体呈毛发状分布于石英、长石中。白、灰、浅绿、浅褐色。玻璃光泽，完全解理，硬度 6.5~7.5。

（2）镜下：如图 2-27 所示，横切面近方形、长方形，纵切面长条形；一般无色，薄片较厚时有微弱多色性：Ng—暗褐、蓝色，Nm—褐、绿色，Np—淡褐色、淡黄色；横切面常见一组对角线解理，纵切面有一组完全柱面解理或无解理，但常见横向裂纹，似手指或竹节状；正高突起；干涉色一级紫红至二级蓝绿；平行消光，正延性，二轴晶，正光性。

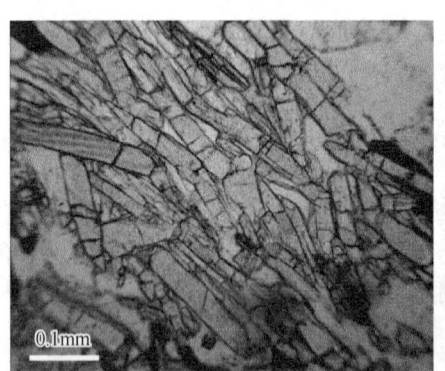

(a) 针柱状纵切面，正高突起，竹节状裂纹，单偏光　(b) 一级紫红干涉色，平行消光，正延性，正交偏光

(c) 横切面一组对角线完全解理，暗褐—淡黄，单偏光　(d) 一级紫红干涉色，近于平行消光，正交偏光

图 2-27　夕线石偏光镜下特征（斜长片麻岩）

（3）鉴定特征：手标本上以晶形、解理、成因为鉴别特征，镜下以纵切面呈针柱状且见竹节状横向裂纹、横切面一组对角线完全解理、高正突起、平行消光、正延性区别于其他矿物。但夕线石与富铝红柱石（莫来石）的区别需要借助于 X 射线衍射数据鉴别。

二十四、硅灰石

硅灰石为特征变质矿物，主要出现于钙质夕卡岩中，与钙铝榴石、透辉石、符山石共生，还可见于片岩、碱性喷出岩中。

(1) 手标本：板状、长柱状、针状，集合体呈放射状、纤维状。白色，略带灰、红色调。玻璃光泽，解理面珍珠光泽。中等或完全解理，硬度 4.4~5.5。

(2) 镜下：横切面近长方形，纵切面长条形。两组解理，一组完全，一组中等，夹角 84°30′或 70°。无色或者浅黄，正中突起。一级灰白至橙黄，斜消光、平行或近于平行消光，延性可正可负，有时可见简单接触双晶、聚片双晶。二轴晶负光性（图 2-28）。

 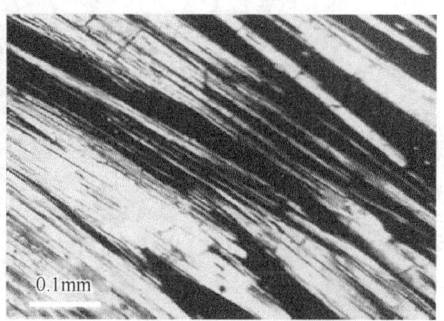

(a) 近方形的横切面上两组夹角近84°的解理，正中突起，一级黄(斜长片麻岩)　　(b) 针柱状切面上一组完全解理，一级灰白—黄，斜消光

图 2-28　硅灰石偏光镜下特征

(3) 鉴定特征：手标本上的晶形、白色、解理面珍珠光泽，与透闪石相比硬度小，与夕线石相比易溶于酸，成因不同。镜下两组解理夹角为 84°30′或 70°、正中突起、一级暗灰干涉色的切面为负延性、一级白至橙黄干涉色的切面为正延性、斜消光或近平行消光、二轴晶、负光性。

二十五、绿帘石

绿帘石主要产于中温热液作用、绿片岩相和动力变质岩中。

(1) 手标本：柱状、粒状，有晶面纵纹，集合体常见粒状、放射状或晶簇。草绿、黄绿、暗绿色，一般随 Fe^{3+} 含量增加而变深，含 Mn 时呈粉色。透明，玻璃光泽。一组完全解理，一组不完全解理，横切面可见两组解理夹角为 65°。硬度 6。

(2) 镜下：横切面六边形、纵切面柱状。淡黄至黄绿色，颜色不均匀，多色性微弱，Ng—浅黄绿、淡绿，Nm—黄绿，Np—浅黄、无色；正高突起[图 2-29(a)(c)]。一至三级干涉色，分布不均匀，较高干涉色的柱状切面为正延性，一级干涉色的柱状切面常常显示灰蓝、姜黄的异常干涉色，且为负延性；斜消光、平行消光[图 2-29(b)(d)]。二轴晶，负光性。

(3) 鉴定特征：手标本上以柱状、晶面纵纹、黄绿色、一组完全解理可与相似的橄榄石、角闪石相区别。镜下以黄绿至无色的微弱多色性、正高突起、不均匀且鲜明的二至三级干涉色、可正可负的延性、柱面平行消光、二轴晶负光性为鉴别特征。

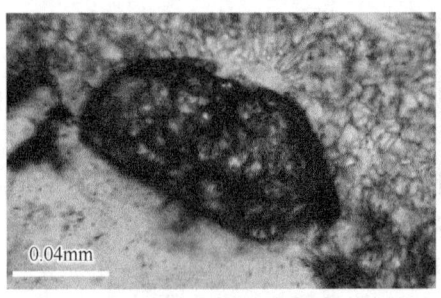
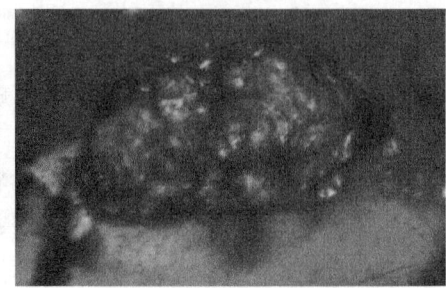

(a) 六边形切面，正高突起，微弱多色性，单偏光　　(b) 消光角很小的斜消光，不均匀干涉色，正交偏光

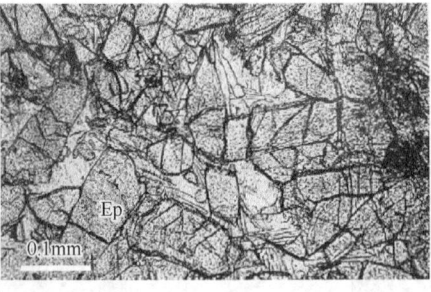

(c) 柱状、粒状切面，不均匀草黄色，单偏光　　(d) 鲜艳的不均匀干涉色，正交偏光(据常丽华等, 2006)

图 2-29　绿帘石（Ep）偏光镜下特征

彩图 2-29

二十六、符山石

符山石产于夕卡岩，与石榴子石、透辉石共生。

（1）手标本：短柱状，集合体呈放射状、粒状、针柱状。灰绿、灰黄、棕褐色，强玻璃光泽，硬度 6.5，不完全解理。

（2）镜下：正方形或柱状切面。无色，有时稍显微弱多色性。正高突起，不完全解理［图 2-30(a)］。通常为一级灰，可见异常的靛蓝、黄褐、灰绿、丁香紫、浑浊白的异常干涉，所以颗粒表面常见不均匀干涉色［图 2-30(b)］。平行消光，负延性。一轴晶，多数为负光性，偶见正光性。

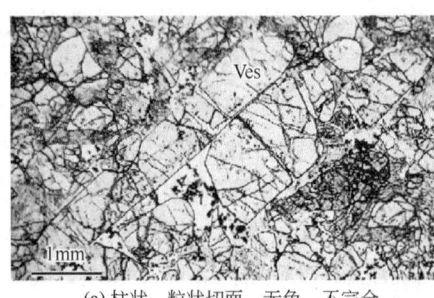
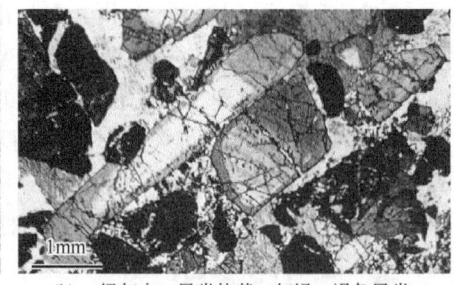

(a) 柱状、粒状切面，无色，不完全　　(b) 一级灰白、异常的黄、灰绿、褐色异常
　　解理，正高突起，单偏光　　　　　　　干涉色，环带结构，平行消光，正交偏光

彩图 2-30　　图 2-30　符山石（Ves）偏光镜下特征（据常丽华等, 2006）

（3）鉴定特征：手标本上以四方柱状、灰绿、棕褐色、强玻璃光泽为特征。镜下以不完全解理、正高突起、一级干涉色、异常干涉色、一轴晶、负光性为特征。

二十七、方柱石

方柱石是气成作用的产物,主要出现于与碳酸盐岩接触的交代变质矿床中,与石榴子石、透辉石、磷灰石等共生。有时也可产于酸性和碱性岩浆岩中。

(1) 手标本:不规则的柱状、粒状集合体。无色、灰色,呈蓝色时称为海蓝柱石(附录2照片5)。透明,玻璃光泽,解理面见珍珠光泽。完全解理,夹角90°。硬度5~6。紫外线照射下发橙色至黄色荧光,有时发磷光。

(2) 镜下:四方形或不规则粒状。无色,正低或者正中突起,四方形切面可见夹角90°的解理[图2-31(a)]。一级灰至二级蓝绿,有时可达三级蓝,干涉色不均匀,平行消光,负延性[图2-31(b)]。一轴晶,负光性。

(a) 不规则粒状,正中突起,单偏光　　(b) 一级紫红—二级蓝,平行消光,正交偏光

图2-31　方柱石(Scp)偏光镜下特征(据常丽华等,2006)

彩图2-31

(3) 鉴定特征:手标本上以四方柱状晶形、直交解理、解理面上的珍珠光泽、与小刀相近的硬度与长石区别。镜下以正低、正中突起、直交解理、平行消光、负延性、一轴晶、负光性为特征区别于长石、堇青石、石英。

二十八、透闪石

透闪石属于特征变质矿物,主要产于白云质大理岩和含镁较高的片岩中。

(1) 手标本:长柱状,集体体呈纤维状、放射状、柱状。白色、淡灰色。完全解理,夹角为56°或者124°,有时可见裂理。

(2) 镜下:无色,含Mn时呈粉色,无多色性[图2-32(b)]。正中突起,角闪石式解理。干涉色二级蓝绿,斜消光,消光角16°~21°,正延性。二轴晶,负光性。可见简单接触双晶和聚片双晶,横切面上双晶缝平行菱形解理的长对角线。

(3) 鉴定特征:手标本上与普通角闪石的区别在于透闪石无色或者灰白色,镜下以无多色性、菱形切面上的角闪石式解理、干涉色均为二级以上、斜消光为特征。

二十九、阳起石

阳起石属于特征变质矿物,主要产于低级变质岩绿片岩中,与绿帘石、绿泥石、钠长石、碳酸盐矿物共生,变质程度升高时,就会转变为普通角闪石。阳起石有时也是热液蚀变的矿物,交代普通辉石、透辉石,与绿帘石伴生。

(1) 手标本:长柱状、针柱状,集合体呈纤维状、放射状(附录2照片6)。浅绿、绿、暗绿或者黄褐色。完全解理，夹角56°或者124°，有时可见裂理。

（2）镜下：多色性明显，会随含铁量增加而变深，以浅绿色调为主，Ng—浅绿，Nm—红黄绿，Np—浅黄。正中—高突起，干涉色在一级顶至二级中部[图2-32（c）（d）]。斜消光，消光角10°~15°。正延性，二轴晶，负光性，可见简单接触双晶或聚片双晶。

（3）鉴定特征：透闪石、阳起石和普通角闪石都属于角闪石族的矿物，三者在手标本及镜下的区别主要表现在颜色、多色性上。手标本，颜色上，透闪石白色或灰色，阳起石呈深浅不同的绿，普通角闪石呈暗绿、暗褐至黑色。镜下，透闪石无色，阳起石微弱多色性，且以淡绿色调为主，普通角闪石明显多色性，深绿色调为主；阳起石的消光角小于普通角闪石、透闪石（图2-32）。

(a) 普通角闪石深绿至浅黄的多色性，单偏光

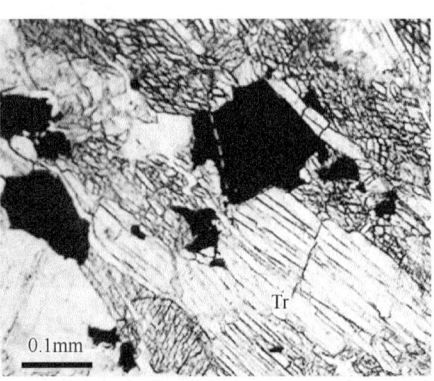
(b) 透闪石一组或者两组解理，无多色性，单偏光

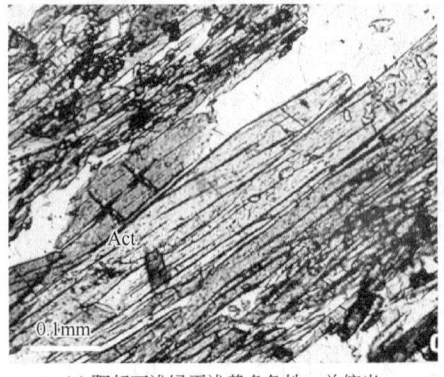
(c) 阳起石浅绿至浅黄多色性，单偏光

(d) 阳起石一级黄—二级蓝的干涉色，正交偏光

彩图2-32

图2-32 透闪石（Tr）、阳起石（Act）和普通角闪石偏光镜下特征
(b)、(c)、(d)据常丽华等，2006

三十、透辉石

透辉石主要出现于超基性岩、基性岩和夕卡岩、大理岩、高级角闪岩等变质岩中，如铬透辉石是超基性浅成岩金伯利岩中的特征矿物，在变质岩中常与石榴子石、硅灰石、符山石等共生。

（1）手标本：短柱状、粒状，集合体呈粒状、放射状、致密块状。颜色随含铁量增加由白色到淡绿色，条痕无色至淡绿色。辉石式解理，有时可见裂开。玻璃光泽，硬度

5.5~6。

（2）镜下：横断面正八边形或正方形，可见辉石式解理，无色透明，正高突起[图2-33(b)]。最高干涉色可达二级中上部，斜消光，消光角38°~44°，二轴晶正光性，有时可见简单接触双晶或者聚片双晶。

（3）鉴定特征：透辉石、普通辉石、紫苏辉石均属于辉石族矿物（图2-33）。手标本上，三者均具有辉石式解理，普通辉石、紫苏辉石颜色呈绿黑—黑色，透辉石为淡绿色或者白色。镜下，紫苏辉石往往具有微弱的淡绿—淡红的多色性，最高干涉色一级黄—红，纵切面平行消光，而透辉石与普通辉石多为无色，二者最高干涉色可达二级中上部，纵切面可见斜消光和平行消光。另外，普通辉石的消光角稍微大于透辉石，二者成因不同，普通辉石主要生成于岩浆岩，透辉石主要生成于变质岩；有时二者难以区分，统称为透辉石—普通辉石。

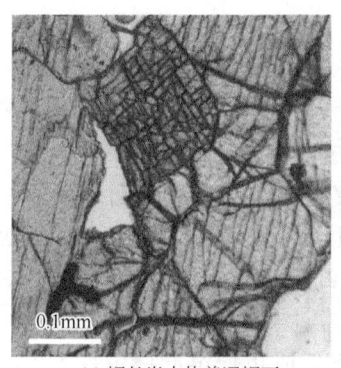 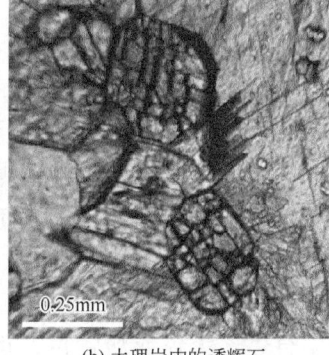 

(a) 辉长岩中的普通辉石　　(b) 大理岩中的透辉石　　(c) 辉长岩中的紫苏辉石

图2-33　单偏光镜下普通辉石、透辉石和紫苏辉石的特征

三十一、硬绿泥石

硬绿泥石是低级变质的标志矿物，产于片岩中，常与绿泥石、白云母、石英等共生。

（1）手标本：假六方板状、片状，集合体呈放射状、束状、片状。完全或不完全解理，有裂理。暗绿色，条痕无色。玻璃光泽，解理面珍珠光泽。硬度2~2.5。

（2）镜下：菱形或不规则状切面，六边形少见。多色性明显，Ng—无色、浅黄、黄绿、淡褐，Nm—橄榄绿、灰蓝、蓝绿，Np 淡绿、灰绿，正高突起（图2-34）。干涉色一级灰至黄，斜消光，负延性，可见简单接触双晶、聚片双晶或十字双晶。二轴晶，正光性。常含有石英、碳质包裹体且构成砂钟构造。

（3）鉴定特征：手标本上的晶形、颜色、解理面的珍珠光泽、较小的硬度。与绿泥石在镜下的区别：硬绿泥石，黄绿—无色的多色性、正高突起、一级干涉色、斜消光、负延性、二轴晶；绿泥石，淡绿—淡黄的多色性，正低突起，一级干涉色但常见靛蓝、铁锈褐、丁香紫的异常干涉，平行或近于平行消光，延性可正可负（图2-35）。

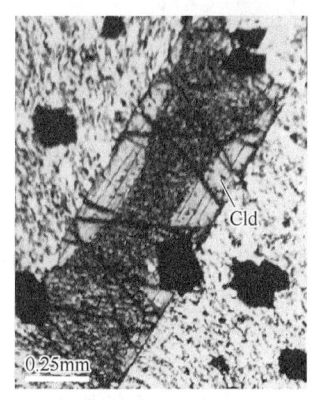

图2-34　硬绿泥石（Cld）单偏光镜下特征（据常丽华等，2006）

(a) 绿泥石，正低突起，淡绿—淡黄色，单偏光　　(b) 绿泥石，铁锈褐色的异常干涉色，正交偏光

图 2-35　绿泥石偏光镜下特征

彩图 2-35

三十二、蛇纹石

蛇纹石包括 5 个同质多象变体，如纤蛇纹石、利蛇纹石、叶蛇纹石等。由富含 Mg 的橄榄岩、辉石岩或白云岩经中低温热液交代作用或夕卡岩化形成。

（1）手标本：单晶体极为罕见，纤蛇纹石常见纤维状集合体，利蛇纹石和叶蛇纹石常见细粒、致密块状集合体，有时表面见波状揉皱（附录 2 照片 7）。深绿、黑绿、黄绿等以绿为主的色调，常见青、绿斑驳如蛇皮。油脂、蜡状光泽，纤维状呈丝绢光泽。完全解理，硬度 2.5~4。

（2）镜下：鳞片状、纤维状集合体，无色或淡黄色，正低或负低突起[图 2-36(a)]，一组完全解理，常见一级灰，最高可至一级黄，近平行消光[图 2-36(b)]，延性可正可负，二轴晶，光性可正可负。

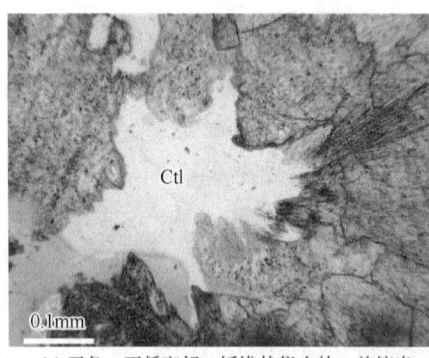

(a) 无色，正低突起，纤维状集合体，单偏光　　(b) 一级灰至白，近平行消光，正交偏光

图 2-36　蛇纹石（Ctl）偏光镜下的特征（蛇纹石大理岩）

（3）鉴定特征：手标本上以纤维状、块状、各种色调的绿色、特殊光泽、低硬度及成因为鉴定特征，矿物种的准确鉴定需要借助于扫描电镜、X 射线衍射分析、热分析等手段。

三十三、滑石

滑石产于由富 Mg 质超基性岩、白云岩、白云质灰岩经热液交代作用形成的接触交代变质岩中。

(1) 手标本：假六方片状、菱形片状，微晶体，常呈致密块状集合体。白色为主，玻璃光泽，解理面珍珠光泽和晕彩。极完全解理，块状时有贝壳状断口，硬度1。

(2) 镜下：粒状、鳞片状、片状集合体。无色或极淡的绿色，极完全解理，正低突起。二级中部至三级橙，近平行消光，正延性。二轴晶，负光性（图2-37）。

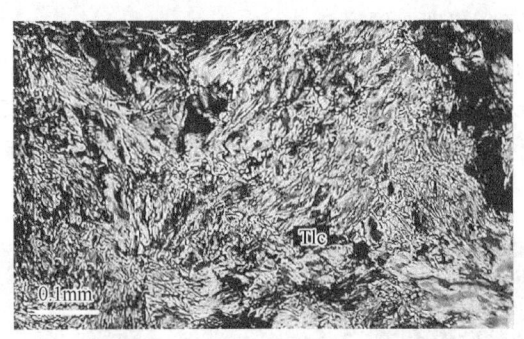

图2-37 滑石（Tlc）正交偏光镜下鲜艳的干涉色（滑石岩）（据常丽华等，2006）　　彩图2-37

(3) 鉴定特征：手标本上以最低硬度、片状晶体有极完全解理、珍珠光泽、晕彩、有滑感为特征。镜下以细小鳞片状集合体，极完全解理，正低突起，鲜艳的二至三级干涉色，平行消光，正延性，常与富镁的橄榄石、蛇纹石、菱镁矿等共生为特征。

三十四、石墨

(1) 手标本：无机单质碳，六边形薄片状、板状，集合体呈块状、土状。钢灰色至黑色，条痕亮黑色，不透明，强金属光泽，极完全解理，有滑感，易污手，硬度1（附录2照片8）。

(2) 镜下：分散的细小鳞片状、斑点状[图2-38(a)]。黑色，反射光下金属光泽，铅灰色，薄片极薄时可透光，呈绿灰色。

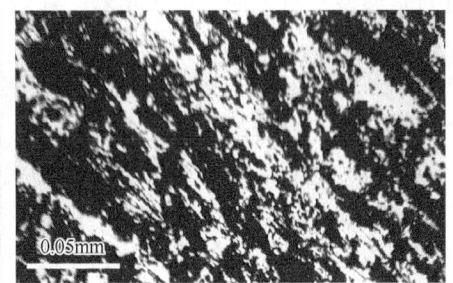

(a) 片状不透明石墨(Gr)　　(b) 斑点状不透明有机碳质

图2-38 有机碳质和石墨单偏光镜下的特征（据常丽华等，2006）

(3) 鉴定特征：以主要产于区域变质岩、接触变质岩为鉴别特征，如碳质板岩、石灰岩的接触变质岩、片岩等。石墨与磁铁矿的区别在于二者外形不同，反射光下石墨为较亮铅灰色，磁铁矿是淡蓝灰色。石墨与有机碳质的区别为：手标本上有机碳质易燃、无光泽或半金属光泽，石墨不易燃、强金属光泽；偏光显微镜下有机质常呈微小斑点状、石墨有时呈鳞片状（图2-38）；反射光下有机质无光泽，石墨具金属光泽。

三十五、十字石

十字石主要产于区域变质岩,与蓝晶石、铁铝榴石、白云母共生,偶见于接触变质岩。

(1) 手标本:短柱状、不规则粒状,十字或 X 形双晶。深褐、红褐、黄褐色,玻璃光泽,风化后土状光泽。中等或不完全解理,硬度 7.5。

(2) 镜下:菱形或六边形切面上可见一组平行对角线的不完全解理,极淡的黄色或微弱多色性,Ng—金黄、红黄、Nm—淡黄、亮黄,Np—无色,正高突起(图 2-39)。一级黄至橙红,菱形或六边形切面上对称消光、长方形切面上平行消光,常见十字双晶,正延性。二轴晶,正光性。

 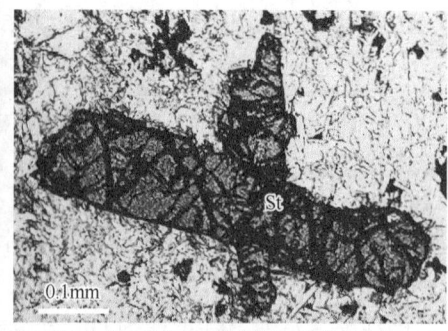

(a) 长方形、六边形切面、淡黄色—无色　　(b) 金黄—无色,正高突起,斜十字双晶

图 2-39　十字石(St)单偏光镜下的特征(云母片岩)(据常丽华等,2006)

(3) 鉴定特征:手标本上以短柱状、菱形横切面、十字双晶、褐色可与红柱石区分。镜下以无色至金黄的多色性、正高突起、一级黄至橙红、长方形切面平行消光、正延性、十字双晶为特征。

三十六、堇青石

堇青石是典型变质矿物,产于角岩、片岩、片麻岩,与角闪石、黑云母、夕线石、斜长石等共生。

(1) 手标本:短柱状、粒状,无色或浅蓝、浅黄色,透明—半透明,玻璃光泽,中等或不完全解理,贝壳状断口,硬度 7~7.5。

(2) 镜下:六边形、长方形、粒状、卵状。无色,薄片较厚时见微弱的浅蓝至无色多色性。正低或负低突起,不完全解理,裂纹发育[图 2-40(a)]。最高干涉色一级黄,平行消光,可见六连晶、三连晶[图 2-40(b)],负延性,二轴晶,光性可正可负。常作为斑晶出现,且含锆石、电气石、独居石等细小包裹体,包裹体周围常见柠檬黄的多色晕。

(3) 鉴定特征:手标本等轴状晶形、油脂光泽、贝壳状断口、硬度高。镜下圆粒状、不完全解理、低突起、平行消光、负延性、常见三连晶或六连晶。

三十七、石榴子石

石榴子石是均质体矿物,有铝系和钙系两个类质同象系列。铝系石榴子石产于低级变质岩、榴辉岩、蛇纹岩及部分岩浆岩如花岗伟晶岩、金伯利岩、橄榄岩。钙系石榴子石产于夕

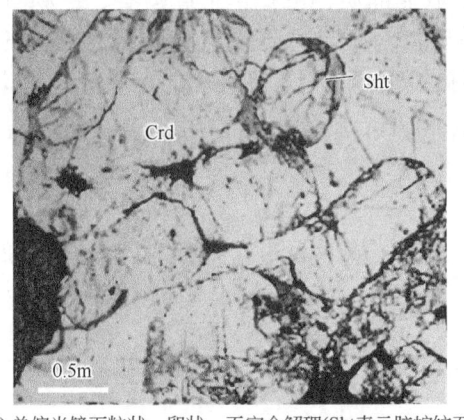

(a) 单偏光镜下粒状、卵状，不完全解理(Sht表示胶蛇纹石)　　(b) 正交偏光镜下一级灰白，平行消光

图 2-40　堇青石（Crd）偏光镜下的特征（据常丽华等，2006）

卡岩和热液脉。

（1）手标本：菱形十二面体、四角三八面体及其聚形，集合体呈致密块状、粒状。不同色调的红、黄、绿色，条痕为白色、淡黄褐色。透明—半透明，玻璃光泽，断口油脂光泽。不完全解理，不平坦断口，硬度 6.5~7.5。

（2）镜下：六边形、多边形，常为不规则粒状。无色或淡褐、淡红色，正高—正极高突起，裂纹发育[图 2-41(a)]。正交偏光镜下通常全消光，钙系石榴子石可呈现一级灰[图 2-41(b)]。

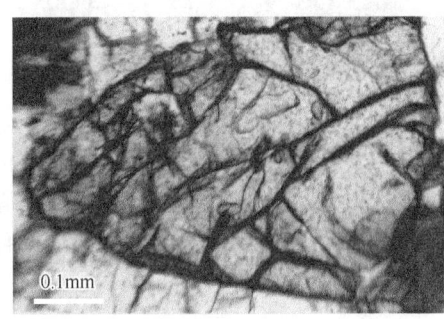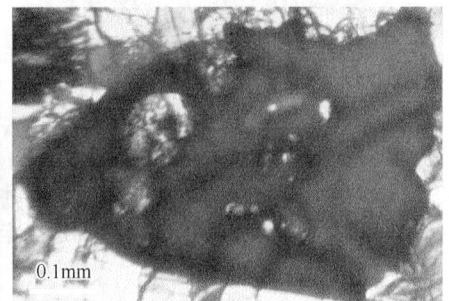

(a) 粒状、正极高突起、裂纹发育，单偏光　　(b) 全消光，正交偏光

图 2-41　石榴子石偏光镜下的特征（石榴子石片麻岩）

（3）鉴定特征：手标本上以等轴状晶形、不完全解理、断口不平坦且呈油脂光泽、硬度较高为特征，矿物种的具体确定需作 X 射线衍射或电子探针分析。镜下以粒状、正高—正极高突起、裂纹发育、全消光为鉴定特征。

第四节　主要出现在沉积岩中的矿物的手标本与镜下鉴定特征

三十八、黏土矿物

黏土矿物是指在沉积岩、松散沉积物、土壤等物质中以微粒状态（<0.005mm）存在，

且含水的层状、层链状结构的硅酸盐矿物及少数非晶质,主要包括高岭石、伊利石(水白云母)、蒙脱石、黏土粒级的绿泥石、蛭石等矿物,在此主要介绍高岭石、伊利石、蒙脱石。因为黏土矿物的颗粒极为细小,在偏光显微镜下不易观察其准确的光学特征,其精确测定还需要结合差热分析、X 射线测定、染色实验、电子显微镜等方法。

(一)高岭石

高岭石是分布最广的黏土矿物,主要是由长石、副长石类(白榴石、霞石)经低温热液交代作用或风化作用分解形成的产物。

(1)手标本:隐晶致密块状或土状集合体,电镜下呈假六方板状、集合体呈鳞片状[图 2-42(a)]。白色,含杂质可呈深浅不同的黄、褐、红等色。土状或蜡状光泽,极完全解理,硬度 2~3.5(附录 2 照片 9)。

(2)镜下:多呈鳞片状叠置集合体或书页状、蠕虫状、放射状、粒状、致密块状。偶见约 2mm 的颗粒。无色、淡黄色,完全解理,正低突起,一级灰白,近平行消光,正延性,二轴晶[图 2-42(b)]。

 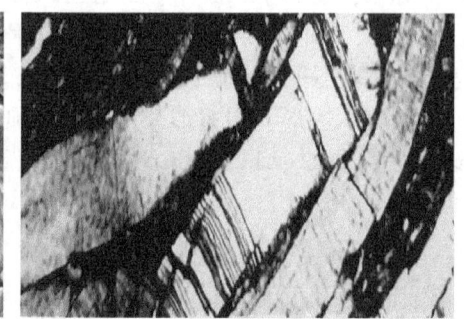

(a) 电镜下书页状集合体,单体呈六方板状　　(b) 正交偏光下一级灰白(据常丽华等,2006)

图 2-42　高岭石镜下的特征

(3)鉴定特征:手标本上易于捏碎呈粉末、黏舌、加水有可塑性、灼烧后遇硝酸钴呈蓝色,也可据差热曲线、热失重曲线精确鉴定。镜下以一级灰白干涉色区别于鲜艳的绢云母,以正低突起、一级干涉色区别于蒙脱石。

(二)伊利石(水白云母)

当水白云母呈胶体分散状态时,称为伊利石。有的教材中已经不提伊利石,直接采用水白云母,在此,把二者视为同一种矿物。

伊利石(水白云母)由云母片岩、片麻岩及中、酸性岩浆岩经热液蚀变或风化作用而成,主要分布于泥岩、页岩或石灰岩中,也可与蒙脱石相互转化。

(1)手标本:显微鳞片状或致密块状。电镜下呈片状、丝带状[图 2-43(a)(b)]。白色为主,可带黄、褐、绿等色调。油脂光泽,完全解理,贝壳状断口,有滑感,硬度 2~3。

(2)镜下:大颗粒可呈弯曲片状,并见垂直于长边的横纹;无色,有时带淡绿或淡黄褐色,正低突起[图 2-43(c)]。常见一级橙红,高达二级顶部,近于平行消光[图 2-43(d)]。二轴晶,负光性。

(3)鉴定特征:手标本以外形、光泽、断口、较低硬度为特征。镜下以较小光轴角与白云母区别,以较高干涉色与高岭石区别,以正低突起与蒙脱石区别。

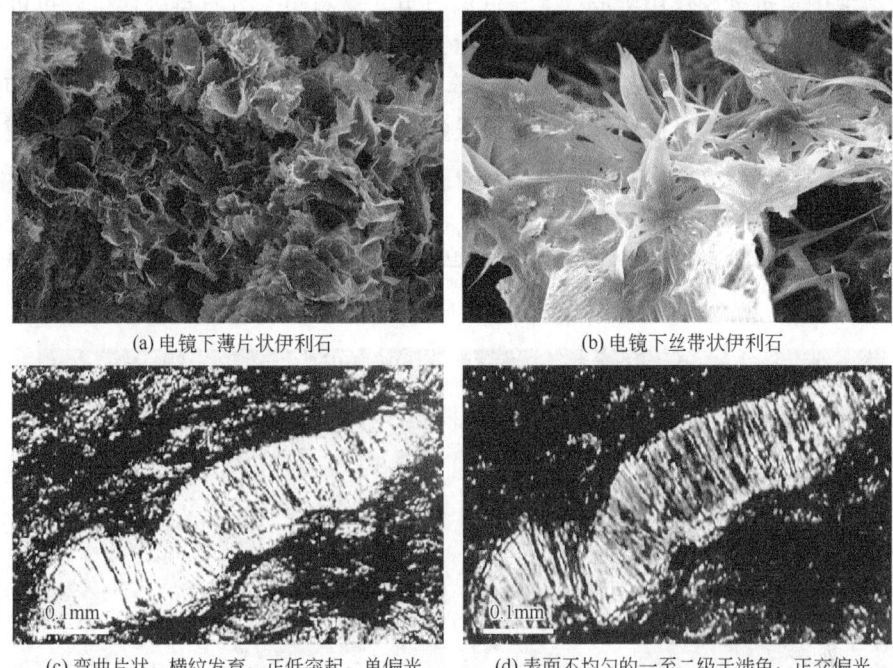

(a) 电镜下薄片状伊利石　　(b) 电镜下丝带状伊利石

(c) 弯曲片状，横纹发育，正低突起，单偏光　　(d) 表面不均匀的一至二级干涉色，正交偏光

图 2-43　伊利石（水白云母）镜下的特征

（三）蒙脱石

蒙脱石主要产于由火山灰、凝灰岩分解而成的斑脱岩中，还可产于金属矿脉的热液蚀变、钙质沉积岩、硅质白云岩的风化土壤中及海相黏土岩中。

（1）手标本：晶体极细小，常呈纤细鳞片状、隐晶质土状或块状集合体，电镜下为片状、板状、纤维状或蜂窝状（图 2-44）。粉红、浅黄、亮褐色，有时白色。鳞片状时具完全解理，柔软有滑感，硬度 1.5~2.5。

（2）镜下：无色，有时淡粉色，负低突起。最高干涉色可达二级，近平行消光，正延性。由于颗粒细小，不易测定光性特征。

（3）鉴定特征：手标本上柔软有滑感、加水膨胀，通过 X 射线、热分析或化学分析可准确鉴定。镜下以负低突起、干涉色最高达二级可与高岭石、水白云母区别。

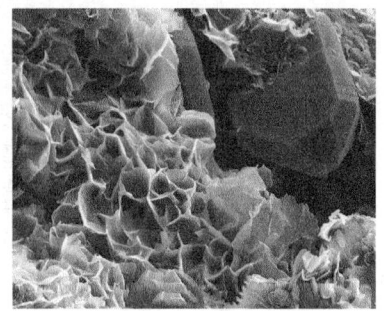

图 2-44　电镜下蜂窝状的蒙脱石

（四）黏土粒级的绿泥石

绿泥石主要生成于变质岩中，通常偏光镜下可见其准确光学性质。作为黏土矿物出现时，颗粒细小，其光性特征可见前面硬绿泥石描述。

三十九、蛋白石

蛋白石是含水的隐晶质或胶质的二氧化硅，均质体。蛋白石可从温泉、浅成热液或地面水的硅质溶液中通过凝胶作用生成，常与低温石英、鳞石英、方石英等伴生，也可由硅藻、放射虫等海相生物的硅质骨骼堆积形成，也称为硅藻土。

（1）手标本：肉冻状、钟乳状、皮壳状等不固定外形。蛋白色为主，含杂质可呈其他颜色。微透明，含杂质时半透明，玻璃光泽或蛋白光泽。无色透明者称为玻璃蛋白石，半透明且具有鲜明的橙、红等颜色者称为火蛋白石，半透明带乳光具有变彩者称为贵蛋白石。硬度5~5.5，相当于玻璃和小刀。

（2）镜下：单偏光镜下无固定形态、无色、有时呈灰或褐色、中负—高负突起、不完全解理（图2-45）。正交镜下全消光。

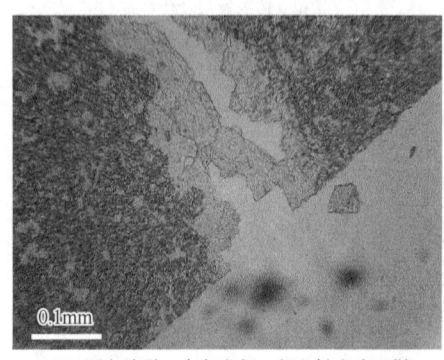 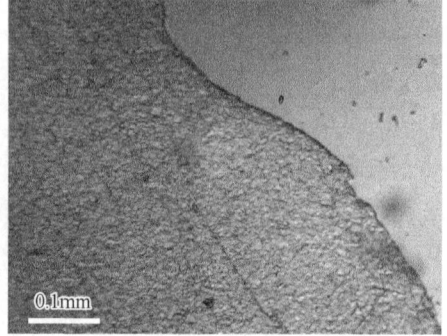

(a) 无固定外形，中负突起，部分转变为玉髓　　(b) 高负突起，表面粗糙，无解理

图2-45　蛋白石单偏光镜下的特征

（3）鉴定特征：手标本上无固定外形、蛋白光泽、变彩、不完全解理可与萤石区别；其硬度低于玉髓。镜下以中负—高负突起可与火山玻璃（低负—正中突起）区别，以不完全解理可与萤石区别。

四十、玉髓

玉髓是隐晶质的α-石英，在石灰岩、砂岩中可以作为自生矿物，也可以是燧石或砂岩硅质胶结物的主要成分，也可以是火山熔岩、火山碎屑岩中脱玻化的产物。

石英、玉髓、燧石、玛瑙、蛋白石的化学成分均为SiO_2。SiO_2含水的胶体凝固就是蛋白石，脱水后有同心环状构造的隐晶质就是玛瑙，脱水后颜色均匀没有同心环带状构造且粒级小于几微米的隐晶质就是玉髓、燧石，继续生长成完美的结晶颗粒时就形成了石英。如图2-46(a)所示，在安山岩杏仁体中，最外缘为非晶质即全消光的蛋白石（Opl），中部为

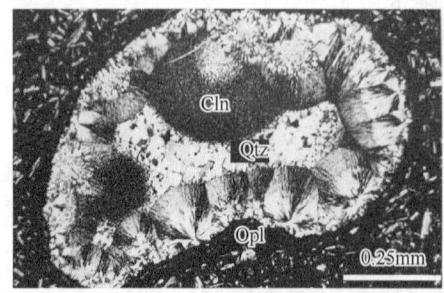 

(a) 杏仁体中由外而内：蛋白石—玉髓—　　(b) 流纹岩中玉髓呈隐晶质纤维状集
石英，正交偏光4×（据常丽华等，2006）　　合体，正低突起，单偏光10×

图2-46　蛋白石（Opl）、玉髓（Cln）、石英（Qtz）偏光镜下特征

隐晶质纤维状集合体的玉髓（Cln），中心为显晶质粒状的石英（Qtz）。

（1）手标本：隐晶质、纤维状、放射状集合体，也可呈球粒状、花朵状充填于孔穴中。白色、浅蓝灰、极淡褐色，微透明，蜡状光泽。

（2）镜下：纤维状、放射状集合体。含水时负低突起，无水时正低突起，接近石英。一级灰白，平行消光，延性可正可负，一轴晶，正光性（图2-46）。

（3）鉴定特征：镜下以纤维状、放射状的形态区别于石英，以正交偏光镜下一级灰白、平行消光区别于蛋白石、火山玻璃。

四十一、海绿石

海绿石是产于浅海砂岩、泥岩、碳酸盐岩中的自生矿物，属于层状结构的硅酸盐类。

（1）手标本：常呈粒状、鳞片状、土状等集合体，外形呈圆状、肾状、卵状等，岩石中多见极细小颗粒集合成的圆粒。鲜绿、橄榄绿、黄绿等不同色调的绿色，光泽暗淡，易溶于盐酸，硬度2~3。

（2）镜下：常见圆粒状，有时可见叶片状、薄膜状、放射状或不规则状的胶结物填充于碎屑之间。单晶体出现时具有明显的多色性，$Ng=Nm$—亮绿、黄绿，Np—稻草绿、浅黄绿，集合体出现时多色性不明显。正低—正中突起，有时可见完全解理［图2-47（a）］。正交偏光镜下呈集合偏光现象，即颗粒表面始终明亮，不见消光。二级干涉色，但常被自身颜色影响而呈绿色，大的颗粒可见完全解理，平行消光，正延性［图2-47（b）］。二轴晶，负光性，颗粒细小时，不易见到干涉图。

(a) 草绿色，正中突起，单偏光

(b) 圆粒状集合体，集合偏光，正交偏光

图2-47　海绿石偏光镜下特征

彩图2-47

（3）鉴定特征：手标本上以其颜色、圆粒状集合体、产于浅海相岩石中为特征。镜下以特有的绿色、细小集合体呈圆粒状、集合偏光现象为特征。

四十二、水铝石

水铝石又称硬水铝石、一水硬铝石，与一水软铝石为同质二像。主要由铝硅酸盐矿物风化而成，是铝土矿的主要成分。

（1）手标本：薄片状、板状，有时呈柱状、针状，集合体呈鳞片状、隐晶质的豆状、鲕状等。晶体较细小，完全解理或不完全解理。白、灰或无色，条痕白色。玻璃光泽，解理面珍珠光泽，硬度6~7。

(2) 镜下：鳞片状，通常无色，含 Mn^{3+}、Fe^{3+} 呈多色性，Ng—黄白、蓝、淡绿色，$Nm=Np$—暗紫、红褐或无色，正高突起[图 2-48(a)]。最高干涉色高达三级顶，平行消光，负延性[图 2-48(b)]。二轴晶，正光性。

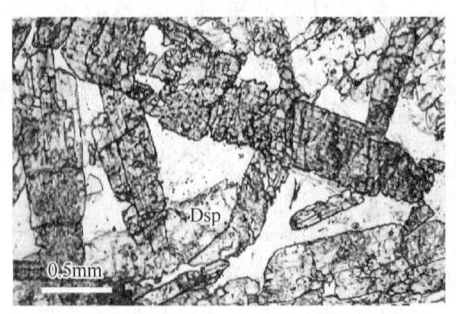 

(a) 长柱状，正高突起，一组完全解理，单偏光　　(b) 二～三级干涉色，平行消光，正交偏光

彩图 2-48　　　　图 2-48　水铝石（Dsp）偏光镜下特征（据常丽华等，2006）

(3) 鉴定特征：手标本上以解理面珍珠光泽、较高硬度、主要产于铝土矿为特征。镜下以正高突起、柱状切面、一组完全解理、较高干涉色为特征。

四十三、褐铁矿

褐铁矿是岩浆岩、变质岩中的铁镁矿物风化后形成的含水氧化铁，沉积岩中的次生矿物，常作为胶结物出现。

(1) 手标本：隐晶质的针铁矿，常呈块状、肾状、钟乳状、疏松多孔状或粉末状。黄褐至褐黑色，条痕黄褐色，半金属光泽，无磁性。硬度随形态各异而不同。

(2) 镜下：不透明时为黑色，薄片较薄时半透明、褐、红褐色，正交偏光镜下全消光。反射光下呈褐色，不具金属光泽，有时呈黄铁矿、磁铁矿的假象。

(3) 鉴定特征：手标本上以褐色调、条痕黄褐色、半金属光泽、无磁性为特征。反射光下呈褐色、不具金属光泽为特征。

四十四、石膏

石膏常以化学沉积的方式生成于石灰岩和泥岩中，与硬石膏、石盐等共生。原生硫化物氧化成硫酸后，再与石灰岩作用也可生成石膏。低温热液硫化物矿床中也可见热液成因的石膏。

(1) 手标本：板状、粒状，晶面纵纹，燕尾双晶，自然界常见细粒状、纤维状、针状、土状、片状等集合体。无色、白色，含杂质呈灰、黄、褐等色，无色透明者称为透石膏，白色条痕。透明，玻璃光泽，解理面珍珠光泽、丝绢光泽。中等或极完全解理，硬度 2（附录 2 照片 10）。

(2) 镜下：粒状或长条形切面，无色，一组极完全解理，负低突起。一级白至黄，平行消光、斜消光，负延性[图 2-49(a)]。有时可见聚片或燕尾双晶。二轴晶，正光性。

(3) 鉴定特征：手标本上以特征形态、低硬度（小于指甲的硬度）、一组极完全解理为特征。镜下以负低突起、干涉色较低区别于硬石膏。

四十五、硬石膏

硬石膏主要形成于高盐度盐湖中,在地表易吸水变成石膏。

(1) 手标本:粒状、厚板状,可见双晶,集合体多为纤维状、粒状、块状。无色、白色,含杂质呈蓝、灰、红等色,白色条痕。透明,玻璃光泽,解理面珍珠光泽。中等或完全解理,硬度 2.8~3。

(2) 镜下:粒状或长条形切面。无色,若是紫色手标本则显多色性,Ng—紫色,Nm—无色,Np—紫色。常见垂直相交的假立方解理,正低—正中突起[图 2-49(b)]。最高干涉色可达三级绿,长条形切面平行消光,延性可正可负,可见简单接触双晶、聚片双晶。二轴晶,正光性。

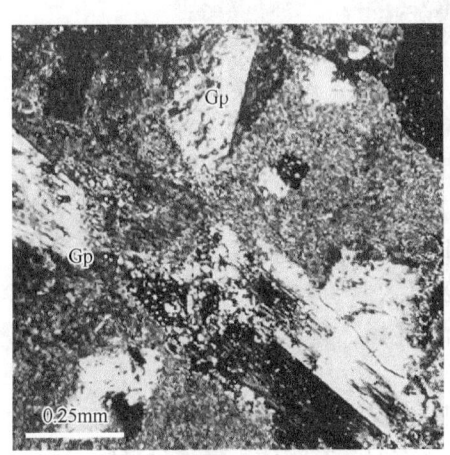 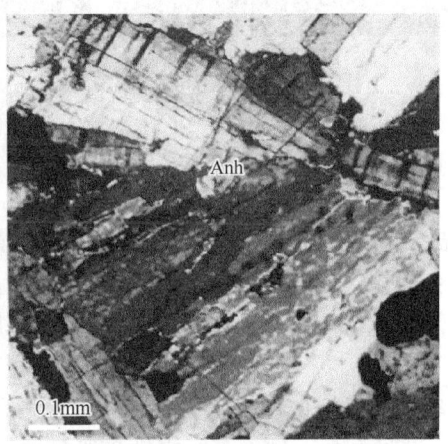 

(a) 石膏一组极完全解理、负低突起、
一级灰白、斜消光、双晶,正交偏光

(b) 硬石膏完全解理、正中突起,一级灰—
二级蓝、平行消光,正交偏光

图 2-49　石膏(Gp)与硬石膏(Anh)偏光镜下特征(据常丽华等,2006)

彩图 2-49

(3) 鉴定特征:手标本上以 3 组相互垂直解理、遇盐酸不起泡与碳酸盐岩区别,以硬度相对较大与石膏区别。镜下以突起较高、干涉色较高区别于石膏。

四十六、盐类矿物

盐类矿物是指碱金属、碱土金属的卤化物、硫酸盐、碳酸盐、重碳酸盐及少量硼酸盐、硝酸盐等矿物的总称。在沉积岩中常见的盐类矿物包括:卤化物萤石、钾石盐、石盐;碳酸盐矿物方解石、白云石等。

(一) 萤石

萤石,又名氟石,均质体矿物。沉积岩中的萤石主要出现于碳酸盐岩中,与方解石、白云石、石膏等共生,也可作为碎屑矿物或胶结物出现于砂岩中。

(1) 手标本:立方体、八面体及其聚形,集合体为粒状或块状。常见紫、蓝或绿色萤石,少见纯净的无色萤石,加热可褪色。透明,玻璃光泽,完全解理,硬度 4,显荧光性。

(2) 镜下:不规则粒状,偶见方形、菱形。单偏光镜下无色或微带紫色,有时颜色呈带状或斑点状分布,负中—负高突起,两组菱形或三组夹角为 60°的完全解理[图 2-50

(a)]。正交镜下全消光[图2-50(b)]。

(3) 鉴定特征：手标本上以晶形、完全解理、硬度、荧光性为特征。镜下以高负突起、两组菱形或三组完全解理、全消光为特征。

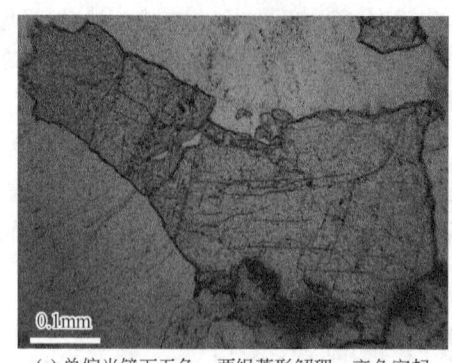 

(a) 单偏光镜下无色、两组菱形解理、高负突起　　　(b) 正交镜下全消光

图 2-50　萤石偏光镜下特征（花岗岩）

（二）钾石盐和石盐

钾石盐和石盐，均为化学沉积产物，在海湾或盐湖中因蒸发结晶而成。

(1) 手标本：立方体、八面体或者二者的聚形，多见块状、粒状集合体。多为无色透明，含杂质呈灰、黄、红、褐色。玻璃光泽，风化呈油脂光泽，完全解理，硬度2。易溶于水，味咸。

(2) 镜下：单偏光镜下他形粒状、无色、完全解理、钾石盐负低突起、石盐正低突起。正交镜下全消光。常见石膏、硬石膏、褐铁矿等包裹体，有时还有液体、气体包裹体。

(3) 鉴定特征：手标本上二者均以硬度低、完全解理、味咸易溶于水为特征。镜下钾石盐为负低突起、石盐正低突起（有时不显突起）、均具完全解理、全消光。

（三）方解石族矿物

方解石族矿物属于碳酸盐类，常见矿物种包括方解石、白云石、文石、菱镁矿、菱铁矿、菱锰矿、菱锌矿等。该族矿物具有一些共同的物理性质和镜下特征。

(1) 手标本：菱面体、复三方偏三角面体，集合体呈粒状、致密块状、钟乳状、鲕状等。纯净者无色透明、白色，含 Fe 呈黄褐色调，含 Mn 呈粉红色调，条痕白、灰白色。半透明—透明，玻璃光泽，硬度均小于小刀，3~4.5（附录2照片11、12）。

(2) 镜下：粒状、无色，菱形完全解理，夹角约70°，闪突起显著（图2-51）。高级白干涉色，对称消光，常见聚片双晶。一轴晶，负光性。

(3) 鉴定特征：该族矿物具有一些共同特征，但也有区别。

手标本：①加稀盐酸，方解石剧烈起泡，白云石反应微弱，菱镁矿、菱铁矿、菱锰矿粉末遇冷稀盐酸不起泡或缓慢起泡而遇热盐酸剧烈起泡；②方解石的硬度相对于其他矿物种较低；③文石不具菱形解理，断口油脂光泽、贝壳状，在硝酸钴溶液中煮沸，方解石粉末微显青色，文石呈浓红色、紫色。

镜下：①方解石的聚片双晶纹平行于菱形解理的棱或者长对角线[图2-52(a)]，白云石的聚片双晶纹平行于菱形解理的短对角线[图2-52(b)]，菱镁矿不具双晶；②方解石、

(a) Ne = 负低突起　　　　　　　　　　(b) 菱形解理，夹角70°，No = 正中突起

图 2-51　方解石单偏光镜下特征（白云母大理岩）

白云石的闪突起为负低—正中突起，菱铁矿、菱锰矿的闪突起为正低—正中突起；③白云石相对于方解石较自形，方解石多为粒状；④选择双晶显著的颗粒，测量 Ne'（低突起）与双晶纹之间的消光角，方解石的消光角大于 55°，白云石的消光角在 20°~40°之间；⑤经茜素红染色，方解石、高镁方解石、文石均呈深红色，含铁白云石、铁白云石呈紫蓝色，白云石、菱镁矿等均不染色。

(a) 方解石双晶纹平行菱形解理长对角线　　　(b) 白云石双晶纹平行菱形解理短对角线

图 2-52　方解石与白云石正交镜下特征（白云母大理岩）　　彩图 2-52

四十七、有机碳质

有机碳质主要包括沥青、煤中的泥炭、烟煤、无烟煤等有机准矿物，常见于页岩、石灰岩。

(1) 手标本：非晶质，微小颗粒，尘土状，闪光小碎片。颜色和条痕均为暗褐色至黑色，无光泽至半金属光泽，硬度 1~3。均可在蜡烛上燃烧。

(2) 镜下：斑点状，不透明，深褐至灰、黑色。反射光下无光泽，黑色，有时显褐色。

(3) 鉴定特征：手标本上以颜色与条痕均较深、硬度较小、易污手、均可燃烧为特征。薄片中碳质聚集体内部或边缘，可见细小且极薄的针状金红石，具有一级或二级干涉色。反射光下无光泽可与磁铁矿区别，与石墨的区别见前面所述。

思考题与练习题

1. 简述碱性长石亚族和斜长石亚族的概念、分类及各自的鉴定特征。

2. 石英、长石、方解石作为主要的造岩矿物，如何从手标本和镜下进行鉴别？

3. 斜长石在岩石命名中起着重要的作用，尤其对于岩浆岩命名，所以确定斜长石的矿物种名称也即牌号比较重要，那么，测定斜长石的牌号有几种方法？具体如何操作？

4. 云母族具有典型的层状硅氧骨干，最常见的矿物包括黑云母和白云母，那么，二者具有哪些鉴别特征？

5. 角闪石族具有典型的双链状硅氧骨干，其中普通角闪石、透闪石、阳起石具有哪些鉴别特征？

6. 辉石族具有单链状硅氧骨干，其中普通辉石、紫苏辉石、透辉石具有哪些鉴别特征？

7. 如何从手标本与镜下去鉴别普通辉石与普通角闪石？

8. 橄榄石族具有岛状硅氧骨干，自然界最常见的为镁橄榄石与铁橄榄石的完全类质同象系列，其具有哪些鉴别特征？富铁橄榄石常热液蚀变为伊丁石，那么伊丁石与橄榄石如何鉴别？

9. 石榴子石属于均质体矿物，其具有哪些鉴别特征？

10. 方解石族最常见的矿物为方解石和白云石，如何从手标本与镜下鉴别二者？

11. 概括本书中哪些常见的造岩矿物具有多色性，同时写出它们的多色性。

12. 高级白是镜下鉴别矿物的一种主要依据，简述高级白的概念。同时，概括本书中具有高级白的常见造岩矿物。

第三章 岩石的观察内容与描述方法

大家一定游历过不少名山,见过许多野外露头,在看到它们的时候,是否留意过这些山体和露头是什么岩石组成的?它们又是什么时候形成的?在形成演化过程中发生了哪些变化?现在所见到的山,其前身可能是一片海,那怎样才能证明曾经有古大洋的存在,其判别的标志是什么?地球的形成与演化是怎样的?地球深部的组成、热状态及流变学特征是什么?要搞清楚这些问题,需要具备扎实的岩石学知识结合其他相关学科才能作出科学的回答。岩石是地质历史的记录,它本身是会讲故事的,怎样让它讲出自己的形成演化史,以及它所形成的地质体的演化史,这就需要我们认真学习岩石学,通过岩石本身的特征、物质组成、结构构造进行分类命名,了解岩石的分布规律,观察其时空分布特征、野外产状、共生组合及其与地质构造关系,搞清其来源、生成环境,探讨岩石成因及演化,确定岩石的形成时代及成矿关系,对地质演化、矿产资源及环境地质作出客观的评价。

第一节 岩石及岩石学概述

一、岩石及其成因分类

(一) 岩石的概念

岩石是矿物的集合体,确切地说是由天然产出的矿物或类似矿物的物质(有机质、玻璃、非晶质等)组成的固态集合体。

(二) 岩石的成因分类

岩石不仅是地球物质的重要组成部分(如地壳和上地幔),而且也是类地行星的组成部分(月岩和陨石),是地壳发展和演化过程中由各种地质作用形成的天然产物。不同的地质作用会形成不同的岩石,即岩石的三大分类。岩浆作用会形成岩浆岩,变质作用形成变质岩,沉积作用形成沉积岩。

三大类岩石的野外特征对比见表 3-1。

表 3-1 三大类岩石野外特征对比表

特征	岩浆岩	沉积岩	变质岩
产状	形成火山岩及大部分熔岩流,岩浆岩体与围岩间一般有明显的界线,形成岩脉、岩墙、岩株及基岩等形态并切割围岩	呈层状产出,并经历分选作用,岩层在横向上延续范围很大。沉积岩的固结程度有差别,有些甚至是未固结的沉积物	岩石的面理方向与区域构造线方向一致

续表

特征	岩浆岩	沉积岩	变质岩
分布	岩体中常含有围岩碎块（捕虏体），对围岩有热的影响，致使其重结晶，发生相互反应及颜色改变，在与围岩接触处岩浆岩边部有细粒的淬火边	地质体形态可能与河流、三角洲、沙洲、沙坝的范围相近	多数分布于造山带、前寒武纪地盾中，可以分布于岩浆岩体与围岩的接触带中，大范围的变质岩分布区岩石的变质程度有逐渐改变的现象
化石	一般无生物遗迹，除火山碎屑岩外，岩体中无化石出现	沉积岩中化石丰富	岩石中的砾石、化石或晶体受到破坏
构造	大部分为块状构造的结晶岩，部分为玻璃质岩石。凡具有玻璃质的岩石一般是岩浆岩。多数无定向构造，具有特殊的构造，如气孔、杏仁、流纹构造；特有的矿物如霞石、白榴石	岩层表面可以出现波痕、泥裂、交错层理等构造	碎屑或晶体颗粒拉长，具有定向构造，少数无定向

二、岩石学研究内容与方法

（一）岩石学研究内容

如何区分识别三大岩类？它们的矿物组成、结构、构造有什么特点？如何进行分类命名？各类岩石成因演化是怎样的？这些都是岩石学要解决的问题。

岩石学是研究天然岩石的一门学科，包括岩石的产状、分布、物质成分、结构、构造、分类命名、形成条件、成因及其与岩石圈形成、演化和成矿的关系。它是地质学的一个重要分支，属地质科学中的重要基础学科。

岩石学包括岩类学和岩理学，其中岩类学即描述岩石学或岩相学，以描述岩石的基本特征和岩石分类命名为主，主要通过对岩石的野外产状、颜色、物质成分、结构构造详细观测、对比研究达到分类命名的目的。岩理学即成因岩石学，在岩相学研究的基础上，结合实验研究和理论分析，通过归纳和演绎对相关岩石的形成、演化及构造背景等进行研究，主要侧重岩石成因方面的研究。岩类学是岩石学的基础，也是本科阶段重要的岩石学侧重学习方向，首先要掌握岩相学的内容，培养扎实的岩矿鉴定的基本技能，然后对岩理学的内容进一步理解。

（二）岩石学研究方法

岩石学研究方法包括以下4个方面。

（1）野外调查取样：研究岩石地质体的产状、岩性、接触关系、构造特点、成矿作用、地质制图、测地质剖面、照相素描、采集样品等。

（2）室内测试分析：显微镜鉴定、地球化学测试、同位素测试、矿物学和矿物化学精细研究等。

（3）室内实验模拟：针对研究的内容开展相应的实验模拟。

（4）资料归纳分析：得出结果与结论。

第二节 岩浆岩的观察内容与描述方法

一、岩浆岩概述

岩浆岩，又名火成岩，是地壳深部或上地幔岩石经熔融或部分熔融形成的岩浆，侵入地壳或喷出地表冷凝固结形成的岩石。了解岩浆岩，首先要清楚岩浆的形成、演化及其性质。其次，岩浆通过结晶作用按一定的顺序结晶形成矿物，鲍文反应系列正是岩浆结晶作用的反映（见后文）。

不同的矿物组合，形成不同的岩浆岩系列，成分相同的岩浆经历了不同的形成环境和成岩过程，对于同一系列的侵入岩和喷出岩，其主要矿物组合相同，但却可以形成结构和构造完全不同的岩浆岩。这就需要了解岩浆岩的结构构造特征及其差异化，了解了岩浆、岩浆的结晶作用、岩浆岩及岩浆岩的组成、结构和构造，进一步掌握岩浆岩的分类命名原则和方法，在这一思路指引下，整个岩浆岩部分的主体框架就构建好了。岩浆岩岩石学就是研究岩浆的起源、运移、演化和结晶成岩过程，以及岩浆岩的产状、结构、构造、物质成分、分类命名、岩石共生组合、成岩机理及与构造、矿产和岩石圈演化等关系的一门独立学科。岩浆岩的知识点可以通过下列思维导图进行表达（图3-1），每一个节点对应后面相应的内容，是总思维导图的分支图解，具体内容见后文论述。

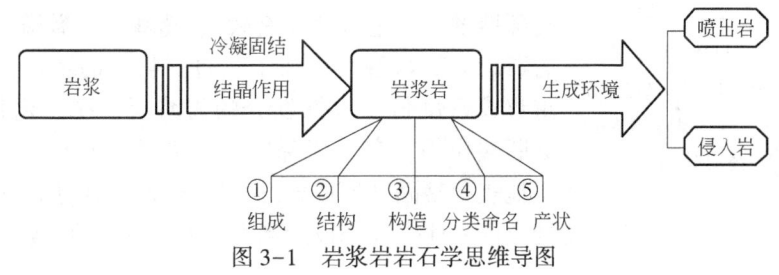

图 3-1 岩浆岩岩石学思维导图

二、岩浆与岩浆作用

（一）岩浆的概念

岩浆是天然形成于上地幔和地壳深处，含有少量挥发物质的、高温、高压、炽热而黏稠的硅酸盐熔融体。

（二）岩浆的起源及演化

1. 岩浆的起源

岩浆活动通过以下过程实现：地壳深部和上地幔岩石在一定温度压力条件下产生部分熔融并与母岩分离，熔融体通过孔隙或裂隙向上运移，并在一定部位逐渐富集而形成岩浆囊。当岩浆囊的岩浆过剩、压力逐渐增大，表壳覆盖层的强度不足以阻止岩浆继续向上运动时，岩浆通过薄弱带向地表上升。上升过程中，溶解在岩浆中的挥发分逐渐出溶，形成气泡，当气泡占有的体积超过75%时，禁锢在液体中的气泡会迅速释放出来，导致爆炸性喷发，气体释放后岩浆黏度降到很低，流动转变成湍流性质。

据目前研究，岩浆起源于上地幔和地壳深部，并把直接起源于上地幔或地壳深部的岩浆叫原生岩浆。岩浆岩种类繁多，但原生岩浆的种类一般认为仅为3~4种，包括超基性（橄榄）岩浆、基性（玄武）岩浆、中性（安山）岩浆和酸性（花岗或流纹）岩浆。岩浆从开始产生到固结为岩石，始终处在不断变化过程中。纵向上，地球圈层物质组成不同，岩石部分熔融产生的岩浆系列也不同；横向上，大陆板块不同位置，物质组成不同。如克拉通和造山带物质组成不同，不同位置地壳物质熔融产生的岩浆组成不同。岩浆上升过程中会出现岩浆结晶分异演化，越往上越向偏酸性、偏碱性方向演化。

岩浆的产生需要以下几个基本条件：源区岩石熔融、热能的积累和温度的升高、压力的降低、挥发组分的加入。

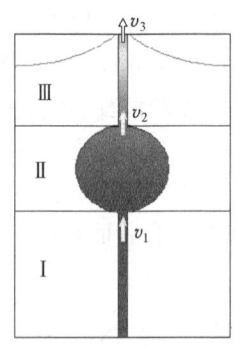

图3-2 岩浆的起源示意图

火山喷发前的三个阶段：Ⅰ—岩浆的形成与初始上升阶段；Ⅱ—岩浆囊阶段；Ⅲ—离开岩浆囊的地表阶段

岩石是矿物的集合体，不同矿物具有各自的熔点，岩石开始熔融到完全熔融的温度区间内，岩石中易熔组分（长英质组分）先熔化，产生酸性熔体，残留体为较基性的难熔固体物质。从地表往深部随着温度、压力升高到一定程度达到矿物熔融的熔点，某些硅酸盐矿物开始熔融，在地壳深部，岩石中熔点低的长英质矿物首先熔融，主要形成中酸性的花岗岩浆、安山岩浆，而越往深部到达上地幔，含有铁镁质的暗色矿物，如角闪石、辉石等熔点高的物质局部熔融，产生基性（玄武）、超基性（橄榄）岩浆。伴随岩石的局部熔融，增加了岩石圈物质的塑性，在一定位置聚集成密度低、含挥发分的岩浆囊，在一定构造作用下，如断裂作用，产生压降区，岩浆开始上升，侵入地壳或喷出地表冷凝固结形成岩石（图3-2）。对于岩浆岩成因具有直接意义的是岩浆侵入地壳，特别是侵入地壳浅部以后到凝固为岩石期间岩浆在物质成分上发生的演化。

2. 岩浆的演化

岩浆的演化主要通过两种方式：分异作用和同化混染作用。

1) 分异作用

分异作用指原来成分均匀的岩浆，在没有外来物质加入的情况下，依靠岩浆自身的演化，最终形成不同组成的岩浆岩。主要包括：

熔体—熔体的分离作用（熔离作用）：指原来均一的岩浆，随着温度和压力的降低或外来组分的加入，使其分离为互不混溶或混溶程度低的两种熔体的过程。

晶体—熔体的分离作用（结晶分异作用）：在岩浆冷凝过程中，矿物按其结晶温度的高低先后同岩浆发生分离的现象叫结晶分异作用。结晶分异作用模式在玄武岩浆中最为完备（图3-3）。

2) 同化混染作用

岩浆熔化或溶解围岩或捕虏的围岩碎块，将改变岩浆的成分，当熔化或溶解较彻底时，称同化作用；不彻底时可有未熔物质的残留，称为混染作用。图3-4为花岗岩浆的同化混染作用。

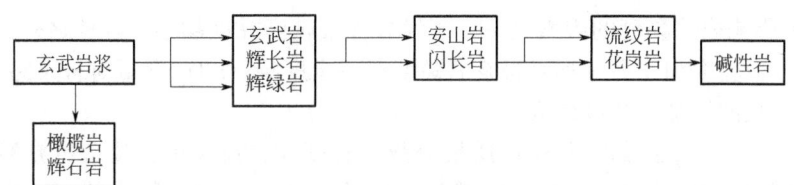

图 3-3　玄武岩浆的分异作用

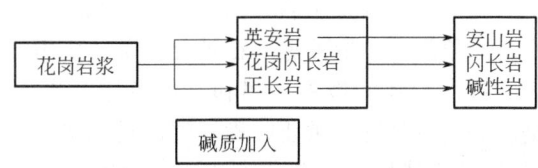

图 3-4　花岗岩浆的同化混染作用

同化混染按以下可能的方式进行：(1) 岩浆熔化比自己熔点低的围岩物质，使熔体的总成分发生改变；(2) 岩浆不能熔化比自己熔点更高的围岩，只能通过离子交换反应，改变围岩及捕虏体成分，使之达到平衡；(3) 与岩浆相适应的围岩物质可在岩浆中保持稳定，如玄武岩中的地幔橄榄岩包裹体。

同化混染作用的鉴别标志：(1) 出现的部位：主要出现在大型侵入体的边缘带，与围岩之间常形成渐变过渡带；(2) 在同化混染带，常含有围岩的捕虏体或捕虏晶，出现不平衡矿物和不平衡结构，如花岗岩中出现硅辉石；(3) 岩石的结构、构造不均一，出现斑杂构造。

（三）岩浆的化学成分

自然界中绝大多数岩浆类型属于硅酸盐岩浆，极少量为金属硫化物岩浆、金属氧化物岩浆（矿浆）和碳酸岩岩浆。

岩浆化学成分的确定主要通过以下两种方式：

（1）由岩浆岩的化学分析结果判断；

（2）通过现代火山喷发的熔岩流取样分析确定。

岩浆的化学成分包括造岩组分（主要化学成分）、挥发分和成矿金属元素（微量元素和稀土元素）。

岩浆的主要化学成分通常以氧化物形式来表示，主要有 SiO_2、Al_2O_3、FeO、Fe_2O_3、MgO、CaO、Na_2O、K_2O、MnO、P_2O_5 等。硅酸盐岩浆化学成分以 SiO_2 质量分数最高，一般为 40%～75%，在岩浆中 SiO_2 的含量与其他氧化物之间存在一定的消长关系。

根据 SiO_2 的含量可以将硅酸盐岩浆分成 4 种类型：

（1）酸性岩浆：SiO_2 含量>65%；

（2）中性岩浆：52%<SiO_2 含量≤65%；

（3）基性岩浆：45%≤SiO_2 含量≤52%；

（4）超基性岩浆：SiO_2 含量<45%。

岩浆中含有丰富的挥发分和成矿金属元素（微量和稀土元素），挥发分质量分数一般小于 6%，主要包括 H_2O、CO_2、CO、N_2、SO_2、SO_4、H_2S、HCl、HF、H_2、NH_3 等，其中水蒸气（H_2O）约占挥发分总量的 70%～90%。

挥发分是影响岩浆黏度的因素之一，挥发分含量越高黏度越小。除此之外，岩浆的成分（主要是 SiO_2）、温度和压力等都对岩浆的黏度有一定影响。SiO_2 含量对岩浆黏度影响最大，随 SiO_2 质量分数的增加，黏度增大。

因此，酸性岩浆由于较高的 SiO_2 质量分数，黏度大、流速慢，故自然界酸性喷出岩分布很少，分布最广的喷出岩是基性的玄武岩。另外，SiO_2 质量分数小的基性岩浆，其黏度较小，以溢流相为主，酸性岩浆以爆发形式为主。相反，挥发分存在将显著降低岩浆的黏度。在地下深处，其溶于岩浆中，不仅易于岩浆流动，还能降低矿物熔点，延长结晶时间，并结晶出含挥发分的矿物，如角闪石和黑云母。在地壳浅部，随着压力降低，挥发分呈气相大量析出。在一定条件下，挥发分还能携带金属和其他有用元素，在合适的条件下形成气成—热液矿床。温度也是影响岩浆黏度的重要因素，温度升高黏度下降。岩浆的温度大致范围是 700～1200℃，其中基性的玄武岩浆温度最高（1025～1225℃），酸性流纹岩浆温度最低（735～890℃），中性安山岩浆温度中等（900～1000℃）。压力对黏度的影响比较复杂，对于含水岩浆来说，压力升高会使岩浆的黏度在一定的区间内降低，当达到饱和点时，与不含水的岩浆一样，随着压力的增加黏度增大。

（四）岩浆的结晶作用与岩浆岩

1. 岩浆的结晶作用

岩浆中各种离子和络阴离子团围绕一些结晶中心，按照一定的规则进行排列，并按照一定的结晶顺序结晶出各种晶体矿物的作用称为岩浆的结晶作用。

2. 岩浆作用

当岩浆产生后，在通过地幔和/或地壳上升到地表或近地表的途中，直至最终固结成岩，发生各种复杂的变化过程，即岩浆从产生、运移，到冷凝固结成岩的整个过程称为岩浆作用，它分为两种情况：（1）侵入地壳之中——侵入作用；（2）喷出地表——火山作用。

3. 岩浆岩

岩浆岩指岩浆在内力地质作用的影响下，由深处侵入地壳一定深度或喷出地表，并经过冷凝固结而形成的岩石。根据生成的地质环境不同分为侵入岩和喷出岩两大类。

侵入岩：当岩浆运移到地壳某一深度部位停留下来发生结晶冷凝成岩的这一地质过程称为侵入作用或深成作用，所形成的岩石称为侵入岩。由于侵位深度不同，侵入岩又分为深成岩（>3km）和浅成岩（0.5～3km）。

喷出岩：岩浆从地下深处喷出地表冷凝成岩的地质过程称为火山作用或火山活动，所形成的岩石称为火山岩或喷出岩（图3-5）。

4. 岩浆岩的一般特征

岩浆岩的一般特点如下，可区别于沉积岩和变质岩。

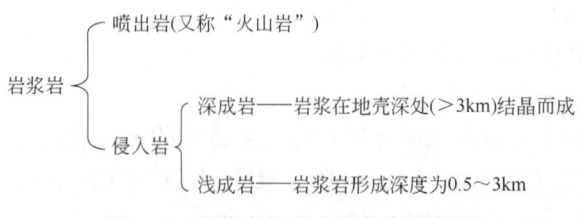

图3-5 岩浆岩的形成及分类示意图

(1) 岩浆岩大部分为块状的结晶岩石，部分为玻璃质岩石。凡具有玻璃质的岩石一般是岩浆岩，只有极少数情况下，在强烈断裂带内才有玻化岩。

(2) 岩浆岩中有一些特有的矿物，如霞石、白榴石、黝方石；具有特有的结构构造，如玻璃质和半晶质结构、暗化边结构及气孔、杏仁、流纹构造等。

(3) 岩浆岩体与围岩间一般有明显的界线，呈各种各样的形态存在于地层中，有的平行，有的切穿围岩的层理和片理。岩体与围岩接触处，靠近岩体的一侧（内接触带）常见淬火（冷凝）边；而其围岩一侧（外接触带）常见烘烤边或遭受热变质。

(4) 岩体中常含有围岩碎块（捕虏体），被捕虏的围岩碎块和围岩常遭受热变质作用。

(5) 岩浆岩中没有任何生物遗迹。

(6) 各地质时期形成的岩浆岩类，大部分可以找到与其化学成分近似的现代火山岩。

三、岩浆岩的化学组成

（一）化学组成及其变化规律

1. 化学组成

(1) 造岩元素：O、Si、Al、Fe、Mg、Ca、Na、K、Ti 共 9 种，总和约占岩浆岩总重量的 99.25%；化学成分以氧化物形式表示。其中氧的含量最高，占岩浆岩重量的 46.59%，占岩浆岩体积的 94.2%；硅占岩浆岩重量的 27.59%。岩浆岩主要由硅酸盐组成。

(2) 次要元素：P、H、Mn 等。

(3) 岩浆岩中存在微量元素：Li、V、Cr、Co、Ni、Cu、Zn、Rb、Sr、Y、Zr、Nb、Ba、Ta、Pb、Th、U 等。微量元素丰度及其比值（如 K/Rb、K/Ba、Rb/Sr、Nb/Ta、Th/U 等），对探讨岩石系列划分、成因和岩浆演化有重要意义。

2. 化学组成变化规律

岩浆岩主要化学组成变化规律图（图 3-6），共 6 条曲线分三组：Fe、Mg，Al、Ca，K、Na。从超基性岩至酸性岩，随着 SiO_2 含量的变化，其他氧化物变化规律如下：

(1) SiO_2 含量逐渐增高，在超基性岩中含量最少，酸性岩中含量最多。

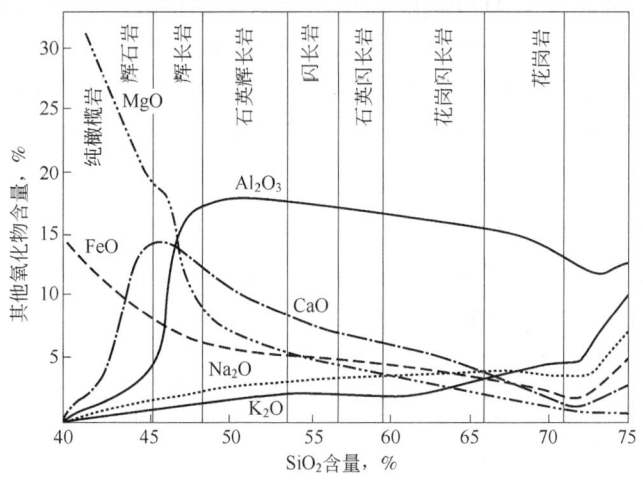

图 3-6 岩浆岩化学组成变化规律图

(2) MgO、FeO（Fe_2O_3）的含量随 SiO_2 含量增加而减少。

(3) K_2O、Na_2O 的含量随 SiO_2 含量增加而增加，尤其 K_2O 的含量增加更为显著。

(4) CaO 在纯橄榄岩中较低，但在辉石岩和基性岩中急剧增加，以后随 SiO_2 增加而急剧降低。

(5) Al_2O_3 在超基性岩中含量最少，在其他岩类中含量均占百分之十几，而且变化幅度很小。

（二）几种主要的造岩氧化物

1. SiO_2

SiO_2 是岩浆岩中最重要的成分。岩浆岩是否具有足够的 SiO_2 与金属氧化物相结合，称为 SiO_2 的饱和程度，也称岩浆岩的酸度。它直接影响岩浆岩中矿物的共生组合。

石英→游离的 SiO_2 结晶产物→岩浆中 SiO_2 过饱和指示矿物。

镁橄榄石→岩浆中 SiO_2 不足（不饱和）指示矿物。

与石英不能共生的矿物包括镁橄榄石和副长石（霞石和白榴石）。

2. Al_2O_3

Al_2O_3 在岩浆岩中含量仅次于 SiO_2。SiO_2、Al_2O_3 与 CaO、Na_2O、K_2O 一起组成长石和副长石类矿物；Al_2O_3 与 FeO/Fe_2O_3、MgO、CaO 等结合形成辉石、角闪石、黑云母等矿物。根据 Al_2O_3 与 CaO、Na_2O、K_2O 含量关系，可以将岩浆岩划分为如下三个类型：

(1) Al_2O_3<Na_2O+K_2O（分子数比，下同）：碱过饱和岩石；

(2) Al_2O_3>Na_2O+K_2O+CaO：铝过饱和岩石；

(3) Na_2O+K_2O<Al_2O_3<Na_2O+K_2O+CaO：钙碱性岩石。

3. Na_2O 和 K_2O（碱质）

岩浆岩中 K_2O+Na_2O 的含量被称为碱质。是否有足够数量的碱质与 SiO_2 及其他氧化物相结合，称为碱质饱和程度，也称岩浆岩的碱度。它是碱性长石的主要组成部分，当其含量较高时还可形成碱性暗色矿物和副长石。

通常根据岩石中 SiO_2、K_2O+Na_2O 含量以及里特曼指数，将岩石划分为钙碱性系列（σ<3.3）、碱性系列（3.3≤σ≤9）和过碱性系列（σ>9）。

里特曼指数（里特曼，1957），也称组合指数，是用以反映岩浆岩组合及岩浆岩碱性特征的参数。$\sigma = (K_2O+Na_2O)^2/(SiO_2-43\%)$，其中 K_2O、Na_2O、SiO_2 均为氧化物质量分数。

4. 其他氧化物

FeO/Fe_2O_3、MgO、MnO 与 SiO_2 结合形成橄榄石、辉石等矿物。

TiO_2 与 FeO/Fe_2O_3 组成钛铁矿，TiO_2 与 CaO 结合生成榍石，P_2O_5 与 CaO 结合则形成磷灰石。FeO、MgO 与 SiO_2 结合形成橄榄石、辉石等矿物（表3-2）。

表3-2 实用矿物化学组成表

矿物名称	化学式	SiO_2 质量分数	其他氧化物质量分数
橄榄石	(Fe，Mg)$_2$SiO$_4$	38%~40%	MgO（40%）
斜方辉石	(Fe，Mg)$_2$Si$_2$O$_6$	54%~57%	

续表

矿物名称	化学式	SiO_2 质量分数	其他氧化物质量分数
普通辉石	$(CaNaK)\cdots Al(AlSi)_2O_6$	48%~55%	
角闪石	$CaNaK\cdots(Al_4O_{11})_2(OH\cdots)$	39%~45%	
黑云母	$KAl\cdots(AlSiO_3O_{10})(OH\cdots)$	39%	K_2O（10%）
石英	SiO_2	100%	
钾长石	$KAlSi_3O_8$	71%	K_2O（8%）
斜长石	$NaAlSi_3/CaAl_2Si_2O_8$	68%~50%	
霞石	$NaAlSiO_4$	40%	Na_2O（16%）

四、岩浆岩的矿物组成

岩石的矿物组成能够反映岩石的化学成分，是岩石分类命名的主要依据，同时也是判断岩石生成条件的重要依据。

组成岩石的矿物统称为造岩矿物，岩浆岩中的造岩矿物只有 20 多种，它们被称为主要造岩矿物，包括橄榄石类、辉石类、斜长石类、碱性长石类、副长石类、石英类、云母类、角闪石类等。

（一）岩浆岩的矿物分类

岩浆岩的矿物分类详见表 3-3。

表 3-3 岩浆岩矿物分类表

分类依据	矿物分类	特征
按矿物在岩石中的含量	主要矿物	含量>10%，对岩浆岩大类的划分和命名起决定性作用的矿物
	次要矿物	含量约 1%~10%，对岩石种属的划分起作用，如石英闪长岩中的石英
	副矿物	含量<1%，个别 5%，通常不参与岩石分类和命名，对推断岩石的形成条件、确定岩石时代及找矿意义重大。常见的有磁铁矿、铬铁矿、榍石、磷灰石、锆石等
按化学成分和颜色	浅色矿物（硅铝矿物）	SiO_2 和 Al_2O_3 含量较高，不含铁镁，如石英、长石类及副长石类
	暗色矿物（铁镁矿物）	FeO/Fe_2O_3 与 MgO 含量较高，SiO_2 含量较低，如橄榄石、辉石类、角闪石类和黑云母类
按矿物的成因	原生矿物	在岩浆冷凝过程中形成的矿物
	次生矿物	在岩浆已基本上凝固成固体的岩石后，由于受残余挥发分和岩浆期后热液流体作用（蚀变、交代、充填）而生成的矿物
	他生矿物	由于岩浆同化了围岩和捕房体所引起的。这类矿物的形成反映了岩浆中外来组分的参与

1. 按矿物在岩石中的含量分类

主要矿物：在岩石中含量最多，对岩浆岩大类的划分和命名起决定性作用的矿物。主要矿物也是相对的，如石英、长石是花岗岩的主要矿物。但在闪长岩中，石英则是次要矿物。

次要矿物：在岩石中的含量少于主要矿物不影响岩浆岩大类的划分和定名，但对岩石种属的进一步划分可起作用的矿物，含量常小于5%。如石英，在中性岩中，石英含量<20%，其代表性岩石闪长岩，当石英含量<5%时，称闪长岩；当5%≤石英含量<20%时，称石英闪长岩。

副矿物：含量很少，常小于1%，个别5%。通常不参与岩石分类和命名，但对推断岩石的形成条件、确定岩石时代及找矿意义重大。常见的副矿物有磁铁矿、铬铁矿、榍石、磷灰石、锆石等。

2. 按化学成分和颜色分类

浅色矿物（硅铝矿物）：SiO_2和Al_2O_3含量较高，不含铁镁，如石英、长石类及副长石类。

暗色矿物（铁镁矿物）：FeO/Fe_2O_3与MgO含量较高，SiO_2含量较低，如橄榄石、辉石类、角闪石类和黑云母类。

碱性暗色矿物：有些富含Na_2O的矿物称为碱性暗色矿物，如霓石、霓辉石、钠闪石等。

色率（M）：暗色矿物在岩浆岩中的体积分数，根据色率大小可以粗略判断岩石的成分和酸性程度，是岩浆岩分类命名的重要依据，如超镁铁质岩，$M>90\%$。

浅色岩：花岗岩、正长岩等浅色矿物占优势的岩石，其色率小于30%。

暗色岩：色率在60%~100%，是以暗色矿物占优势的岩石，如橄榄岩、辉长岩等。

3. 按矿物的成因分类

原生矿物：在岩浆冷凝过程中形成的矿物。岩浆结晶后，由于物理化学条件的变化，原生矿物发生转变，新形成的矿物叫成岩矿物，如高温石英（β-石英）向低温石英（α-石英）的转变；透长石转变为正长石等；钾长石分解形成条纹长石。这里的α-石英、正长石、条纹长石都称为成岩矿物。

次生矿物：在岩浆已基本上凝固成固体的岩石后，由于受残余挥发分和岩浆期后热液流体作用（蚀变、交代、充填）而生成的矿物，常交代原生矿物或充填在矿物的孔隙及晶洞中。其中原生矿物常发生以水化或碳酸盐化为主的蚀变作用，生成蚀变矿物，如斜长石的钠长石化、斜长石的钠黝帘石化、钾长石的绢云母化及高岭石化、橄榄石的蛇纹石化、黑云母的绿泥石化等。

他生矿物：由于岩浆同化了围岩和捕虏体所引起的。这类矿物的形成反映了岩浆中外来组分的参与。

（二）岩浆岩的矿物共生组合

1. 矿物共生组合与化学成分关系

岩浆岩中的矿物共生组合有一定的规律性，取决于矿物形成的温度、压力条件以及岩石的化学成分，其中最主要的是SiO_2和碱质（K_2O和Na_2O）的质量分数。岩浆岩化学成分的变化决定了矿物成分的变化。岩浆岩中矿物成分与化学成分的协变规律表现为：（1）暗色矿物随FeO、MgO含量减少而减少；（2）随SiO_2含量的增加，斜长石由基性变为酸性，钾长石含量逐渐增多；（3）随SiO_2饱和度的增加，石英从无到有，当SiO_2达到过饱和时可出现大量石英；（4）随碱质含量的增加，出现碱性长石、似长石和碱性暗色矿物。

因此，从超基性岩到酸性岩，随SiO_2质量分数的增加，暗色矿物由多到少，从橄榄石、辉石到角闪石、黑云母；浅色矿物则由无或少到多，从富 Ca 向富 Na、K、Si 的方向变化（图 3-7）。

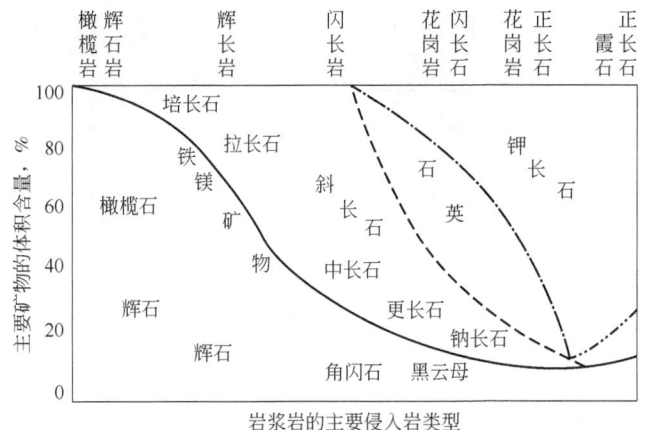

图 3-7 各类岩浆岩中矿物成分变化规律

根据里特曼指数划分，钙碱性系列岩石中，不出现似长石、黑榴石，也不见碱性暗色矿物，辉石类矿物主要为普通辉石、透辉石和斜方辉石，角闪石类矿物以普通角闪石为主。碱性系列岩石中，常见到碱性长石和碱性暗色矿物，可出现除钠长石外的其他斜长石以及石英或似长石（石英与似长石不共生），量少，黑榴石常见。过碱性系列岩石中，常见的浅色矿物为碱性长石（钠长石、歪长石、正长石、斜长石等）、似长石，不含石英。常见的暗色矿物是碱性暗色矿物，如霓石、霓辉石、钠闪石、钠铁闪石、红钠闪石、棕闪石和富钛的辉石等。此外黑榴石也常见。

2. 鲍文反应系列

1922 年美国岩石学家 N. L. 鲍文根据人工硅酸盐熔浆的物理化学实验及自然矿物的生成规律得出结论：岩浆在冷却结晶过程中，早期析出的晶体与岩浆反应形成新的晶体，该规律称为鲍文反应原理。这个结论说明，矿物结晶是按一定顺序进行的。根据反应的性质不同，主要造岩矿物分为硅铝矿物的连续反应系列、铁镁矿物的不连续反应系列。

从鲍文反应系列（图 3-8）可以看出：纵向上可以解释岩浆中矿物结晶顺序；横向上解释岩浆中矿物共生规律，两个系列结晶温度相当的矿物可以共生；还可以解释岩浆岩的特殊结构，如暗色矿物间的反应边结构和斜长石正环带结构；玄武质岩浆经分离结晶作用可逐步形成酸性岩浆。这也是鲍文反应系列的地质意义所在。根据暗色矿物和浅色矿物的共生组合，可将岩浆岩类型划分为超基性岩、基性岩、中性岩和酸性岩（图 3-9）。

3. 六种典型的岩浆岩矿物共生组合

(1) 橄榄石+辉石组合：相当于超基性岩，钙、镁、铁含量高而硅少，且贫碱，出现大量镁铁矿物而不出现石英、长石。

(2) 基性斜长石+辉石组合：相当于基性岩，铝和钙较多，铁、镁、硅均较充分，主要形成基性斜长石和辉石，二者近于 1∶1，不含石英。

(3) 中性斜长石+角闪石组合：相当于中性岩，钠、钾的含量略有增加，铝、钙、镁、铁、硅均较充分，主要形成中性斜长石、角闪石和黑云母，可能出现少量石英和钾长石。浅色矿物与暗色矿物含量之比约为 2∶1。

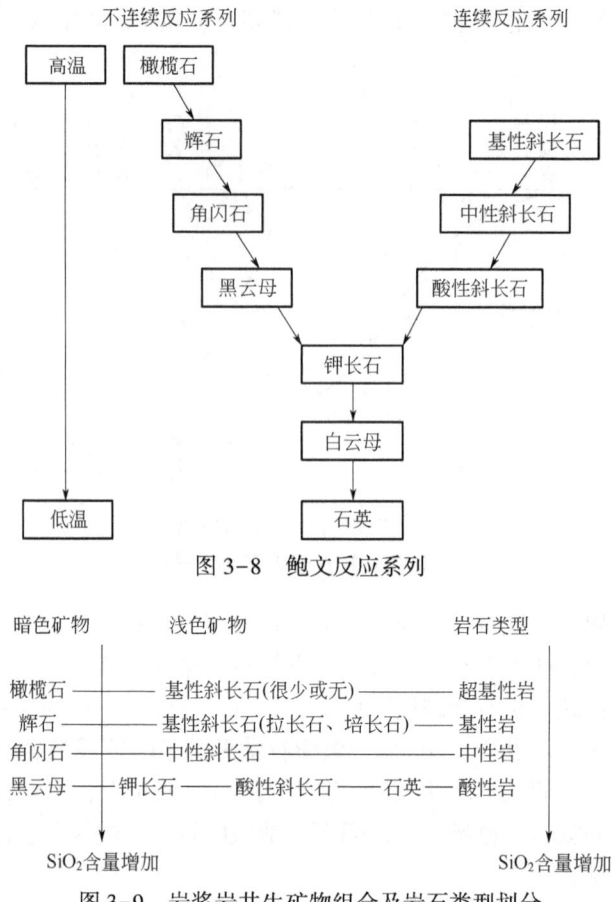

图 3-8 鲍文反应系列

图 3-9 岩浆岩共生矿物组合及岩石类型划分

（4）石英+钾长石+酸性斜长石+黑云母组合：相当于酸性岩，钠、钾、硅含量高，镁、铁、钙含量低，石英、钾长石、酸性斜长石等浅色矿物为主。

（5）钾长石+黑云母+角闪石组合：其 SiO_2 含量相当于中性岩，钠、钾含量高，而镁、铁含量低。钾长石的含量较高。

（6）霞石+白榴石+钾长石+碱性暗色矿物组合：其 SiO_2 接近于基性岩（平均53.36%），钠、钾含量很高，出现霞石、白榴石等矿物，因钠过多，故常出现碱性暗色矿物。

至此，根据岩浆通过冷凝结晶形成岩浆岩，岩浆岩按化学成分、矿物组成划分及对应的侵入岩—喷出岩类型，可以构建如下分支思维导图（图3-10）。

五、岩浆岩的结构与构造

岩浆岩的结构与构造统称为组构，成分相同的岩浆经历了不同的成岩环境和成岩过程，可以形成结构和构造完全不同的岩浆岩。

（一）岩浆岩的结构

1. 定义

岩浆岩的结构是指岩石中矿物的结晶程度、颗粒大小、自形程度和矿物颗粒之间的相互关系。

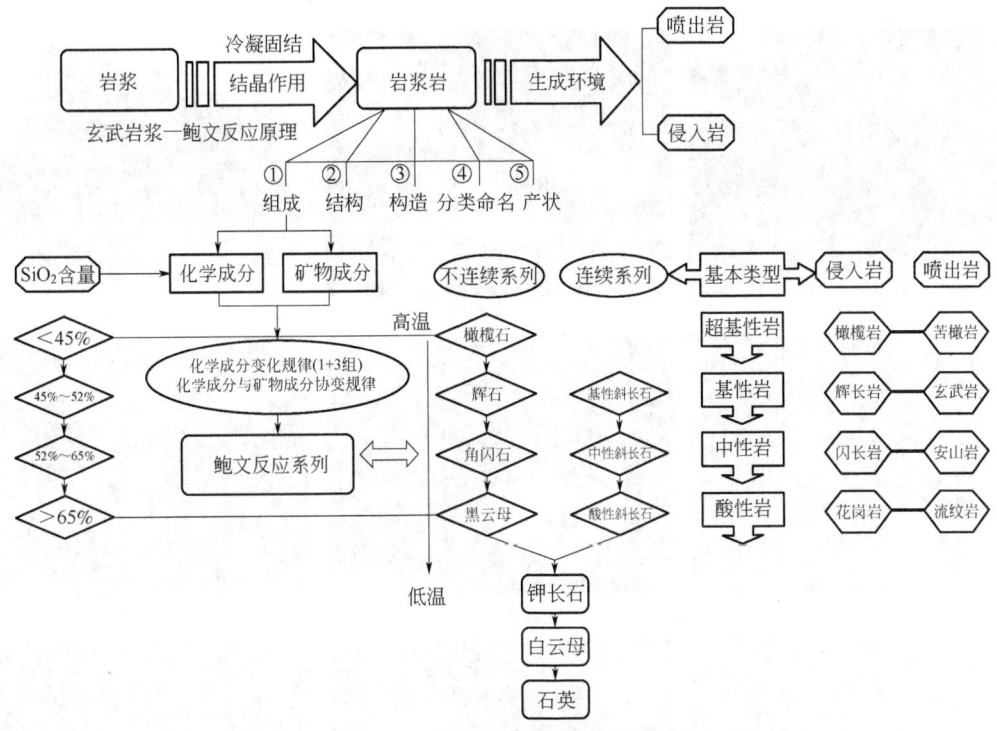

图 3-10 岩浆岩组成分支思维导图

2. 分类

岩浆岩的结构具体可以划分为以下主要类型（图 3-11）。

1）按岩石中矿物的结晶程度分类

岩石中矿物的结晶程度是指岩石中结晶质部分和非结晶质部分（玻璃质）之间的比例。根据两者的比例关系可分为全晶质结构、半晶质结构、玻璃质结构和隐晶质结构（图 3-12）。

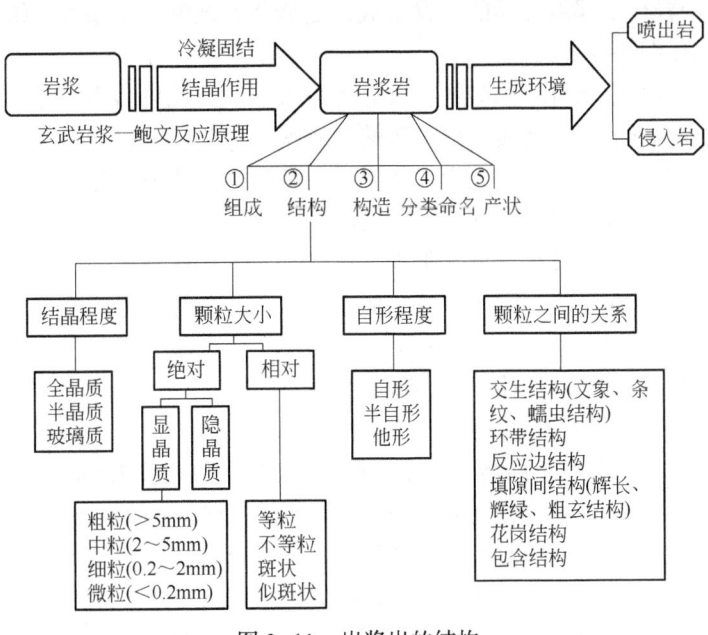

图 3-11 岩浆岩的结构

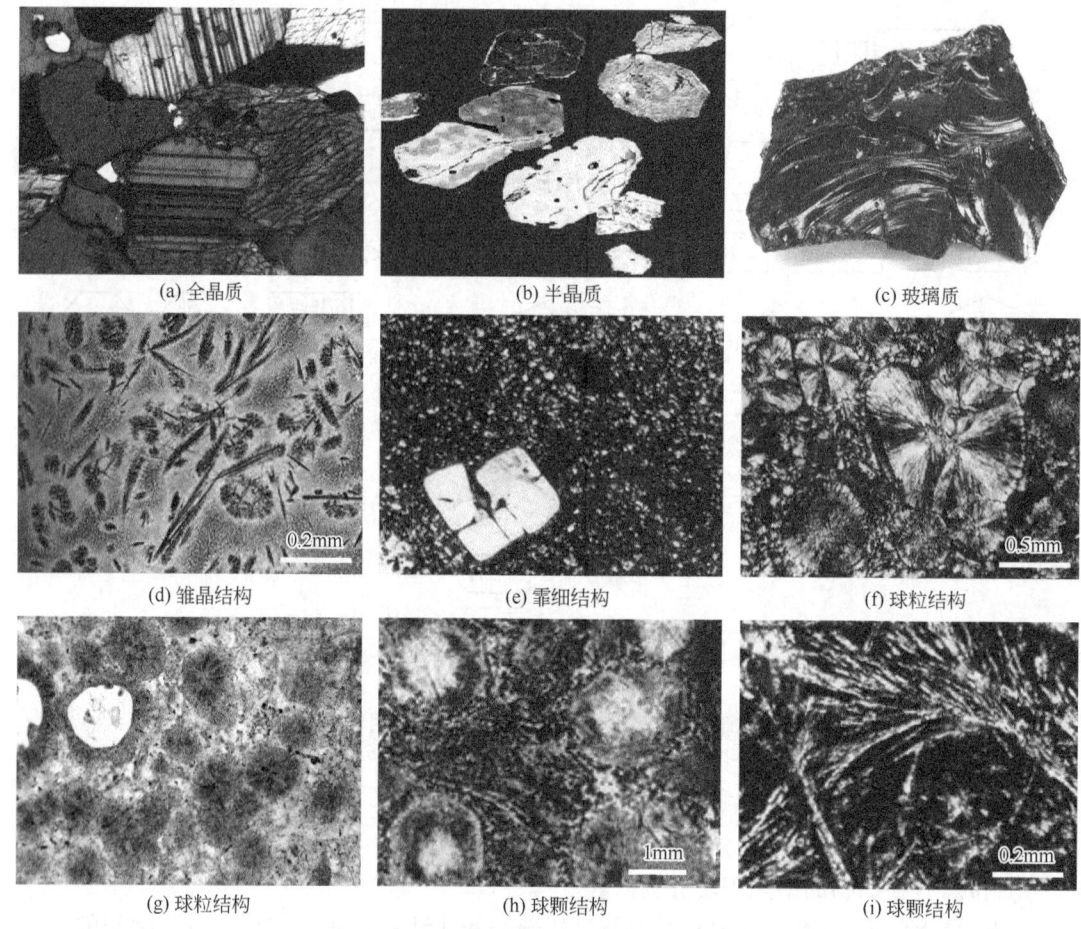

(a) 全晶质　　　(b) 半晶质　　　(c) 玻璃质
(d) 雏晶结构　　(e) 霏细结构　　(f) 球粒结构
(g) 球粒结构　　(h) 球颗结构　　(i) 球颗结构

图 3-12　按结晶程度划分的岩浆岩的结构

全晶质结构：岩石全部由结晶的矿物组成，是岩浆在缓慢冷却条件下结晶的，见于深成岩和部分浅成岩中[图 3-12(a)]。

半晶质结构：岩石中既有结晶矿物，又有部分玻璃质，晶体多为早晶出的矿物，剩余熔浆在急速冷却的条件下形成玻璃质，多见于熔岩和次火山岩[图 3-12(b)]。

玻璃质结构：岩石几乎全部由火山玻璃组成，是岩浆在快速冷却条件下形成的，见于火山熔岩和部分浅成、超浅成岩的边部[图 3-12(c)]。

玻璃质不稳定，常见脱玻化现象。因为玻璃质是一种过冷液体，是不稳定态，它具有向稳定的结晶态转化的潜在趋势，因而在适当的温度、压力和挥发分的作用下，逐渐转换为结晶物质，这种转化过程即为脱玻化。例如某些球粒、雏晶、霏细结构。其中颗粒小于0.02mm，肉眼很难辨认的隐晶质结构包括微晶结构、霏细结构和球粒结构等。

雏晶结构：玻璃质在脱玻化初期，形成一些颗粒极细形态各异的结晶物质，如羽状、枝状、毛发状、针状、串珠状的结晶物质，称为雏晶，相应的结构称为雏晶结构[图 3-12(d)]。

霏细结构：脱玻化达到一定程度时，可形成粒径<0.02mm 的极细的、他形的长英质矿物颗粒的隐晶质集合体及分散的玻璃质，颗粒无晶面和晶棱，显微镜下颗粒间界线模糊，形状不规则，称霏细结构，常见于酸性火山熔岩中[图 3-12(e)]。

球粒结构：脱玻化可形成球粒，它是由中心向外呈放射状生长的长英质和火山玻璃组成的纤维构成的球状生成物，也可呈扇状、束状等[图 3-12(f)(g)]。如果外形似球状，但其成分不是长英质，而是辉石和斜长石，则称球颗结构[图 3-12(h)(i)]。

2) 按矿物的颗粒大小分类

(1) 矿物颗粒的绝对大小。

根据矿物颗粒的大小及观察的尺度，分为显晶质结构和隐晶质结构。

显晶质结构：指在肉眼或放大镜下能够分辨矿物颗粒的结构[图 3-13(a)(b)]。可进一步可分为粗粒结构（$d>5mm$）、中粒结构（$d=2\sim5mm$）、细粒结构（$d=0.2\sim2mm$）、微粒结构（$d<0.2mm$）。通常，将 $d=1\sim3cm$ 的矿物颗粒称为巨晶，将 $d>3cm$ 的矿物颗粒称为伟晶。

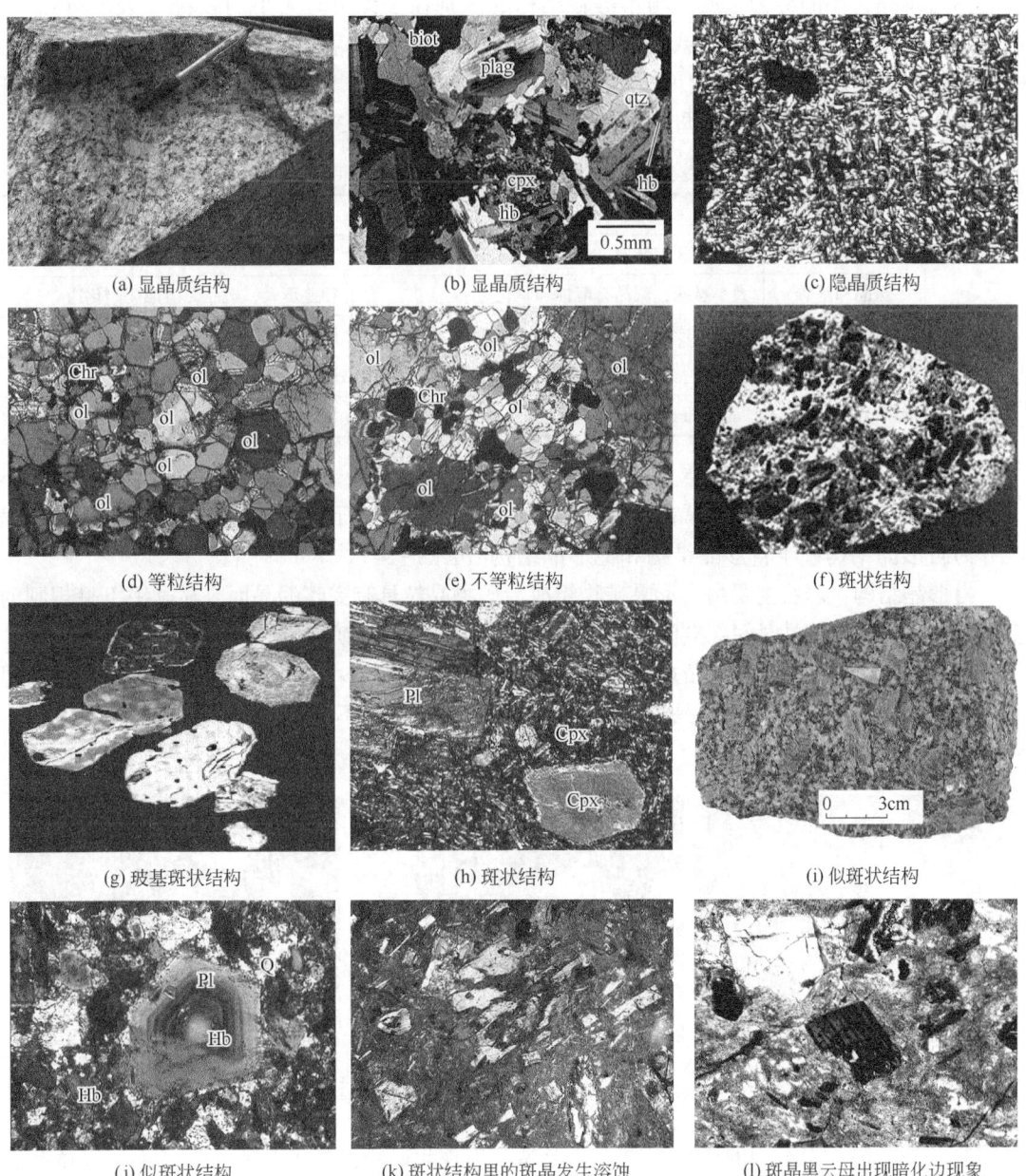

图 3-13　按颗粒大小划分的岩浆岩的结构 [照片 (b) (d) (e) (h) (j) 据常丽华等，2009]
biot—黑云母；plag/Pl—斜长石；qtz—石英；cpx—单斜辉石；Hb/hb—普通角闪石；Chr—铬铁矿；ol—橄榄石

隐晶质结构：肉眼不能够分辨矿物颗粒，只能在显微镜下鉴别[图3-13(c)]。隐晶质结构分为两种：一种是显微晶质结构，指显微镜下可以鉴别矿物单晶颗粒，粒径范围0.2~0.001mm；另一种是显微隐晶质结构，在普通显微镜下无法分辨单晶颗粒。

2) 矿物颗粒的相对大小。

等粒结构：岩石中几种主要矿物颗粒大小基本相等[图3-13(d)]。

不等粒结构：岩石中几种主要矿物，特别是同种矿物的颗粒大小不相等，粒度可以分为几个粒级，且由粗到细连续变化的结构[图3-13(e)]。

斑状结构和似斑状结构：组成岩石的矿物颗粒大小显著不同，明显可以分为大小两群，大的称为斑晶，小的称为基质，与不等粒结构的区别在于无中间大小的颗粒（表3-4）。当基质为微粒结构、玻璃质结构或隐晶质结构时称为斑状结构[图3-13(f)~(h)]；当基质为中细粒结构或粗粒结构时称为似斑状结构[图3-13(i)(j)]。斑状结构中常见斑晶溶蚀，斑晶中有暗色矿物角闪石和黑云母时会发生暗化边现象[图3-13(k)(l)]。

表3-4 斑状结构和似斑状结构的异同

	对比项目	斑状	似斑状
不同点	基质	隐晶质、玻璃质	显晶质
	斑晶和基质	大小悬殊，斑晶有溶蚀和暗化边	相差不大，斑晶无溶蚀、暗化边
	形成顺序	先后形成	同时形成
	岩石类型	浅成岩、超浅成岩和喷出岩	浅成岩和部分中深成岩
相同点	都是岩浆岩的结构，都是根据颗粒相对大小来划分的结构类型，都由斑晶和基质组成		

3) 按矿物的自形程度分类

矿物的自形程度是指矿物晶形的完好程度。对于整个岩石来说，根据主要矿物的自形程度分为自形晶结构、半自形晶结构和他形晶结构（图3-14）。

自形晶结构：岩石主要由自形晶矿物组成，矿物晶粒具有完整的晶面，显微镜下呈规则的多边形。表明岩浆结晶时间、空间比较充裕，结晶中心少，或矿物结晶能力强[图3-14(a)]。

半自形晶结构：组成岩石的主要矿物均为半自形，可有少量自形晶和他形晶矿物，表现为一些矿物晶粒的某些晶面、晶棱发育较完整，而另一些则不完整。它是深成岩中常见的一种结构[图3-14(b)]。

(a) 自形晶结构　　　　　(b) 半自形晶结构　　　　　(c) 他形晶结构

图3-14 按自形程度划分的岩浆岩的结构

他形晶结构：岩石中的矿物主要为他形晶，表现为矿物晶粒无一完整的晶面，显微镜下形状不规则。表明岩浆结晶时结晶中心多、没有足够的结晶时间和结晶空间，常见于浅成岩和深成岩体的边缘[图3-14(c)]。

4）按矿物颗粒之间的相互关系分类

按矿物颗粒之间的相互关系分类的结构类型有很多，常见的有：交生结构，如文象结构、条纹结构、蠕虫结构；反应边结构；环带结构；包含结构；填隙（间）结构，如辉长、辉绿、粗玄结构；火成堆积结构；暗化边结构等。

（1）交生结构：两种矿物互相穿插有规律地生长在一起。例如：

① 文象结构：一种矿物呈一定的外形（楔形、象形文字等）有规律地镶嵌在另一种矿物中，嵌晶同时消光。石英往往呈一定的外形（如尖棱形、象形文字形），有规律地镶嵌在钾长石中，各自同时消光[图3-15(a)]。常见于伟晶岩、花岗岩和花岗斑岩中。

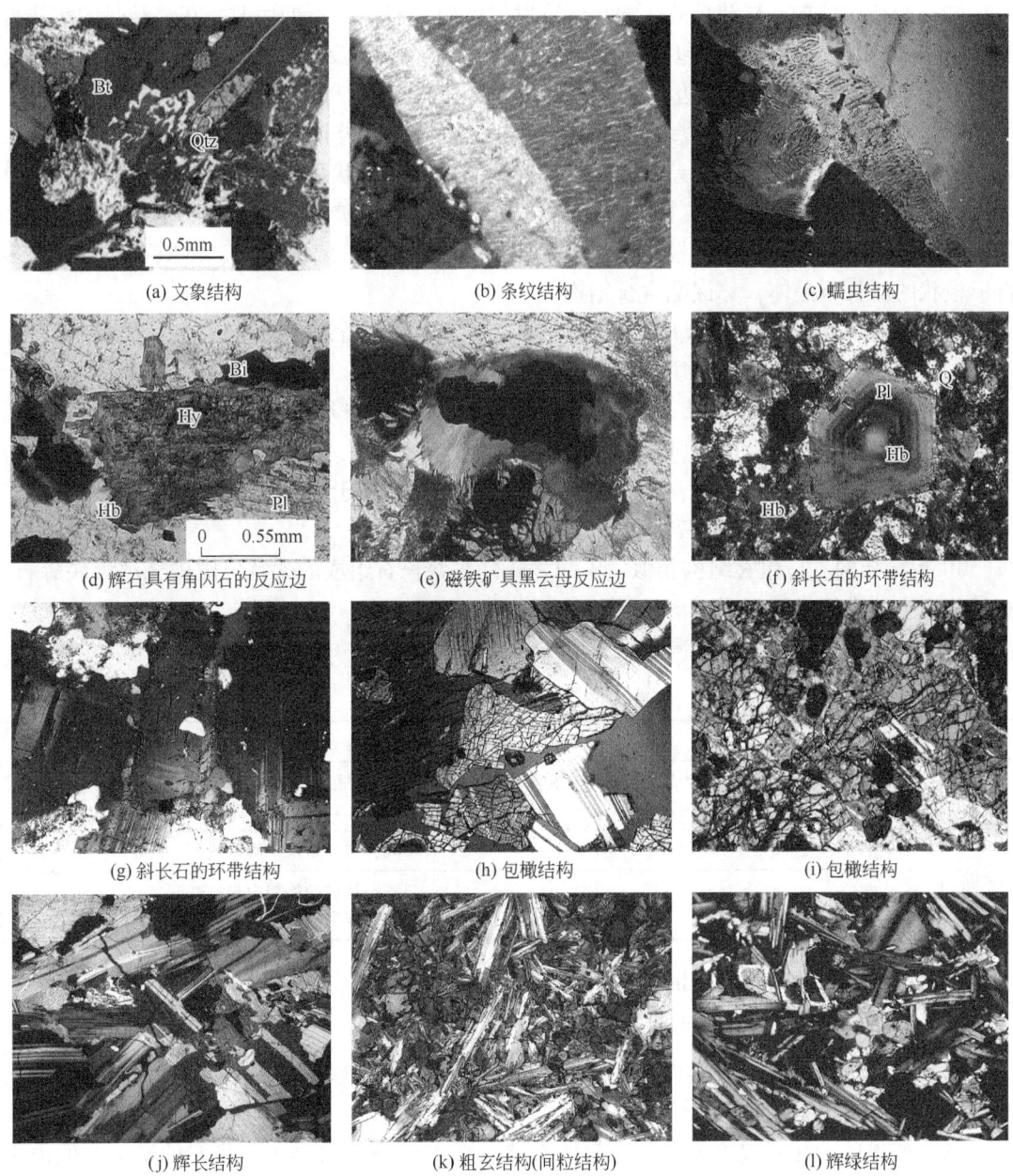

(a) 文象结构　　(b) 条纹结构　　(c) 蠕虫结构

(d) 辉石具有角闪石的反应边　　(e) 磁铁矿具黑云母反应边　　(f) 斜长石的环带结构

(g) 斜长石的环带结构　　(h) 包橄结构　　(i) 包橄结构

(j) 辉长结构　　(k) 粗玄结构(间粒结构)　　(l) 辉绿结构

图 3-15　反映矿物颗粒间相互关系的结构 [照片（a）（d）（f）据常丽华等，2009]

Bt/Bi—黑云母；Qtz—石英；Hy—紫苏辉石；Hb—角闪石；Pl—斜长石

②条纹结构：钾长石和钠长石有规律的交生，同一主晶中的条纹同时消光[图3-15(b)]。条纹结构分为正条纹结构——钾长石为主晶而钠长石为客晶条纹（固溶体分解形成）、反条纹结构——钠长石为主晶而钾长石为客晶（交代成因）。该结构在中酸性和碱性岩中常见。

③蠕虫结构：许多细小的形似蠕虫状、乳滴状或花瓣状的矿物穿插生长于另一种矿物中（边部多），常见石英在斜长石中呈蠕虫状镶嵌，石英同时消光[图3-15(c)]。成因为矿物分解或斜长石交代钾长石，多余的SiO_2析出。也可见黑云母中长石或其他矿物的蠕虫交生、斜方辉石中磁铁矿的蠕虫交生。

(2) 反应边结构：早结晶的矿物与熔浆发生反应，当反应不彻底时，在早结晶的矿物外圈，形成新矿物，完全或局部包围早结晶的矿物，这种结构称反应边结构。如橄榄石的辉石反应边、单斜辉石的角闪石反应边[图3-15(d)]、磁铁矿的黑云母反应边[图3-15(e)]等。

(3) 环带结构：与反应边结构类似，不同的是环带内外同属一种矿物，内部偏基性，外部偏酸性，因此光性方位有差异，正交偏光镜间呈现环带状消光[图3-15(f)(g)]。

(4) 包含结构：较大的矿物颗粒中包含有许多较小的矿物颗粒，称为包含嵌晶结构。如大的辉石或斜长石中包含橄榄石称包橄结构[图3-15(h)(i)]或辉石、橄榄石中包含许多自形板状的斜长石晶体，称嵌晶含长结构。

(5) 填隙（间）结构：浅成岩或喷出岩中，斜长石微晶组成的间隙内，充填有辉石等暗色矿物，以及隐晶质、玻璃质等。

①辉长结构：辉石和斜长石的自形程度相似，均为半自形粒状，且粒度近于相等，相互穿插地不规则排列[图3-15(j)]。

②粗玄结构（间粒结构）：岩石中斜长石的自形程度高于辉石，在斜长石柱状微晶组成的架状空隙中，有辉石颗粒、磁铁矿充填[图3-15(k)]。

③辉绿结构：与粗玄结构相似，不同之处是在斜长石组成的架状空隙中充填大块辉石，相邻几个空隙中的辉石，同时消光[图3-15(l)]。

辉长结构和辉绿结构的异同见表3-5。

表3-5 辉长、辉绿结构对比

结构		辉长结构	辉绿结构
相同		都为岩浆岩的结构类型，反映矿物颗粒间的相互关系；都为基性侵入岩的结构	
不同	自形程度	相似，半自形粒状	不同，斜长石高于辉石
	矿物颗粒间的关系	相互穿插，不规则排列	斜长石搭成的格架中充填辉石；几个相邻空隙中辉石同时消光

以上是岩浆岩中的一般结构特征，后面根据具体岩类中见到的结构会进一步介绍。

3. 根据结构确定矿物结晶顺序

(1) 矿物颗粒的相对自形程度。自形程度高的一般析出较早，自形程度低的析出较晚，但矿物本身的结晶能力必须充分注意。

(2) 矿物间的相互包裹关系。通常认为被包裹的矿物一般早于包裹它的矿物，但需谨慎，如分解条纹长石、文象结构中的石英。

(3) 矿物晶体大小。在常见的斑状结构中，大晶体一般先结晶，而小晶体常常后结晶。

但对某些交代斑晶则相反。

（4）根据矿物的共生组合关系。如花岗岩中的榍石，当分布在绿泥石中或其边部时，可能是绿泥石的后期蚀变矿物，是黑云母变为绿泥石时析出 Ti、Ca 的产物。分布于解理、裂隙中的榍石很可能是后来形成的。而被黑云母、斜长石包裹且切穿解理缝方向的榍石，应是岩石早期结晶的产物。

（二）岩浆岩的构造

1. 定义

岩浆岩的构造是指岩石中不同矿物集合体之间或集合体与岩石其他组成部分之间的排列、充填方式等。

2. 分类

按形成过程可以分为流动构造、结晶和充填作用形成的构造、冷却收缩形成的原生节理构造 3 类（图 3-16）。

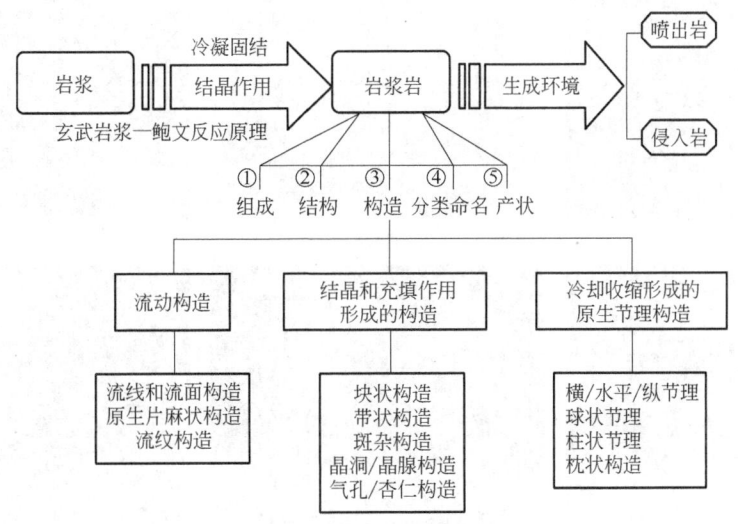

图 3-16　岩浆岩的构造类型

1）流动构造

流动构造是岩浆在流动过程中所产生的构造，包括流线和流面构造。

（1）流面和流线构造：岩浆流动的遗迹，岩石中片状、板状矿物和扁平捕虏体、析离体的平行排列，形成流面构造；而柱状矿物和长捕虏体的定向排列，形成流线构造。流面与围岩接触面平行，流线与岩浆流动方向一致（图 3-17）。它们往往发育于侵入岩体的顶部或边部。

（2）原生片麻状构造：局限于岩体边部或岩体内某些部位，暗色矿物和浅色矿物呈断续定向相间排列形成的构造，它是流动的岩浆对围岩强烈挤压而产生

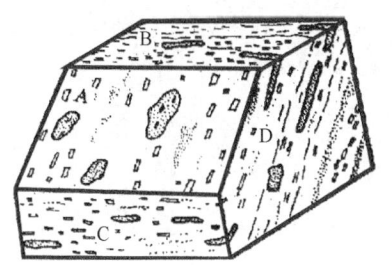

图 3-17　流面和流线构造示意图
A—平行流面构造的面，其中含有柱状、针状、片状矿物及包裹体的团块；B—水平面；
C—平行流面走向的纵切面；
D—垂直流面走向的纵切面

的，比较少见，主要在中酸性侵入岩中见到。

（3）流纹构造：酸性喷出岩中最常见的构造，它是由不同颜色、不同成分的条带、条纹和拉长的气孔等相间构成所表现出来的一种流动构造[图3-18(a)(b)]。流纹构造可指示熔浆流动方向。其条带、条纹具有较好的连续性且自然地绕过斑晶继续向前延伸，此与熔结凝灰岩中的假流纹构造不同。此构造常见于粗面岩和英安岩中，在超浅成、浅成岩中也可见到。

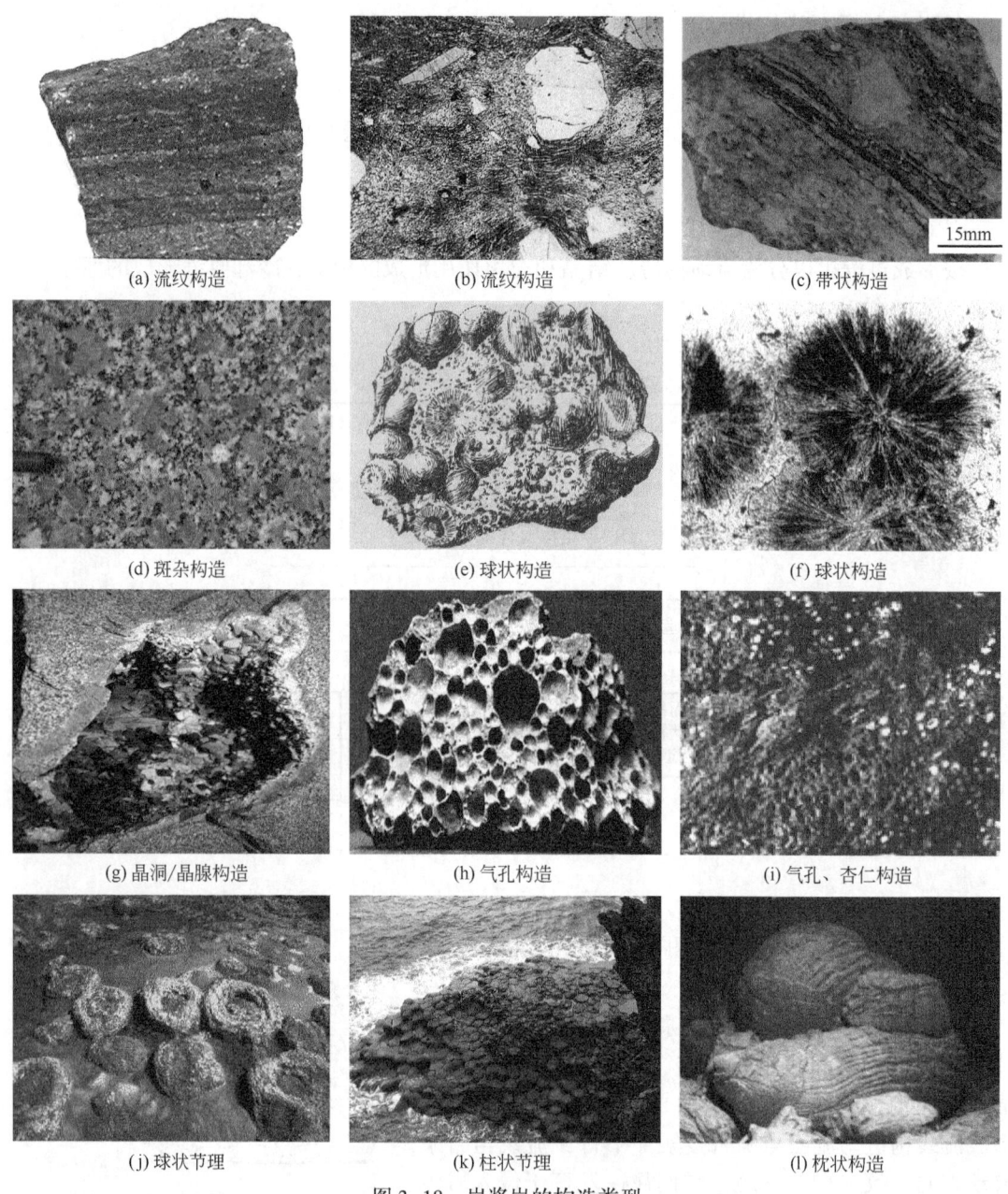

图3-18 岩浆岩的构造类型

2）结晶和充填作用形成的构造

（1）块状构造（均一构造）：组成岩石的矿物在整块岩石中分布均匀，岩石各部分在成分上或结构上都是一样的。

(2) 带状构造：不同成分的岩石彼此逐层交替，或者是成分相同但结构、颜色及造岩矿物成分或数量不同的岩石彼此逐层交替呈带状、条带状彼此平行或近于平行[图 3-18(c)]。

(3) 斑杂构造：在岩石的不同部分，其矿物成分或结构构造差别很大，因此整个岩石看起来是不均一的，斑斑块块，杂乱无章[图 3-18(d)]。

(4) 球状构造：表现为侵入体中有一些球体，而每个球体中的矿物，围绕某些中心呈同心层分布，有的在某些层内矿物呈放射状分布[图 3-18(e)(f)]。

(5) 晶洞构造和晶腺构造：在侵入岩中出现的孔洞称为晶洞构造，如果孔壁上生长着排列很好的晶体则称为晶腺构造[图 3-18(g)]。

(6) 气孔和杏仁构造：喷出岩中常见构造，主要见于熔岩层顶部。它是由于从岩浆喷溢出地表，冷却过程中，尚未逸出的气体，上升汇聚于熔岩流顶部，冷凝后留下的气孔，称为气孔构造[图 3-18(h)]。气孔的拉长方向代表着岩浆流动的方向。当气孔被岩浆期后矿物所充填，则形成杏仁构造[图 3-18(i)]。

3) 冷却收缩形成的原生节理构造

岩浆侵入地壳或喷出地表冷凝时，发生体积收缩，使岩石产生裂缝，从而形成各种类型的原生节理构造。

(1) 横节理（横切流线裂隙）、纵节理（平行线状要素）、水平节理（与接触面一致，深成）。

(2) 球状节理（浅成）：冷凝收缩产生同心裂隙[图 3-18(j)]。

(3) 柱状节理（喷出）：地表冷凝收缩，无上覆压力，固结产生 2~3 个垂直接触面的裂隙，形成六边形、五边形、四边形的柱状节理[图 3-18(k)]。多见于玄武岩，在中酸性熔岩、熔结凝灰岩、基性岩脉中也可见。

(4) 枕状构造（水下喷出岩）：熔浆自海底溢出或从陆地流入海中时，在水下环境，由于淬冷面形成球状、椭球状、面包状的椭球体，其被火山碎屑或沉积物胶结，表面凝固，内部未凝固，沿裂缝溢出继续流动再凝结形成枕状构造[图 3-18(l)]。枕状体常具玻璃质外壳（冷凝边），内部见同心层状或放射状分布的气孔。多见于基性熔岩，少数中性，个别酸性熔岩，是海相火山的标志，即"水下火山岩"，有时在河湖相也可见。

六、岩浆岩的产状和相

岩浆岩按形成的地质环境不同，可进一步划分为侵入岩和喷出岩。侵入岩又分为深成岩（形成深度>3km）和浅成岩（形成深度 0.5~3km）。

深成岩、浅成岩和喷出岩的区别最主要表现在结构和构造方面（表 3-6）。岩浆岩形成条件与共生组合关系表现如下：

表 3-6 岩浆岩的结构与构造类型

岩石类型		结构	构造
岩浆岩	喷出岩	斑状结构、隐晶质或玻璃质结构、安山结构、拉斑玄武结构、粗面结构	气孔、杏仁、流纹、枕状、块状构造、柱状节理、珍珠构造、石泡构造、流纹构造、绳状构造
	侵入岩 浅成岩	细粒、等粒结构，斑状或似斑状结构，伟晶、细晶、煌斑结构（浅成脉岩）	块状构造、流纹构造
	侵入岩 深成岩	全晶质粗—中粒、等粒或似斑状结构、辉长结构、花岗结构等	块状、带状构造、晶洞晶腺构造、球状构造

（1）喷出岩——高温矿物组合、细粒矿物和玻璃质为特征。岩浆喷出地表，环境由地下的高温高压转变为常温常压，岩浆快速冷却来不及结晶，形成大量玻璃质、隐晶质，或生成细粒的高温矿物组合。同时先前在地下结晶的高温矿物，来不及转变成低温矿物，仍保留高温矿物结构。另外，喷出地表的岩浆由于挥发分散失很难结晶出含水矿物，即便是深部结晶的含水矿物如角闪石和黑云母，被携带至地表会发生氧化出现暗化边现象。因此，喷出岩的结构与构造一般为：斑状、玻璃质结构、隐晶质结构、气孔构造、杏仁构造、流纹构造、柱状节理、枕状构造（水下喷发的熔岩构造）、绳状构造，斑状结构中的斑晶会出现暗化边现象、溶蚀结构等。

（2）深成岩——低温矿物组合为代表。岩浆在地壳深部冷却，处于温度缓慢下降、压力相对高的环境，结晶时间充足，结晶空间充足，结晶的矿物主要以低温矿物组合（早期结晶的高温矿物由于温度下降也会转变成低温稳定矿物）、结晶程度高、中粗粒矿物为特征。矿物晶粒常独立存在或形成反应边结构。深成岩一般为显晶质结构、中粗粒结构，块状构造、带状构造、斑杂构造、球状构造、晶洞/晶腺构造等。

（3）浅成岩——部分高温矿物组合、细粒矿物为特征。岩浆岩体由于侵位浅，冷却速度快，常见细粒结构、等粒结构、斑状或似斑状结构、隐晶质结构以及熔蚀结构等，浅成脉岩还会出现伟晶、细晶、煌斑结构等，发育块状构造、流纹构造，有时见晶洞构造、角砾构造等。

侵入岩和喷出岩由于所处的环境不同，故其产状和相的特征差别较大。

所谓岩浆岩的产状，是指岩体的形态、大小与围岩的接触关系，形成时所处的构造环境，以及岩浆上升及活动方式等。

岩浆岩相是指岩体生成条件不同而产生的不同的岩石和岩体总的特征。

（一）侵入岩的产状和相

1. 侵入岩的产状

依据侵入岩岩体的形态、大小、与围岩的接触关系及侵入时所处的构造环境，可以分为整合侵入体和不整合侵入体。

整合侵入体的接触面与围岩层理或片理基本平行，表明岩浆是沿围岩的层理或片理贯入的。整合侵入体包括岩盆、岩盖、单斜岩体、岩床、岩鞍等（图3-19）。

（1）岩盆：岩浆侵入岩层间，中部受岩浆静压力使底板下沉断裂，形成中央微凹的盆状侵入体。

（2）岩盖：又称岩盘，上凸下平的穹窿状水平整合侵入体。

（3）单斜岩体：单斜岩层间的整合侵入体。

（4）岩床（岩席）：厚薄均匀的近水平产出的与地层整合的板状侵入体。

（5）岩鞍：产于强烈褶皱区。褶皱过程中，岩浆挤入褶皱顶部软弱带——背斜鞍部或向斜槽部所形成的同生整合侵入体。

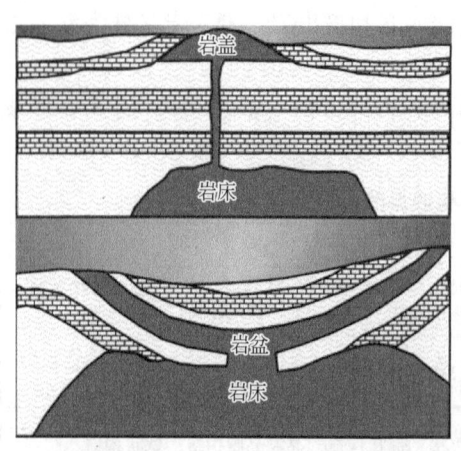

图3-19 整合侵入体示意图

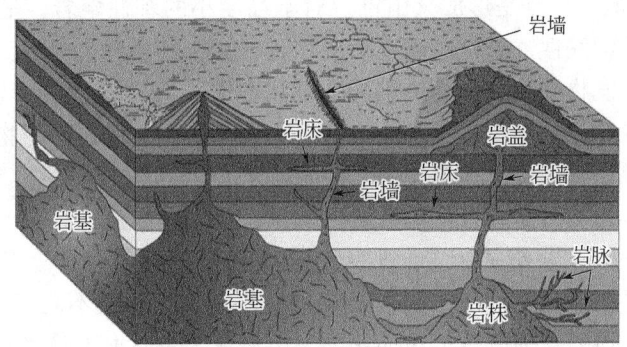

图 3-20 不整合侵入体产状示意图（据 J. D. Winter, 2001）

不整合侵入体的接触面与围岩层理或片理近垂直或斜交。表明岩浆是沿斜层理或片理的裂隙、断裂贯入的。不整合侵入体包括岩墙、岩脉、岩株、岩基等（图 3-20）。

（1）岩墙：厚度较稳定，近直立、板状侵入体，沿断裂贯入。

（2）岩脉：规模比较小，形态不规则，有分叉复合现象、脉络状岩体。

（3）岩株：常见的规模较大的不整合侵入体。平面上近于圆形或不规则等轴形，接触面陡立，似树干状延伸，又称岩干，出露面积小于 $100km^2$。岩株边部常有一些不规则的岩枝、岩镰、岩瘤等。

（4）岩基：属巨型侵入体，面积大于 $100km^2$，平面上通常呈长圆形。

2. 侵入岩的相

侵入岩的相是根据岩体侵位时的深度划分。深度不同，影响到岩浆的温度、压力、冷却速度、挥发分的散失等一系列物理化学条件的差异，而这些条件与岩石的成因和外貌、岩石成分有密切的联系。目前侵入岩的相分为以下三种：

（1）浅成相（0~3km）：侵入体规模小，岩体为岩墙、岩床、岩脉、小岩株等，也可见隐爆角砾岩。因侵位浅、冷却速度快、挥发组分逸失较多，结晶程度差，具细粒、隐晶质及斑状结构等，斑晶可见熔蚀、暗化现象，有时见晶洞构造、角砾构造等。矿物保存了高温状态下的特征，多为高温矿物组合，常见高温矿物如 β-石英、透长石等。

（2）中深成相（3~10km）：岩体规模较大，多为岩基、岩株或岩盖、岩盆、岩墙等较大型侵入体。因冷却速度较慢，具中粒、中粗粒、似斑状结构；多为中低温矿物组合。

（3）深成相（>10km）：岩体大，多为大的岩基产出，主要分布于构造活动强烈地区，岩体走向与区域构造线一致。大型花岗岩岩基常见，结晶粗大，多为块状构造及低温矿物组合。

实际工作中，常将侵入岩相划分为浅成相和深成相，这里深成相指上述的中深成相。

（二）喷出岩的产状和相

1. 喷出岩（火山岩）的产状

火山岩的产状与岩浆上升到地表的喷发方式（喷发类型）有关，喷发方式不同，其产状不同。火山岩的喷发方式包括中心式、裂隙式、熔透式喷发三种。

（1）中心式喷发：岩浆沿颈状管道的一种喷发。喷发通道在平面上呈点状，又称点式喷发。它是现代火山活动的主要形式，喷出大量气体及火山碎屑物质（火山弹、火山砾、火山灰、火山渣），最大特点是形成火山锥。对于黏度小的基性熔岩，呈岩流、岩被、熔岩瀑布；对于黏度大的中酸性、碱性熔岩，形成穹丘、岩锥和岩针。

火山锥是火山喷发物围绕火山通道堆积的锥状岩体。包括：

碎屑锥：以爆发产物角砾、岩屑、火山灰、火山弹为主，火山碎屑物质常大于95%。

熔岩锥：以溢流产物为主，火山碎屑物质常小于10%。

混合锥：火山碎屑物与熔岩互层组成的火山锥。喷发和溢流交替出现。

（2）裂隙式喷发：岩浆沿一个方向的大断裂（裂隙）或断裂群上升，喷出地表，呈线状喷发，火山口多呈串珠状排列。产状视岩浆性质、喷发相和量不同而不同，常见熔岩流、熔岩被、熔岩高原、熔岩台地等，分布面积大，以溢流为主，火山碎屑岩少见。温度高的基性岩浆喷发产状呈熔岩流、熔岩被、熔岩高原；温度低的基性岩浆喷发产状呈熔岩流为主，以及熔岩台地和熔渣堤；中性岩浆喷发产状呈熔岩脊、成排的火山口及少量熔岩流；酸性岩浆喷发产状呈爆发沟、熔结火山碎屑高原，常见火山陷落地堑，我国的峨眉山玄武岩以及黑龙江五大连池黑山的玄武质熔岩台地属于此类型，东非埃塞俄比亚裂谷系两侧沿裂隙喷发形成的玄武质熔岩高地面积很大。

（3）熔透式喷发：岩浆上升时，因过热和高度化学能，将其顶部围岩熔透，岩浆广泛溢出地表而形成。它是一种古老的火山活动方式，是太古宙常见的喷发，目前少见。熔透式喷发又称面式喷发，喷发岩体产状呈岩被、熔岩高原、熔岩湖出现。

2. 喷出岩（火山岩）的相

相是不同地质条件下生成的岩石或岩体总的特征。以中心式喷发为例，大致可分为以下相和相组：火山通道相、次火山相、喷发相组、火山沉积相。其中喷发相组包括以下类型。

（1）爆发相：成分不定，但以含挥发分多、黏度大的岩浆常见，尤以中酸性、碱性更有利于爆发，可形成于各个时期，但以早期和高潮期最发育。

（2）溢流相：成分从超基性到酸性皆有，以基性最发育，可形成于火山喷发的各个时期，但以强烈爆发之后出现为主。

（3）侵出相：多见于火山作用末期。在岩浆分异晚期，黏度大、温度低，而挥发分少到不能爆发的情况下，堵塞通道的黏度很大的熔浆被推挤出地表，堆积于火山颈上部，形成直径小、厚度大、产状陡的穹丘。

（4）火山颈相：火山锥被剥蚀后，残存的具充填物的火山通道，又称岩颈、岩筒、岩管等。

次火山相：与火山岩同源的、呈侵入产状的岩体。它与火山岩有四同——同时间但一般较晚；同空间但分布范围较宽；同外貌但结晶程度较好；同成分但变化范围及碱度较大。侵入深度一般浅于3.0km。

火山—沉积相：在火山作用过程中皆可产出，但以火山喷发的低潮期—间隙期最为发育，是火山作用叠加沉积作用的产物。可形成于陆地，也可形成于水体中。

七、岩浆岩的分类与命名

自然界中岩浆岩种类繁多，它们之间既千差万别（存在物质成分、结构、构造、产状等方面的差异），又有各种联系（存在一些过渡类型，在成因或生成环境等方面有密切联系）。因此，对种类繁杂的岩浆岩进行科学的归纳和分类，对于认识各类岩浆岩的共性和特性，掌握其变化规律，进行正确描述、命名和国际学术交流，具有重要意义。岩浆岩的分类是岩浆岩研究中的重要内容之一。

岩浆岩的分类研究始于19世纪70年代，最早由泽克尔和罗森布什提出，一百多年来，提出过不少分类方案，由于采用的分类依据和基础不同，加之岩浆岩本身的复杂性，目前的分类尚不十分完善，岩石学家们的分类方案多达20种。矿物组成、化学成分、产状、结构、构造和成因等一直是分类命名的基础。不同的分类方案侧重点有所不同。

（一）岩浆岩分类命名依据

1. 按地质产状、岩石的结构和构造命名

岩浆岩按产状分为侵入岩和喷出岩，其中侵入岩于地下深处缓慢结晶而成，一般具有全晶质结构，矿物晶体肉眼可辨，包括浅成岩、中深成岩和深成岩（表3-7）；喷出岩于地表快速冷却结晶而成，一般具有隐晶质、玻璃质结构，包括次火山岩、火山熔岩和火山碎屑岩。

表3-7 岩浆岩按产状分类表

产状分类	类型	备注
侵入岩	浅成岩	<3km
	中深成岩	3~10km
	深成岩	>10km
喷出岩	次火山岩	与火山活动有关，具超浅成侵入岩的产状、火山岩的外貌和结构构造，形成于火山活动晚期与火山岩同源
	火山熔岩	喷出地表的岩浆冷凝形成的岩石
	火山碎屑岩	直接由火山喷发崩解产生的火山碎屑堆积而成的岩石

2. 按化学成分分类

划分岩浆岩类型起较大作用的是酸度和碱度，而化学成分分类法对火山岩更重要。

1）根据SiO_2含量对岩浆岩大类的划分

按SiO_2含量的多少可以分为四大类：
(1) 酸性岩，SiO_2含量>65%，代表性的喷出岩、侵入岩分别是流纹岩、花岗岩；
(2) 中性岩，SiO_2含量为52%~65%，代表性的喷出岩、侵入岩分别是安山岩、闪长岩；
(3) 基性岩，SiO_2含量为45%~52%，代表性的喷出岩、侵入岩分别是玄武岩、辉长岩；
(4) 超基性岩，SiO_2含量<45%，代表性的喷出岩、侵入岩分别是苦橄岩、橄榄岩。

2）根据碱度对岩浆岩系列和岩石类型的划分

在上述大类划分基础上，再根据里特曼指数（σ值）进一步分为三种岩石类型（钙碱性岩、碱性岩、过碱性岩）和两大系列（亚碱性系列和碱性系列）（表3-8）。

表3-8 岩浆岩按里特曼指数分类表

σ值	岩石类型	成分特点	系列
<3.3	钙碱性岩	碱质较低，斜长石富钙	亚碱性系列
3.3~9	碱性岩	碱质较高，斜长石富钠，含碱性暗色矿物，无似长石或其含量<10%	碱性系列
>9	过碱性岩	富含碱质，含碱性暗色矿物，含大量似长石（>10%）	

注：碱性暗色矿物如霓石、霓辉石、碱性角闪石等；似长石包括霞石、白榴石、钙霞石、黝方石等。

3) 火山岩的化学成分分类

因为大部分火山岩呈微晶、隐晶及玻璃质结构，标本薄片中难以测定其全部矿物组成。化学成分分类法对火山岩更显重要。火山岩准确的分类定名需根据化学成分分析进行，化学分类方法也较多，目前常用是国际地质科学联合会（IUGS）推荐的 TAS 分类，见后面的文字描述。

3. 按矿物组成分类

对于粒度略粗的中、深成侵入岩，根据肉眼或利用显微镜可以很容易地确定矿物成分及含量，因此根据矿物组成进行分类就是一种比较简便可行的办法。

1）按色率划分

按色率可将岩浆岩分为：深色岩（色率>66%）、中色岩（色率 35%~66%）、浅色岩（色率<35%）三类。

2）矿物含量分类

目前，广泛使用的是 1972 年 IUGS 推荐的一种矿物定量分类方案——QAPF 双三角分类图，见后面文字描述。这个方案适用于深成岩，尤其是中酸性深成岩。对于火山岩，当岩石中实际矿物组成及含量可以测量时，可以采用 QAPF 图解分类；当岩石中的矿物颗粒细小不易辨别或为玻璃质时，对火山岩的详细分类按化学成分分类 TAS 图解。

在以上分类依据基础上，主要介绍 IUGS 推荐的分类方案以及综合吉林大学地球科学学院常丽华教授等（2009）给出的方案进一步阐述。

（二）IUGS 推荐的岩浆岩分类方案

1989 年 IUGS 推荐的岩浆岩分类方案，主要将岩浆岩分为七类：深成岩类、火山岩类、火山碎屑岩类、黄长岩类、煌斑岩类、碳酸盐岩类、紫苏花岗岩类等。然后再根据各大类物质成分的不同特点，分别提出具体的分类方案（表 3-9）。自然界岩浆岩中，大量出现的是深成岩和火山岩，其次是火山碎屑岩。下面主要介绍深成岩和火山岩的详细分类。

表 3-9 岩浆岩分类方案表（据国际地科联推荐修改）

类型	特征	备注	分类方法
深成岩类	形成于地壳深部岩浆缓慢冷凝固结形成的岩石，肉眼能够识别单个晶体、颗粒较粗的岩浆岩	即一般意义上的侵入岩，侵入岩还包括浅成岩和超浅成岩	$M \geqslant 90\%$，据 Ol—Opx—Cpx 和 Ol—Px—Hbl 三角图分类；$M \leqslant 90\%$，据 QAPF 双三角图分类
火山岩类	与火山活动有关的岩浆岩，矿物颗粒较细，多数肉眼无法识别，呈隐晶质、玻璃质	即喷出岩类，包括火山熔岩和次火山岩，火山熔岩是喷出地表的岩浆冷凝形成的岩石，次火山岩是与火山活动有关的超浅成侵入岩	当能够测出岩石中实际矿物含量时，采用 QAPF 双三角图分类；当粒度较细甚至为玻璃质时，采用化学成分分类 TAS 图解
火山碎屑岩类	直接由火山喷发崩解产生的火山碎屑堆积而成的岩石	介于火山岩和沉积岩之间的过渡类型，不包括熔岩流自碎形成的岩石	根据岩石形成条件、火山碎屑的种类、含量、大小划分
黄长岩类	黄长石含量>10%，$M \geqslant 90\%$（黄长石—暗色矿物）。有火山岩和深成岩之分	火山岩者称黄长岩，深成岩者称黄长石岩	根据 Mel—Ol—Cpx 三角图解分类
煌斑岩类	包括煌斑岩、钾镁煌斑岩和金伯利岩	煌斑岩类是浅成的脉岩，暗色矿物自形程度高	煌斑岩根据长石和暗色矿物种类进一步分类，后两种岩石类型 IUGS 没给出详细方案

续表

类型	特征	备注	分类方法
碳酸盐岩类	碳酸盐矿物含量大于50%的岩石。包括深成的和火山成因的	不同于碳酸盐岩（沉积岩）	根据碳酸盐矿物成分和岩石化学成分分类
紫苏花岗岩类	指出现在寒武纪和前寒武纪紫苏花岗岩系列的岩石	多数认为是同化作用结果，也有认为是深变质条件下产生的混合岩	采用QAPF双三角图上半部为基础分类，9个术语6个专业术语

1. 深成岩的分类

深成岩因其矿物成分及其含量可测，因此按矿物组成进行分类。首先根据 M 的含量划分出超镁铁质岩（M 含量≥90%）和其他深成岩（M 含量<90%），其中 M 包括暗色矿物（云母类、角闪石类、辉石类、橄榄石类）、不透明矿物、副矿物（锆石、磷灰石、榍石）、绿帘石、褐帘石、石榴子石、黄长石和原生碳酸盐矿物。

对于 M 含量≥90%的超镁铁质岩的分类，是根据暗色矿物橄榄石、辉石（单斜辉石、斜方辉石）、角闪石的含量进行细分，采用 Ol—Opx—Cpx 和 Ol—Px—Hbl 三角图分类，分别以橄榄石(Ol)—Opx(斜方辉石)—Cpx(单斜辉石)三个端元组成的三角图分类，以及橄榄石(Ol)—Px(辉石)—Hbl(角闪石)三个端元组成的三角图分类（图 3-21），具体名称见图。

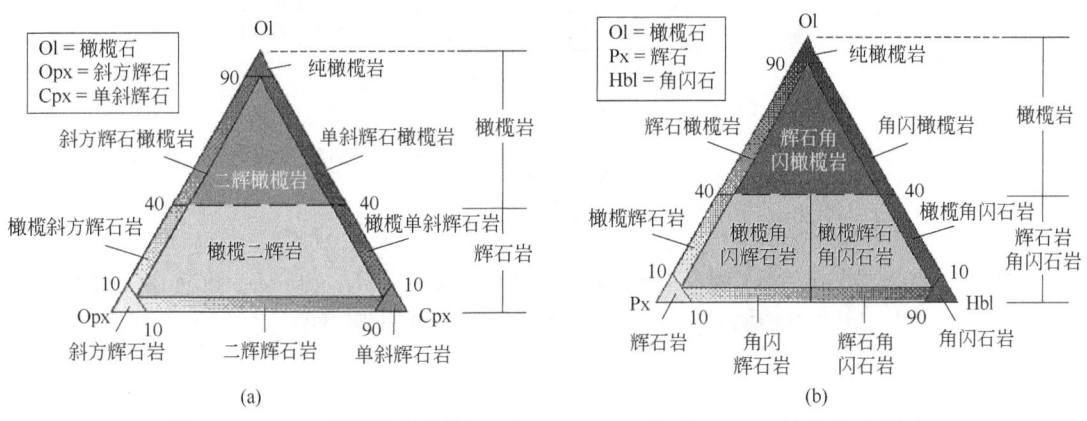

图 3-21　IUGS 推荐的超基性岩 Ol—Opx—Cpx 和 Ol—Px—Hbl 分类三角图

对于 M 含量<90%的深成岩，据 QAPF 双三角图分类。图中四个端元表示四类浅色矿物，分别是 Q—石英、A—碱性长石、P—斜长石、F—似长石类。因 Q 与 F 不能共生，位于双三角图的两个顶端（图 3-22）。向上酸度增加，向下碱度增强。具体岩石分类时，先统计各种矿物的体积百分比，然后归类，并使 A+P+Q=100% 或 A+P+F=100%，再分别求出 A、P、Q 或 F 的相对百分含量。计算时不考虑暗色矿物的含量。同时还需要计算两种长石的比率 P/(P+A)。如此就可在三角图中投点，投影点所在区即为岩石类型。分类图将所有岩石分为 15 个区，即 15 个岩石大类，每个区对应一种岩石大类的基本名称。

需要注意的是，在深成岩 QAPF 双三角图解中，有时不同的岩石类型落在同一个区内，如辉长岩和闪长岩落于同一个区，具体区分要看 An 值。对于 An>50 者为辉长岩，An<50 者为闪长岩。另外该命名方案只是给出了岩石的基本名称，岩石定名时还需考虑岩石的颜色、结构、其他暗色矿物种类，这些需要遵循一定的规则放在岩石基本名称之前作为修饰，如岩石颜色+粒度+次要矿物种类（少前多后）+岩石基本名称。具体见文后岩浆岩的命名原则。

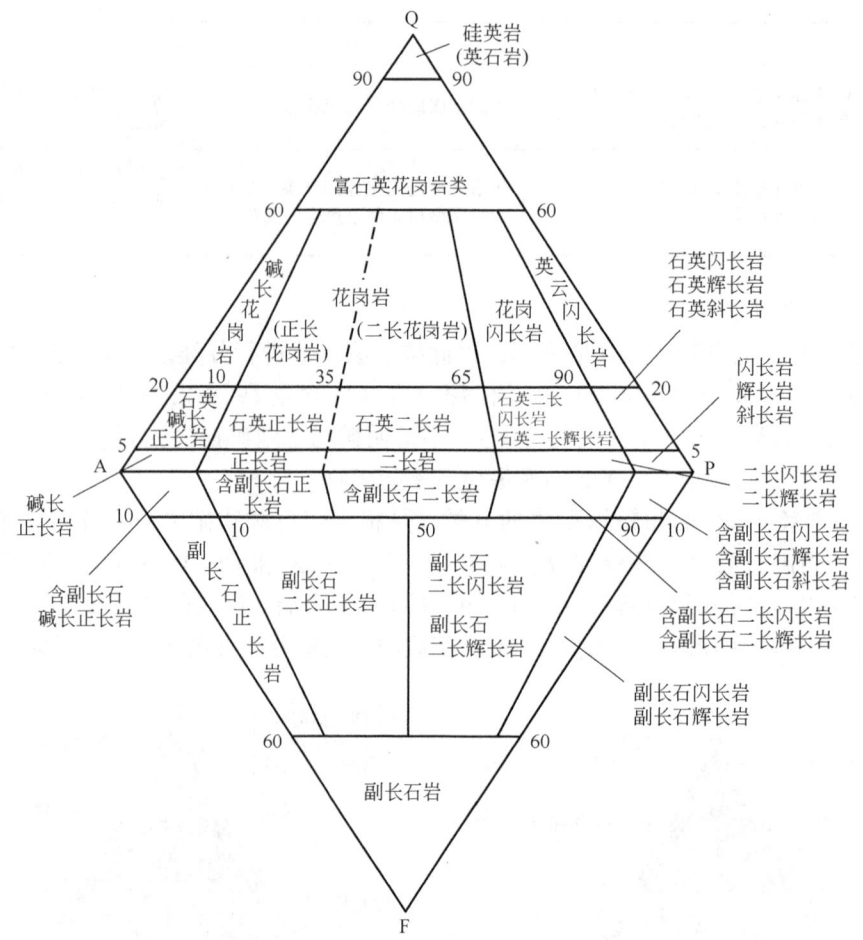

图 3-22　深成岩根据实际矿物含量用 QAPF 图解分类和命名（据 Streckeisen，1979，有修改）
Q—石英，A—碱性长石，P—斜长石，F—似（副）长石

2. 火山岩的分类

火山岩的分类可以采用矿物成分分类和化学成分分类两种方案，当岩石中实际矿物成分及含量可以测量时，可以采用实际矿物成分分类；当岩石中矿物颗粒细小不易辨别或为玻璃质时，对火山岩的详细定名采用化学成分分类。

1）火山岩的矿物成分分类

与深成岩一样，火山岩的矿物成分分类也采用 QAPF 图解（图 3-23），图中的火山岩类型均与相应的深成岩相对应。由于火山岩的结晶程度较差，斑状结构发育，斑晶为深部结晶的高温矿物，基质中矿物颗粒很细呈微晶或隐晶质，甚至玻璃质。岩石中只有斑晶矿物可以鉴别时，以斑晶矿物组合来鉴定岩石。一般命名为"岩石颜色+暗色斑晶矿物+岩石基本名称"，如"深灰色角闪安山岩"，或者是"构造+岩石基本名称"，如"气孔状玄武岩"。

2）火山岩的化学成分分类

化学成分分类方法也较多，许多学者在用化学成分计算实际矿物上曾进行过多次尝试。目前常用的是国际地科联（IUGS）推荐的 TAS（Total Alkali and Silica）分类图解

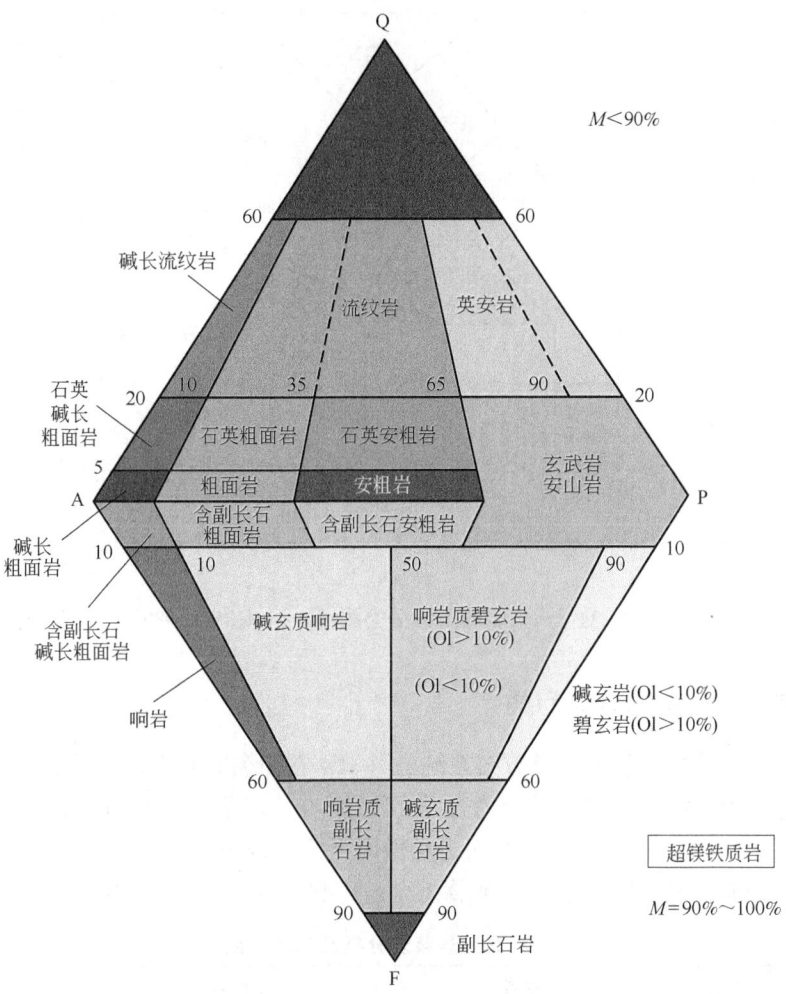

图 3-23 火山岩的 QAPF 分类图解（据 Streckeisen，1979，有修改）

（图 3-24），该图解以 $w(SiO_2)$—$w(Na_2O+K_2O)$（w 表示质量分数）为坐标系进行分类，该图解在国内被普遍使用。

TAS 分类仅适用于未蚀变的岩石，但对许多低级变质的火山岩也可适用，这类岩石的 $w(H_2O)<2\%$、$w(CO_2)<0.5\%$，在使用该分类进行投点时，化学分析值中应去掉 H_2O、CO_2 和烧失量之后，再把全部数据重新换算成 100% 的数据投点。有些化学分析中无 Fe_2O_3 值，则要用 Le Maitre（1976）法计算 FeO、Fe_2O_3 含量。

对于高镁火山岩（岩石中 $w(MgO)>8\%$ 者），有些岩石没有包括在 TAS 图中，则需根据其岩相学和化学特征确定名称，如玻镁（古）安山岩 $w(SiO_2)>53\%$，$w(MgO)>18\%$，$w(K_2O+Na_2O)<2\%$，进一步还可分为以下种属：

苦橄岩：$w(K_2O+Na_2O)=1\%\sim2\%$；

麦镁奇岩：$w(TiO_2)>1\%$，$w(K_2O+Na_2O)<1\%$；

科马提岩：$w(TiO_2)<1\%$，$w(K_2O+Na_2O)<1\%$。

海相火山岩在上述分类图中没有表示，常用的名称有细碧岩、角斑岩和石英角斑岩，它们分别代表基性、中性和酸性的海相火山岩。

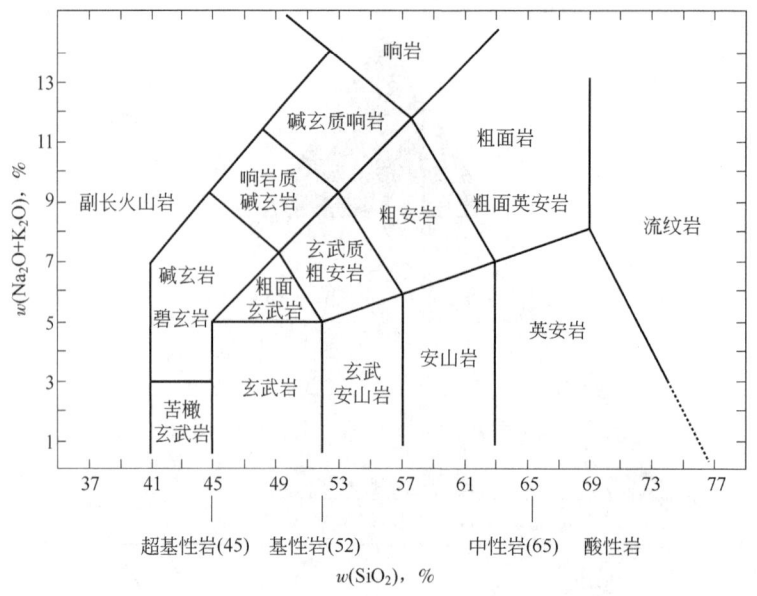

图 3-24 火山岩的 TAS 分类图解（据 IUGS, 1989）

（三）岩浆岩的综合分类方案

国际地科联推荐的岩浆岩分类方案系统、科学，在命名时具有统一性，以此为基础，结合岩矿鉴定过程中的实际应用，综合常丽华等（2009）岩浆岩分类方案，本教材采用了如下综合分类（表 3-10，表 3-11），并对分类做以下几点说明：

（1）分类依据：依据化学成分、矿物组合、产状（相）、结构来分。

表 3-10 岩浆岩分类及基本特征

酸 度	超基性岩		基性岩		中性岩			酸性岩	
碱 度	钙碱性	偏碱性	钙碱性	碱性	钙碱性	碱性	过碱性	钙碱性	碱性
岩石类型	橄榄岩 苦橄岩	金伯利岩	辉长岩 玄武岩	碱性辉长岩 碱性玄武岩	闪长岩 安山岩	正长岩 粗面岩	霞石正长岩 响岩	花岗岩 流纹岩	
$w(SiO_2)$,%	<45		45~52		52~65			>65	
$w(K_2O+Na_2O)$%	<3.5	3.6	4.6	5.5	9	14	6~8		
σ 值		<3.3	3.3~9	<3.3	3.3~9	>9	<3.3	3.3~9	
Q 含量,%	不含	不含或很少	不含	<20	不含	不含	>20		
F 含量,%	不含	不含	不含或少量	不含	不含或少量	5~50	不含		
长石种类及含量	不含	基性斜长石	碱性长石 基性斜长石	中长石 可含碱性长石	碱性长石 可含中长石	碱性长石	碱性长石 中酸性斜长石	碱性长石	

酸度	超基性岩		基性岩		中性岩				酸性岩	
铁镁矿物种类	橄榄石、辉石为主，角闪石次之	橄榄石、透辉石、镁铝榴石、金云母	辉石为主，可含橄榄石、角闪石	单斜辉石为主（含钛普通辉石、碱性辉石），橄榄石常见	角闪石为主，辉石、黑云母次之		霓辉石、霓石、碱性角闪石为主，富铁黑云母次之		黑云母为主，角闪石次之，辉石很少	碱性角闪石黑云母为主，碱性辉石次之
色率	>90		40~90		15~40				<15	
代表性侵入岩 深成岩（中粗粒、似斑状）	纯橄榄岩、橄榄岩、二辉橄榄岩、辉石岩	辉长岩、苏长岩、斜长岩	碱性辉长岩	闪长岩	正长岩	碱性正长岩	霞石正长岩	花岗岩、花岗闪长岩	碱性花岗岩	
代表性侵入岩 浅成岩（细粒、斑状）	苦橄玢岩	金伯利岩	辉绿岩	碱性辉绿岩	闪长玢岩	正长斑岩	霞石正长斑岩	花岗斑岩、花岗闪长斑岩	霓细花岗岩	
代表性喷出岩	苦橄岩、玻基纯橄岩、科马提岩	玄武岩	碱性玄武岩	安山岩	粗面岩	碱性粗面岩	响岩	流纹岩、英安岩	碱性流纹岩、碱流岩	

表 3-11 岩浆岩大类岩石对比

按 $w(SiO_2)$ 划分		代表性岩石		按暗色矿物（M）和石英（Q）的体积分数划分		
$w(SiO_2)$	大类名称	侵入岩	喷出岩	M 和（或）Q 的含量	大类名称	代表性岩石
<45%	超基性岩	橄榄岩	苦橄岩	M>90%	超镁铁质岩	橄榄岩 辉石岩
45%~52%	基性岩	辉长岩	玄武岩	M=10%~90%（辉长岩） M<90%（玄武岩）	镁铁质岩	辉长岩 斜长岩
52%~65%	中性岩	闪长岩	安山岩	M=10%~90% Q<20%	中性岩	闪长岩
>65%	酸性岩	花岗岩	流纹岩	Q>20%	长英质岩	花岗岩类

（2）表中竖列为岩石大类及岩类。大类是按酸度划分，即超基性岩（SiO_2 含量<45%）、基性岩（SiO_2 含量=45%~52%）、中性岩（SiO_2 含量=52%~65%）、酸性岩（SiO_2 含量>65%）；再按碱度大小划分岩类，即据里特曼指数（σ 值）进一步分为钙碱性（$\sigma<3.3$）、碱性（$3.3<\sigma<9$）、过碱性岩（$\sigma>9$）三种岩石类型。但每类中，酸度相同而碱度不同或碱度相同酸度不同时，其矿物组合也不同。其中，过碱性岩有时统称为碱性岩类。

（3）表中所谓钙碱性、碱性、过碱性是根据里特曼指数 σ 划分的三种岩石类型，与岩浆岩系列的划分不完全等同。

（4）分类表中的石英含量是指相对含量，并非石英的实际含量。

（5）该分类表并未包括所有的岩浆岩类型，如脉岩类（产状、结构特殊，单列一章）、次火山岩（岩性特征同熔岩，但赋予不同的名称）、火山碎屑岩类（沉积岩石学中介绍）。

(6) 表中位于同一类的岩浆岩只是成分上类似，成因、分布并不一定相同或相似，如花岗岩等。

(7) 个别岩石的归类与其化学成分并不完全相符，主要考虑矿物成分特点。如：辉石岩、角闪石岩的 $w(SiO_2)>45\%$，应属基性岩，但几乎不含长石；故放入超基性岩。碧玄岩 $w(SiO_2)<45\%$，应属超基性碱性岩，但含较多碱性斜长石，故放入基性碱性岩。

（四）关于岩浆岩命名的几点说明

(1) 岩石中次要矿物种类（一般指暗色矿物>5%）作为前缀修饰基本名称，当次要矿物不止一种时，按"少前多后"的原则参加命名，放在岩石基本名称之前做修饰。如辉长岩中含角闪石5%、橄榄石10%时，则该辉长岩命名为"角闪橄榄辉长岩"。

(2) 必要时据特殊颜色及结构进行补充命名，如"肉红色似斑状黑云母花岗岩"。

(3) 关于玢岩和斑岩："玢岩"和"斑岩"二者仅用于具有斑状结构的浅成侵入岩。所不同的是二者的斑晶矿物不同，"玢岩"其斑晶主要为斜长石和暗色矿物；"斑岩"其斑晶主要为石英、碱性长石或似长石。

(4) 对于喷出岩，多具斑状结构，为避免混淆，不使用"玢岩""斑岩"名称。

(5) 对于无斑结构的浅成岩、次火山岩，因其矿物颗粒细小，命名时需要在相应的浅成岩名称前加"微晶"二字，以此与细粒深成岩相区别，如微晶辉长岩。

(6) 岩石中出现特殊矿物（不论含量多少）和特殊结构构造时，一般应参与命名，如石榴子石花岗岩、似斑状花岗岩、条带状辉长岩等。

(7) 如果岩石遭受蚀变且需要强调时，需将蚀变矿物置于岩石名称前做修饰，如蛇纹石化方辉橄榄岩、绢云母化闪长玢岩等。若蚀变矿物有多种时，可称为"××蚀变岩"，如蚀变安山岩。

(8) 关于IUGS分类中也有几点需要注意的原则：QAP图中Q<20%时，分两种情况：当Q≤5%时称含石英××岩或直接××岩，当Q=5%~20%时，称石英××岩。QAF图中F≤10%时称含似长石××岩。在超镁铁质岩中斜长石含量≤10%时称含斜长石××岩。具玻璃质的岩石，其玻璃质含量=0~20%时称含玻××岩；20%~50%时称富玻××岩；50%~80%时称××玻璃质岩。

（五）主要岩浆岩类型

1. 超基性岩类（超镁铁质岩类）

1) 化学成分

超基性岩在化学成分上，SiO_2 含量<45%，贫 SiO_2、K_2O、Na_2O、Al_2O_3，富 MgO（可达40%）和 $FeO+Fe_2O_3$（可达20%）。

2) 矿物组成

在矿物成分上，出现大量的暗色矿物。主要矿物为橄榄石+辉石；次要矿物为角闪石、少量斜长石、云母等，不含石英；副矿物为尖晶石、磁铁矿、钛铁矿、镁铝榴石、铬铁矿等（表3-12）。

第三章 岩石的观察内容与描述方法

表 3-12 超基性岩矿物组成特征

矿物类别	矿物	特征	次生蚀变
主要矿物	橄榄石（富镁）	贵橄榄石常见，其次镁橄榄石	蛇纹石化、滑石化、纤闪石化
	斜方辉石	镁质的顽火辉石、古铜辉石、紫苏辉石	滑石化、纤闪石化，斜方辉石还常变为绢石
	单斜辉石	常见透辉石、普通辉石，其次异剥辉石	
次要矿物	角闪石	褐色角闪石	纤闪石或绿色角闪石
	斜长石	不含或很少，仅见少量的富钙的拉长石、倍长石	
	云母类	黑云母：红褐色、黄褐色 金云母：浅褐棕色、浅黄白色，富镁的可见紫红色	绿泥石化
副矿物	尖晶石、磁铁矿、钛铁矿、铬铁矿	尖晶石：全消光 金属矿物：不透明	

3）结构构造

超基性岩的结构构造按侵入岩和喷出岩，主要有如下类型（表 3-13）。

表 3-13 超基性岩的结构构造

岩石类型	结构	构造
侵入岩	自形—半自形粒状结构、包含结构、海绵陨铁结构、网状结构、反应边结构、填隙结构、地幔交代结构	块状构造，有时见流动构造、带状构造
喷出岩	斑状结构、玻基斑状结构、半自形细粒—隐晶质结构和玻璃质结构。 斑状结构描述按三级：岩石整体为斑状结构，在斑状结构中，斑晶主要为橄榄石、紫苏辉石或普通辉石，斑晶见溶蚀呈港湾状，基质为隐晶质或玻璃质（常发生脱玻化作用），有时在基质中分布微晶橄榄石和辉石，角闪石或黑云母偶尔出现，极少出现斜长石微晶。 在玻璃质岩石中，当斑晶含量>5%时，可以称为玻基斑状结构	块状、气孔、杏仁构造

大多数结构在前面已经介绍，下面补充介绍其中几种结构：

（1）包含结构：常见辉石、角闪石、斜长石甚至原生碳酸盐矿物包裹自形浑圆状橄榄石形成包橄结构，也常见角闪石等大晶体包裹辉石等形成包含结构，该结构多数是堆晶结构的一种。

（2）填隙结构和海绵陨铁结构：共同特点是橄榄石、辉石等早期结晶的矿物颗粒间充填了稍后形成的金属矿物或其他矿物，当后结晶矿物少时形成填隙结构；当后结晶矿物多时构成海绵陨铁结构。该结构也是堆晶结构的一种。

（3）地幔交代结构：主要表现为金云母、角闪石、斜方辉石或单斜辉石沿早结晶的橄榄石、辉石等颗粒间充填交代或呈脉状穿插交代。

4）主要岩石类型

超基性侵入岩根据橄榄石—辉石—角闪石或橄榄石—斜方辉石—单斜辉石三端元图进行分类命名。其中 90 线以上为纯橄榄岩，90~40 线间为橄榄岩，40 线以下为辉石岩或角闪石岩。然后以次要暗色矿物种类按"少前多后"原则作为前缀放在基本名称前修饰。据此侵入岩与地幔岩的主要类型为纯橄榄岩、橄榄岩（包括斜方辉石橄榄岩、单斜辉石橄榄岩、二辉橄榄岩）、辉石岩、角闪石岩。

超基性火山岩的 SiO_2 含量低于 45%，以苦橄岩为代表，故又称为苦橄岩类。苦橄岩类按其化学成分可进一步划分为苦橄岩、麦美奇岩、科马提岩。

（1）几种主要的超基性侵入岩类型。

纯橄榄岩[图 3-25(a)~(c)]：褐绿、黄绿、浅橄榄绿色，几乎全由贵橄榄石和镁橄榄石组成，含量达 90%～100%。低于 10% 的少量矿物主要是辉石（斜方、单斜），其次为斜长石，副矿物为铬铁矿、尖晶石、磁铁矿、钛铁矿、雌黄铁矿等。多为自形、半自形粒状结构、海绵隙铁结构、堆晶结构，块状构造。新鲜的纯橄榄岩少见，通常遭受不同程度的蛇纹石化，若部分蛇纹石化，称蛇纹石化纯橄榄岩；若全部蛇纹石化，则叫蛇纹岩。

(a) 黄绿色纯橄榄岩，手标本　(b) 纯橄榄岩(+)，等粒结构　(c) 纯橄榄岩中的交代金云母(+)

(d) 暗灰绿色辉石橄榄岩，手标本　(e) 蛇纹石化橄榄岩(-)，网状结构　(f) 蛇纹石化橄榄岩(+)，网状结构

(g) 辉石橄榄岩(-)　(h) 辉石橄榄岩(+)　(i) 辉石橄榄岩(+)

(j) 暗绿色二辉橄榄岩，手标本　(k) 尖晶石二辉橄榄岩(-)，尖晶石红褐色　(l) 尖晶石二辉橄榄岩(+)，尖晶石全消光

(m) 二辉石岩(-)，粉色多色性为古铜辉石，无色的为普通辉石　(n) 二辉石岩(+)，细粒半自形粒状结构　(o) 含磷灰石透辉角闪石岩(-)，磷灰石无色，中粒半自形粒状结构

图 3-25　超基性侵入岩主要岩石类型 [照片(m)～(o)据常丽华等，2009]
Ol—橄榄石；Chr—铬铁矿；Phl—金云母；biot—黑云母；plag/Pl—斜长石；qtz—石英；
Cpx—单斜辉石；Hb/hb/Hbl—普通角闪石；Aug—辉石；Brn—古铜辉石；Ap—磷灰石；Di—透辉石

橄榄岩[图3-25(d)~(l)]：深绿色或浅黄绿色。由橄榄石、辉石（斜方、单斜）组成，橄榄石多为贵橄榄石，含量一般为40%~90%，辉石为单斜辉石和斜方辉石，含量为5%~25%。有时含少量褐色角闪石、黑云母、金云母、斜长石等，副矿物为磁铁矿、铬铁矿、尖晶石等。具粒状结构、包橄结构、网状结构、填隙结构、海绵陨铁结构、反应边结构，块状构造。按橄榄石—斜方辉石—单斜辉石或橄榄石—辉石—角闪石三端元图，可进一步分为斜方辉石橄榄岩、单斜辉石橄榄岩、二辉橄榄岩、角闪橄榄岩。可根据所含次要矿物、副矿物多少按少前多后原则命名，或缀以蚀变矿物进一步命名。

辉石岩[图3-25(m)~(n)]：褐黑色或深褐色，辉石含量90%~100%，可含少量橄榄石、角闪石、黑云母、斜长石以及铬铁矿、磁铁矿、钛铁矿等。当橄榄石含量为橄榄石+辉石+角闪石总量的10%~40%时则称橄榄辉石岩。结构多为自形、半自形短柱状或等轴粒状结构、似斑状结构、不等粒结构、海绵陨铁结构及堆晶结构，块状构造。

角闪石岩[图3-25(o)]：暗绿色、褐黑色。主要由普通角闪石组成，含量>90%，多为褐色、褐绿色，变化后常呈绿色。含少量辉石、橄榄石或斜长石。具中—粗粒半自形粒状结构，常见铬铁矿、磁铁矿等沿角闪石解理分布构成席勒构造。当角闪石占辉石+角闪石总量的50%以上时，橄榄石在三者中含量小于5%时，则称辉石角闪石岩；若橄榄石在三者中的含量为5%~40%时，称橄榄辉石角闪石岩。

（2）几种主要的超基性喷出岩类型。

苦橄岩[图3-26(a)]：黑绿—黑色，矿物组成同辉橄岩或橄榄岩，主要矿物为贵橄榄石（50%~75%）和辉石（普通辉石、紫苏辉石或异剥辉石），次要矿物为褐色普通角闪石和基性斜长石，副矿物为钛铁矿、磁铁矿和磷灰石等。隐晶质结构、斑状结构、玻基斑状结构，斑晶见溶蚀结构或溶蚀麻点结构[图3-26(b)]，基质为微晶结构或嵌晶结

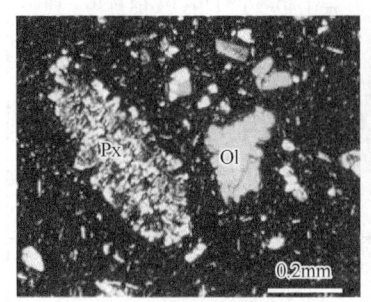
(a) 含辉石捕房晶的苦橄岩(+)，斑状结构，斑晶橄榄石，基质火山玻璃和少量单斜辉石

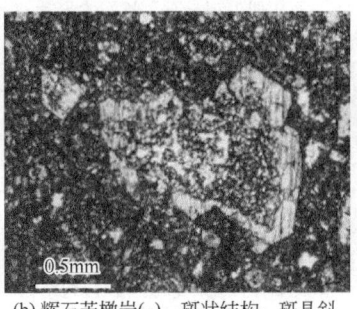
(b) 辉石苦橄岩(-)，斑状结构，斑晶斜方辉石，中心溶蚀麻点结构，部分绿泥石化，基质火山玻璃

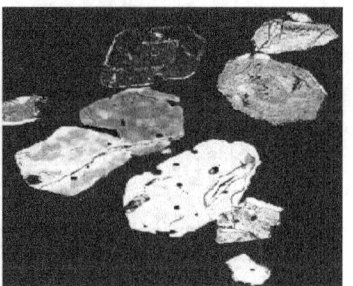
(c) 玻基纯橄岩(+)，斑状结构，斑晶橄榄石，基质黑色火山玻璃

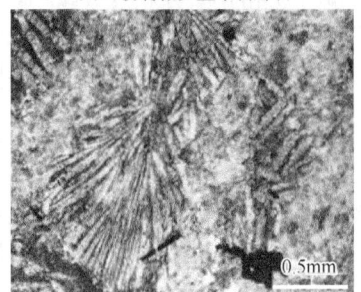
(d) 科马提岩(-)，斑晶由长柱状橄榄石和辉石组成，呈鬣刺草状丛生

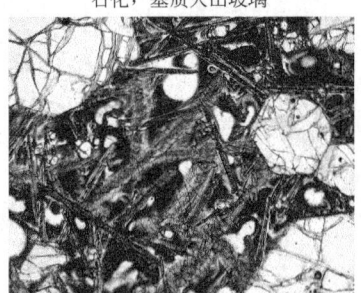
(e) 科马提岩(-)，发育鬣刺结构

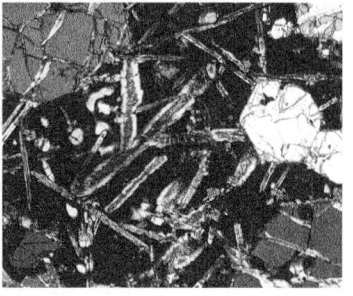
(f) 科马提岩(+)，发育鬣刺结构

图3-26 超基性喷出岩主要岩石类型照片 [照片（a）、(b)、(d) 据常丽华等，2009]

构。块状构造，有时具气孔或杏仁构造。具有斑状结构的浅成苦橄岩有时称苦橄玢岩或斑状苦橄岩。

麦美奇岩[图3-26(c)]：又名玻基纯橄岩，化学成分相当于纯橄榄岩的熔岩。最早发现地为俄罗斯西伯利亚北部麦美奇河故得名。它是一种半晶质的纯橄榄岩。斑晶为粗粒橄榄石（唯一的），其中有钛辉石、磁铁矿微晶。具有玻基斑状结构，斑晶为橄榄石，基质为黑色火山玻璃，其中含少量微晶状橄榄石、单斜辉石和磁铁矿等。斑晶中偶见含钛的普通辉石。具气孔—杏仁构造，杏仁体中含微晶状蛇纹石和碳酸盐矿物。

科马提岩[图3-26(d)]：1969年在南非特兰斯瓦巴伯顿科马提河太古代绿岩带首次发现。绿色，矿物由高镁橄榄石（90%~95%）、辉石、基性火山玻璃和少量金属矿物组成。结构构造为常具玻基斑状结构，枕状构造，并发育独特的鬣刺结构[图3-26(d)~(f)]，点是橄榄石或辉石呈细长的锯齿状骸晶（内部中空被绿泥石、玻璃质充填），近平行排列或丛生，状如丛生的鬣刺草，是超基性熔岩快速冷凝而成。

2. 基性岩类（辉长岩—玄武岩类）

1）化学成分

基性岩在化学成分上 SiO_2 含量为45%~52%，较贫硅贫碱，较富钙、铁、镁。

2）矿物组成

主要矿物组成为基性斜长石和辉石；次要矿物为橄榄石、角闪石、黑云母，不含或少含石英、钾长石；副矿物为磁铁矿、钛铁矿、磷灰石、锆石（表3-14）。

表3-14 基性岩矿物组成特征

矿物类别	矿物	特征	次生蚀变
主要矿物	基性斜长石	主要为An（>50%）的拉长石和倍长石，偶见钙长石。长石为聚片双晶且双晶个体较宽	钠黝帘石化、碳酸盐化、绿泥石化等
	单斜辉石	富钙，主要为普通辉石、透辉石及二者的变种异剥辉石。常见简单双晶、反应边结构，与斜方辉石组成交生结构和席勒构造	皂石化、碳酸盐化、绿泥石化、纤闪石化等
	斜方辉石	紫苏辉石、顽火辉石、古铜辉石	
次要矿物	橄榄石	主要为贵橄榄石，圆粒状或自形晶，不与石英共生。常发育反应边结构	蛇纹石、皂石、绿泥石等
	角闪石	可有可无。原生角闪石多为褐色，可呈大晶体包裹橄榄石、辉石，也可作为橄榄石、辉石的反应边。在偏碱性岩中见棕闪石，红棕色，或见碱性角闪石	次生角闪石为无色、淡绿色透闪石、纤闪石
	黑云母	在含石英的辉长岩、苏长岩中，作为次要矿物，常为褐棕色，可呈反应边或生长在磁铁矿边缘	绿泥石化
	石英和钾长石	一般不多见，含量小于5%（偏碱性者除外），他形粒状，有时见二者交生	
副矿物	磷灰石、磁铁矿、钛铁矿、锆石	金属矿物：不透明	

辉长岩类矿物成分特征：出现大量基性斜长石（An≥50%）、辉石和橄榄石，辉石包括斜方辉石和单斜辉石，有时见褐色原生角闪石、石英，在偏碱性变种中见钾长石，暗色矿物含量一般较高（40%~70%）。常见的副矿物有磷灰石、磁铁矿、钛铁矿、铬铁矿等。斜长石含量：辉石含量≈1：1。

玄武岩类矿物成分特征：主要为基性斜长石、单斜辉石、斜方辉石、橄榄石；其次为碱性长石、石英、黑云母、角闪石等。

3）结构构造

基性岩的结构构造按侵入岩和喷出岩，主要有如表3-15所示结构构造。

表3-15 基性岩的结构构造

岩石类型	结构	构造
侵入岩	专属结构为辉长结构、辉绿结构。常见结构为中粒—粗粒半自形粒状结构、反应边结构、嵌晶含长结构、辉长辉绿结构、辉绿辉长结构、包含结构、二长结构等。另外，由于铁镁矿物的分解或转化，常有一些金属矿物与其呈文象或蠕虫状交生，如辉石—磁铁间的文象或蠕虫交生，角闪石—辉石间的蠕虫或文象交生	块状构造，也常见条带状构造、球状构造，还有流动构造
喷出岩	斑状结构、球颗结构、显微斑状结构、聚斑结构和玻基斑状结构；斑状结构中斑晶具有溶蚀结构、暗化边现象；基质为微晶结构和细粒—隐晶质—玻璃质结构、间粒结构（粗玄结构）、间粒—间隐结构、间隐结构等	气孔构造、杏仁构造、熔渣状构造，其次为柱状节理构造，水下常见枕状构造

4）主要岩石类型

深成侵入岩，按暗色矿物的种类进一步可分为：橄长岩（基性斜长石+橄榄石）；辉长岩（基性斜长石+单斜辉石）；苏长岩（基性斜长石+紫苏辉石）；斜长岩（基性斜长石含量≥90%）。

浅成侵入岩：辉绿岩，矿物组成与辉长岩完全相同，但其具有特征的辉绿结构，粒度较辉长岩细，多呈脉状产出。

火山岩：玄武岩类，分布十分广泛，可与花岗岩相媲美，从海洋到岛弧，从大陆边缘到陆棚出现各种类型的玄武岩。玄武岩是地球洋壳和月球月海的主要组成物质。主要岩石类型包括：亚碱性系列，如拉斑玄武岩、高铝玄武岩、粗玄岩、玻基玄武岩、细碧岩；碱性系列，如碱性橄榄玄武岩、碱玄岩、碧玄岩；钾玄岩系列如钾玄岩。

（1）几种主要的基性侵入岩类型。

辉长岩[图3-27（a）（b）]：灰黑色、灰色。主要矿物成分为基性斜长石（拉长石、倍长石）、单斜辉石（透辉石、异剥辉石、普通辉石）。次要矿物为橄榄石、斜方辉石、角闪石（褐色）、黑云母及少量石英、碱性长石等。暗色矿物和浅色矿物含量接近，前者略多，个别情况下斜长石含量少，但需大于10%。主要结构为中—粗粒粒状结构、辉长结构、辉长辉绿结构、反应边结构、交生结构、嵌晶含长结构等。块状构造、条带状构造。根据暗色次要矿物"少前多后"的原则，进一步命名为橄榄辉长岩[图3-27（c）]、角闪辉长岩[图3-27（d）]、黑云辉长岩、苏长辉长岩[图3-27（e）（f）]等。辉长岩的蚀变特征常表现为斜长石的钠黝帘石化[图3-27（g）]、葡萄石化，辉石的纤闪石化等。

苏长岩：灰褐色、黑灰色等。主要矿物成分为斜方辉石（紫苏辉石、古铜辉石、顽火辉石占长石总量>50%）和斜长石（拉长石含量>10%）。次要矿物为单斜辉石、橄榄石、角闪石等。苏长岩的结构为中—粗粒粒状结构、似斑状结构，也有辉长结构、辉长辉绿结构、反应边结构、嵌晶含长结构等，块状构造。进一步命名前面可以用暗色矿物种类来修饰作为前缀，如橄榄辉长苏长岩[图3-27(h)(i)]、橄榄苏长岩。蚀变特征常表现为斜长石的钠黝帘石化、辉石的纤闪石化等。

(a) 辉长岩，手标本，黑绿色辉石+白色斜长石

(b) 辉长岩(+)，聚片双晶的斜长石+近直交解理的辉石，含少量橄榄石

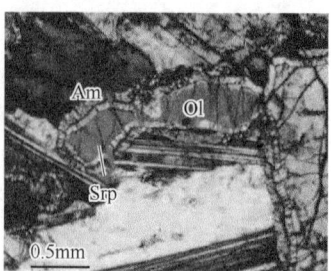
(c) 橄榄辉长岩(+)，斜长石、辉石、橄榄石组成，见反应边结构

(d) 角闪辉长岩，自形板状斜长石发育聚片双晶，辉长结构，斜长石镶嵌在大的普通辉石之上，形成嵌晶含长结构，同时辉石具有角闪石的反应边

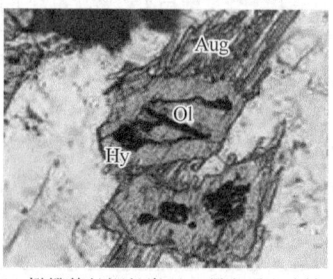
(e) 橄榄苏长辉长岩(-)，具有反应边结构，橄榄石Ol具有紫苏辉石Hy的反应边，紫苏辉石又具有普通辉石Aug的反应边

(f) 橄榄苏长辉长岩(+)，三级绿干涉色的橄榄石外围具有一级橙红干涉色的紫苏辉石反应边，紫苏辉石外围具有普通辉石反应边

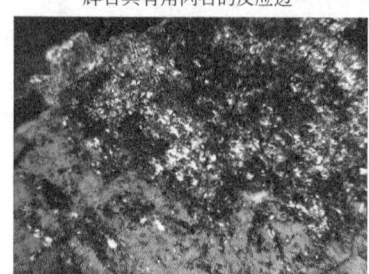
(g) 斜长石的钠黝帘石化

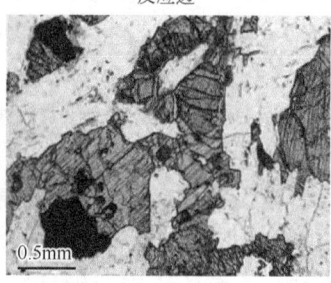
(h) 橄榄辉长苏长岩(-)，紫苏辉石具有淡粉色多色性，橄榄石有裂纹

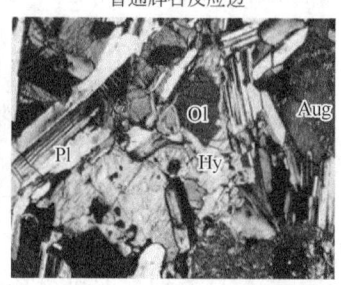
(i) 橄榄辉长苏长岩(+)，辉长辉绿结构，橄榄石具紫苏辉石的反应边

(j) 辉石橄长岩(+)，主要由橄榄石(裂纹)+板条状斜长石组成，少量辉石

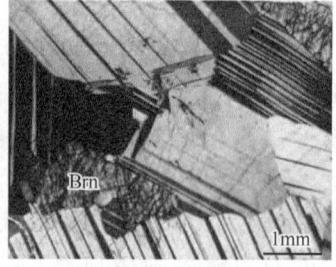
(k) 古铜辉石斜长岩(+)，斜长石>90%，少量古铜辉石

(l) 橄榄辉绿岩(+)，主要为斜长石和辉石，少量橄榄石，辉绿结构

图3-27 基性侵入岩主要岩石类型照片（照片(c)~(f)、(h)~(k)据常丽华等，2009）
Am—角闪石；Srp—蛇纹石；Ol—橄榄石；Aug—辉石；Hy—紫苏辉石；Pl—斜长石；Brn—古铜辉石

橄长岩：暗绿灰色、灰黑色。主要矿物组合为橄榄石（多为贵橄榄石）和基性斜长石

(含量>10%），次要矿物为辉石、角闪石、金云母等。中粗粒粒状结构、包橄结构、辉长结构、反应边结构、交生结构等，块状构造。进一步命名以暗色矿物种类作为前缀，如辉石橄长岩[图3-27(j)]。蚀变特征为斜长石的钠黝帘石化。

斜长岩[图3-27(k)]：灰白色或灰色。斜长石含量>90%，暗色矿物含量<10%。主要矿物是斜长石，次要矿物有橄榄石、斜方辉石、单斜辉石、角闪石等，其分布于斜长石粒间，构成填隙结构。常见结构为中—粗粒半自形粒状结构、填隙结构或堆晶结构，块状构造。根据暗色矿物进一步命名为古铜辉石斜长岩、橄榄斜长岩等。蚀变特征常表现为斜长石的钠黝帘石化。

辉绿岩[图3-27(l)]：颜色灰、绿、黑绿、黑色，为浅成岩。矿物组成与辉长岩相近，由基性斜长石、单斜辉石组成，次要矿物为橄榄石、斜方辉石、角闪石、黑云母等，具细—中粒粒状结构，斑状结构，专属结构为辉绿结构，也可见嵌晶含长结构。具有斑状结构的辉绿岩，斑晶和基质成分基本相近，常命名为辉绿玢岩。除辉绿岩、辉绿玢岩外，可见微晶辉长岩，结构具细粒或微粒等粒半自形—他形粒状结构。根据暗色矿物种类可进一步命名为橄榄辉绿岩、黑云橄榄辉绿岩等。识别特征常表现为暗色矿物的绿泥石化、皂石化、绿帘石化，浅色矿物斜长石的绢云母化、黝帘石化等。

(2) 几种主要的基性喷出岩。

基性喷出岩主要包括亚碱性系列，有拉斑玄武岩、高铝玄武岩、玻基玄武岩、粗玄岩、细碧岩；碱性系列，如碱性橄榄玄武岩；钾玄岩系列，如钾玄岩。

玄武岩：颜色深，黑色或暗黑绿色、暗黑褐色。主要矿物为基性斜长石（拉长石）+辉石，常见有橄榄石。次要矿物为褐色角闪石，黑云母少见。副矿物为磁铁矿、磷灰石。斑状结构、玻基斑状结构，基质多间粒结构、间隐结构、填间结构、球颗结构、交织结构、玻璃质结构等，有时无斑结构。常见气孔、杏仁构造，水下发育枕状构造。按斑晶命名的有伊丁石化橄榄玄武岩[图3-28(a)]、橄榄玄武岩[图3-28(b)]，按结构构造命名有球颗玄武岩[图3-28(c)]、气孔状玄武岩[图3-28(d)]、杏仁玄武岩[图3-28(e)]、枕状玄武岩等[图3-28(f)]，以及按蚀变特征命名的有碳酸盐化玄武岩。玄武岩向安山岩的过渡类型称为安山玄武岩[图3-28(g)]。

拉斑玄武岩[图3-28(h)]：亚碱性玄武岩的典型代表，主要出现在大洋、深海盆地、陆内。主要矿物为斜长石、普通辉石和紫苏辉石、异变辉石（贫钙）。橄榄石少见，有时在斑晶中出现，见熔蚀和反应边结构，橄榄石常具有紫苏辉石或异变辉石的反应边。岩石具有斑状结构，基质为间粒结构、间隐结构、填间结构，有时无斑或少斑结构。常见气孔和杏仁构造。

高铝玄武岩：成分介于拉斑玄武岩和碱性玄武岩之间，斑晶为拉长石—倍长石、紫苏辉石、橄榄石，反应边结构。多分布于岛弧和活动陆缘带，环太平洋带上大量出露。

玻基玄武岩[图3-28(i)]：玻基斑状结构，基质由大量深褐色火山玻璃组成，其中均匀分布一些不同方向的斜长石、橄榄石微晶。斑晶为橄榄石、斜长石和辉石。

粗玄岩[图3-28(j)]：有时称粒玄岩。结晶程度高，全晶质结构，矿物肉眼可辨，粒径>0.5mm。具粗玄结构（间粒结构）或辉绿结构、次辉绿结构。

细碧岩[图3-28(k)]：由 A. 布龙尼亚于1827年提出，描述无斑或少斑、高钠富次生矿物的特殊类型的基性熔岩。特征是富含钠质，Na_2O 含量一般达4%以上；矿物成分复杂，含钠长石—更长石或钠长石、普通辉石或透辉石及蚀变矿物绿帘石、绿泥石、阳起石、方解

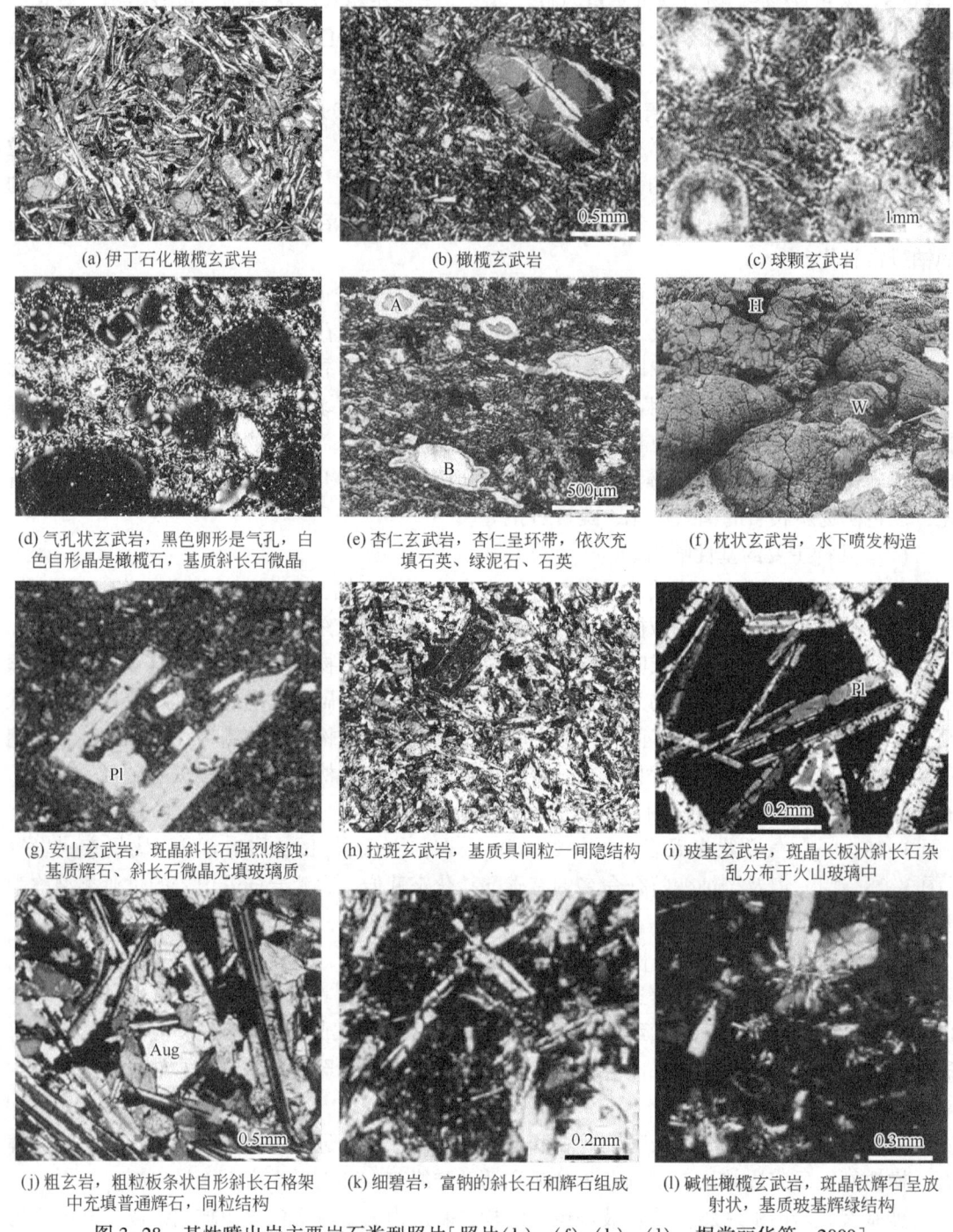

图 3-28 基性喷出岩主要岩石类型照片[照片(b)~(f)、(h)~(l)，据常丽华等，2009]

石等。钠长石—更长石晶体常具有中空骸晶结构（长条状长石骸晶边部呈锯齿状内部充填玻璃质）。一般不含橄榄石或含少量蛇纹石化的橄榄石。常具有枕状构造和气孔杏仁构造，具特征的细碧结构（斜长石含钠高，自形程度差，边缘锯齿状，斜长石空隙中充填团块状、棉絮状细小辉石和蚀变矿物）。有时也可见球颗结构或辉绿结构。它常与角斑岩、石英角斑岩共生而构成细碧岩—角斑岩建造。关于钠质成因有两种看法：海底火山喷发的岩浆直接从海水中吸取钠质后凝结；海底喷发的岩浆熔化富钠沉积岩（岩屑砂岩）后再凝结。

碱性橄榄玄武岩 [图 3-28(1)]：与钙碱性玄武岩的区别在于橄榄石含量多，斜长石偏中性，出现碱性长石，多分布于陆内。

钾玄岩：SiO_2 含量<57%，相对富碱、Al_2O_3、K_2O 和大离子亲石元素。斑晶为橄榄石、单斜辉石和斜长石，基质为透长石、斜长石、单斜辉石，常含玻璃质。

3. 中性岩类（闪长岩—安山岩类、正长岩—粗面岩类）

闪长岩类和正长岩类在 IUGS 分类 QAPF 双三角图解中位于 0~5 线（石英含量<5%）和 5~20 线（5%<石英含量<20%），后者命名时基本名称前冠以石英来修饰，如石英闪长岩。进一步根据两种长石（碱性长石和斜长石）的比率划分为闪长岩、二长岩、正长岩（表 3-16），进一步命名：当石英含量大于 5% 时以石英作为前缀修饰基本名称，如石英闪长岩、石英二长岩、石英正长岩。闪长岩、二长岩、正长岩对应的成分相当的喷出岩为安山岩、粗安岩、粗面岩。

表 3-16 中性岩种属划分表

碱性长石/总长石	<1/3	1/3~2/3	>2/3
深成岩	闪长岩	二长岩	正长岩
喷出岩	安山岩	粗安岩	粗面岩

另外，按里特曼指数划分中性岩，分为钙碱性系列和碱性系列，分别包括：钙碱性系列的正长岩—粗面岩类、二长岩—粗安岩类、闪长岩—安山岩类；碱性系列的似长石正长岩—响岩类。

1）化学成分

中性岩在化学成分上 SiO_2 含量为 52%~65%（正长岩含量平均 60%），$FeO+Fe_2O_3$、MgO 和 CaO 含量明显降低，K_2O、Na_2O 含量略升高，Al_2O_3 含量变化不明显，约为 15%。其中正长岩 K_2O、Na_2O 含量较闪长岩略高，而 CaO 含量略低，更偏碱性。

2）矿物组成

闪长岩类主要矿物以浅色为主，长石主要为斜长石，中性斜长石为主，含量约为 60%~70%，碱性长石和石英少量，石英含量<20%，碱性长石含量不超过 10%；暗色矿物为角闪石、辉石和黑云母；副矿物磁铁矿、磷灰石、榍石等常见（表 3-17）。

表 3-17 中性岩矿物组成特征

岩石类型	矿物类别	矿物	特征	次生蚀变
闪长岩	浅色矿物	中性斜长石	含量约为 60%~70%，发育环带结构	绢云母、高岭石、钠黝帘石
		石英	少量，含量<20%	稳定
		碱性长石	少量，含量<10%	
	暗色矿物	角闪石	褐绿色或绿色普通角闪石为主，有时见棕色角闪石，甚至发育颜色环带	绿泥石、绿帘石、方解石
		辉石	无色或褐色、绿色的普通辉石、透辉石，其边部常见角闪石的反应边	纤闪石、绢石、绿泥石、方解石
		黑云母	褐色、棕褐色及少数绿色	易绿泥石化
	副矿物	磁铁矿、磷灰石、榍石等常见	含量约为 3% 左右	

续表

岩石类型	矿物类别	矿物	特征	次生蚀变
正长岩类	主要矿物	碱性长石	正长石、微斜长石、条纹长石，含量约为60%~70%	高岭石、绢云母
	次要矿物	斜长石	含量低	
		偏碱性岩中含碱性暗色矿物	角闪石主要为钠闪石、钠铁闪石、棕闪石；出现的辉石一般为霓辉石、霓石、钛辉石	

正长岩类长石主要为碱性长石，成分多为正长石、微斜长石、条纹长石，含量约为60%~70%，斜长石为次要矿物，偏碱性的正长岩中还可见碱性暗色矿物，在偏碱性正长岩中出现的角闪石主要为钠闪石、钠铁闪石、棕闪石；出现的辉石一般为霓辉石、霓石、钛辉石（表3-17）。

安山岩类矿物成分特征：矿物组成与闪长岩相同，与闪长岩相比，辉石较为常见。

粗面岩类矿物成分主要为碱性长石，在斑晶和基质中均出现，暗色矿物有角闪石、黑云母、辉石等。

3）结构构造

中性侵入岩和喷出岩的结构与构造特征见表3-18。

表3-18 中性岩的结构构造

岩石类型	结构	构造
侵入岩	闪长岩类常见半自形粒状结构；二长岩常见二长结构；浅成、超浅成中性岩多为斑状结构、似斑状结构	块状构造、带状构造为主；可见原生片麻状构造和斑杂状构造；浅成相中出现气孔杏仁构造
喷出岩	斑状结构；斑晶常见暗化边结构、正边结构、熔蚀结构、熔蚀反应边结构等；基质主要有交织结构、玻基交织结构、粗面结构、显微文象结构、隐晶质结构和霏细结构等，有时见球粒结构、聚斑结构、玻基斑状结构	块状构造、气孔构造和杏仁构造，有时还可见珍珠构造

下面介绍几种重要的结构。

（1）二长结构：其特点是斜长石的自形程度高于碱性长石，自形的斜长石镶嵌于碱性长石的大晶体中，或者碱性长石分布于斜长石粒间。

（2）交织结构和玻基交织结构：二者都是安山岩中常见结构，在与玄武岩过渡的安山玄武岩或玄武安山岩中也常见，其特点是斜长石微晶呈定向、半定向排列或交织排列，当斜长石微晶中有辉石、橄榄石、磁铁矿等微晶时，称为交织结构，当斜长石微晶中出现较多的玻璃质或隐晶质时，则称为玻基斑状结构，又名安山结构，为安山岩的典型结构。

（3）粗面结构：与交织结构不同的是其由细条状钾长石微晶略平行排列，几乎不含玻璃质，为粗面岩的典型结构。

（4）正边结构：斑晶主要由斜长石（中长石、更长石）和暗色矿物组成。在一般情况下，斜长石斑晶有钾长石镶边，形成正边结构，或者碱性长石充填斜长石微晶的间隙。基质具有交织结构和玻基交织结构，基质矿物主要为斜长石及碱性长石，常含数量不等的玻璃质。

4）主要岩石类型

闪长岩—安山岩类主要类型包括：侵入岩有闪长岩、石英闪长岩、二长闪长岩、辉石闪长岩、闪长玢岩；火山岩—安山岩、玄武安山岩和低铝安山岩。

正长岩—粗面岩类主要类型包括：侵入岩有正长岩、石英正长岩、霓辉正长岩、正长斑岩；火山岩有粗面岩、石英粗面岩、角斑岩。

(1) 几种主要的中性侵入岩类型。

闪长岩：灰白色、浅绿色，主要矿物为中性斜长石和角闪石，斜长石为中长石，发育环带结构，含量约为60%~70%；角闪石为黄褐色或绿色，含量约为30%。次要矿物为黑云母、单斜辉石，可含少量石英和碱性长石，但石英含量不超过5%，碱性长石含量不超过10%。副矿物为磷灰石、榍石、磁铁矿。浅色矿物与暗色矿物含量之比约为2∶1。具半自形粒状结构，有时似斑状结构（斑晶为斜长石、暗色矿物），块状构造。常见黑云母闪长岩、辉石闪长岩、蚀变闪长岩等。

石英闪长岩：灰白色，主要矿物为斜长石（中长石—更长石）和少量暗色矿物（角闪石、黑云母、辉石），有时含少量钾长石、紫苏辉石。石英含量在5%~20%，他形粒状分布于斜长石粒间。岩石为半自形粒状结构，块状构造。

二长闪长岩：浅灰色，钾长石占总长石含量约为10%~35%，斜长石占总长石含量约为65%~90%。斜长石为中长石、更长石，钾长石多为正长石、条纹长石。暗色矿物20%左右，主要为角闪石和黑云母，少量辉石。碱性系列还出现碱性暗色矿物如霓石、霓辉石、富钠闪石等，石英含量<5%或不含。多为半自形粒状结构，钾长石一般他形充填于斜长石中，形成二长结构。块状构造为主。

二长岩：浅肉红色或浅灰色，碱性长石和斜长石含量相近，二者含量变化在35%~65%之间。斜长石为中长石或拉长石，有时为更长石，碱性长石多为正长石、微斜长石、条纹长石。碱性长石自形程度低于斜长石，有时见斜长石环带结构。暗色矿物主要为角闪石和黑云母，少量辉石。当岩石偏碱性时，命名前缀冠以碱性暗色矿物，如霓辉二长岩。具典型的二长结构，也见半自形粒状结构、似斑状结构，块状构造。

正长岩：肉红色，主要为碱性长石（正长石、微斜长石、条纹长石），含量70%~80%；暗色矿物角闪石、黑云母，少量单斜辉石。不含石英或含量小于5%，有时见少量斜长石，个别变种以钠长石为主。半自形—他形粒状结构，块状构造。命名时前面冠以暗色矿物如角闪正长岩、辉石正长岩等。

碱性正长岩：浅灰、灰色。主要矿物为碱性长石、碱性暗色矿物，碱性长石约70%~80%，常见有正长石、歪长石、微斜长石、钠长石；碱性暗色矿物为霓石、霓辉石、钠闪石、钠铁闪石、棕闪石等。次要矿物为富铁黑云母、普通辉石，少量叶闪石。根据暗色矿物进一步命名如霓辉正长岩。半自形粒状结构，可见嵌晶结构或似文象结构，块状构造。

正长斑岩：相当于正长岩的浅成岩，多具斑状结构，斑晶为正长石、微斜长石，少量角闪石、黑云母或辉石。基质为显微晶质结构、粗面结构，主要由正长石微晶组成，其中有少量他形石英。当不具斑状结构时，微—细粒半自形粒状结构，命名为微晶正长岩。

(2) 几种主要的中性喷出岩类型。

安山岩：成分相当于闪长岩的火山熔岩。新鲜面呈深灰—褐灰色，风化面呈灰绿—紫红色，主要为斑状结构，斑晶主要为中长石—拉长石和辉石、角闪石或黑云母，斜长石具有环带结构，基质为交织结构或玻晶交织结构，有时少量碱性长石和石英微晶充填于斜长石微晶中，构成霏细—交织结构。少数形成交织结构或玻基交织结构。进一步命名为辉石安山岩、角闪安山岩、黑云母安山岩。

粗面岩：多呈暗灰色，风化面褐灰—褐红色，以碱性长石斑晶的普遍出现为主要特点，并含少量斜长石和暗色矿物（具有暗化边的角闪石、黑云母及少量辉石）。结构多为斑状结构、玻基斑状结构、玻璃质结构、粗面结构、球粒结构，常见构造为块状构造、气孔或杏仁构造。

粗安岩：多为深灰色，风化后变红褐色。成分相当于二长岩的喷出岩，碱性长石和斜长石含量相等，斑状结构，斑晶为中长石，常见熔蚀和熔蚀麻点，基质主要成分为透长石或正长石，具粗面结构、交织结构、玻基交织结构。有时正长石环绕斜长石斑晶形成正边结构。此外，斑晶可见少量辉石，以及发育暗化边的角闪石和黑云母，向碱性系列过渡时可见少量霓石、霓辉石或钛辉石，基质中除碱性长石外，还可见更长石、单斜辉石和磁铁矿等，有时基质出现玻璃质。进一步命名为角闪粗安岩、黑云母粗安岩、辉石粗安岩和霓辉粗安岩。

4. 酸性岩类（花岗岩—流纹岩类）

花岗岩类是大陆地壳的重要组成部分，是分布最广的侵入岩。酸性岩代表性的侵入岩是花岗岩，喷出岩是流纹岩。在IUGS分类QAP三角图解中位于20~60线（石英含量>20%）的区域，这里的石英是重新计算Q、A、P的相对百分含量的值，再根据[A/(A+P)]的比率，依次划分为英云闪长岩（斜长花岗岩）（<10%）、花岗闪长岩（10%~35%）、二长花岗岩（35%~65%）、正长花岗岩（65%~90%）、碱长花岗岩（>90%），二长花岗岩和正长花岗岩统称为花岗岩。其中花岗岩、花岗闪长岩对应成分相当的喷出岩为流纹岩和流纹英安岩。此外还有一些浅成的具有斑状结构的侵入岩，如花岗斑岩、花斑岩、石英斑岩、花岗闪长玢岩等。还有偏碱性的含有碱性暗色矿物的碱性花岗岩、碱性流纹岩。

除最基础的花岗岩分类外，还有几种常用的成因分类作参考，如I、S、M、A分类（表3-19）和巴尔巴林（1996）的综合分类。I、S型花岗岩主要考虑花岗岩的源岩；M、A型花岗岩主要考虑源岩和构造环境。巴尔巴林（1996）根据矿物组合、岩石类型、野外关系以及元素地球化学和同位素等特征，并同时考虑到花岗岩的源区及其所处的地球动力学环境，对花岗岩进行了综合分类（表3-20）。

表3-19　花岗岩的I、S、M、A分类

成因分类	源岩	属性特点
I型	基性程度高的火成岩、变质火成岩，即下地壳硅镁层（火成岩）经重熔和简单成岩过程而形成	钙碱性花岗岩
S型	沉积岩或变质岩，即上地壳硅铝层（沉积岩）经重熔和简单成岩过程而形成	过铝的二云母花岗岩
M型	母岩可能来源于地幔或俯冲到大洋岛弧之下的洋壳，形成于大洋岛弧环境	含基性成分
A型	富钾长石偏碱性的、非造山带花岗岩	偏碱性岩，也包含铝高的非碱过饱和岩

表3-20　巴尔巴林的花岗岩综合分类

花岗岩类类型		来源	地球动力学环境
含白云母过铝质花岗岩类	MPG	壳源 过铝质花岗岩	大陆碰撞
含堇青石过铝质花岗岩类	CPG		
富钾钙碱性花岗岩类 （高钾—低钙）	KCG	混合源（地壳+地幔） 偏铝质和钙碱性花岗岩	构造体制转换
含角闪石钙碱性花岗岩类 （低钾—高钙）	ACG		俯冲作用
岛弧拉斑玄武质花岗岩类	ATG	幔源 拉斑玄武质钙碱性 和过铝质花岗岩类	大洋扩张或大陆隆起作用和裂谷作用
洋中脊拉斑玄武质花岗岩类	RTG		
过碱性及碱性花岗岩类	PAG		

1) 化学成分

酸性岩类 SiO_2 含量高（>65%），一般为 65%~78%；碱质（K_2O+Na_2O）含量较高，为 6%~8%；MgO、FeO、CaO 含量低。根据里特曼指数 σ 分为钙碱性（<3.3）和碱性系列（3.3~9）。

2) 矿物组成

花岗岩类主要包括：浅色矿物（含量>85%）——石英（含量>20%）、碱性长石和酸性斜长石；次要矿物——黑云母及角闪石（含量<10%），有时见白云母和少量辉石，碱性花岗岩中还可以见到碱性暗色矿物；副矿物——锆石、磷灰石、榍石、磁铁矿、电气石等（表3-21）。

表 3-21 酸性岩矿物组成特征

矿物类别	矿物	特征	次生蚀变
主要矿物	石英	含量 20%~60%，他形充填，常见溶蚀	无
	碱性长石	常见有微斜长石、正长石、条纹长石、钠质歪长石，浅成相可见透长石、歪长石	高岭土化，表面土褐色
	酸性斜长石	以更长石为主，可见中长石，碱性花岗岩中可见钠长石，细密纹的聚片双晶，有时见环带结构，自形程度高于碱性长石	绢云母化、高岭土化、绿帘石化，表面土灰色
次要矿物	角闪石	绿色普通角闪石，半自形长柱状，可有可无	
	黑云母	深褐—浅黄色—红棕色，片状，中正突起，多色性吸收性明显	绿泥石化或褪色
	辉石	主要为普通辉石、透辉石，含量极少，常残留角闪石反应边	纤闪石化、绿泥石化
	白云母	在富铝的花岗岩中可见，闪突起，干涉色鲜艳	
	碱性暗色矿物	碱性岩中出现钠质角闪石、霓石、霓辉石，基本不含斜长石	
副矿物	锆石、磷灰石、榍石、磁铁矿、电气石	榍石：高正突起，高级白干涉色 磷灰石：无色、自形柱状，一级灰黑干涉色	

喷出岩流纹岩和英安岩是与花岗岩成分相当的熔岩，主要为石英、碱性长石、斜长石，次要矿物为黑云母，副矿物为锆石、榍石等。以出现石英斑晶为该类岩石的重要标志，石英斑晶常呈自形六方双锥，见溶蚀结构。有时在基质中也可见石英。碱性长石在流纹岩中可在斑晶和基质中大量出现，主要为透长石和正长石，英安岩中斑晶少见，主要在基质中。斜长石在英安岩斑晶和基质中出现，在流纹岩中少见。黑云母含量不多，是这类岩石的主要暗色矿物。

3) 结构构造

酸性岩的结构构造见表 3-22。

表 3-22 酸性岩的结构构造

岩石类型	结构	构造
侵入岩	花岗岩类最典型的结构是花岗结构、似斑状结构，局部出现蠕虫结构、文象结构、条纹结构。 浅成相多见斑状结构，基质显微晶质结构、隐晶质结构、显微嵌晶结构、显微文象结构、球粒结构等	块状构造，岩体边缘可出现斑杂构造、条带状构造、似片麻状构造，有些岩体具球状构造、晶洞或晶族构造

续表

岩石类型	结构	构造
喷出岩	流纹岩的结构主要为斑状结构。斑晶可见各种形式的熔蚀结构、反应边结构。基质常见隐晶质、霏细、球粒、显微嵌晶、显微文象结构、玻璃质结构	流纹构造为主，其次为气孔构造、杏仁构造、珍珠构造和石泡构造

4) 主要岩石类型

侵入岩主要岩石类型有英云闪长岩、花岗闪长岩、二长花岗岩、正长花岗岩、碱长花岗岩、碱性花岗岩、花岗斑岩、石英斑岩等。

喷出岩主要岩石类型有英安岩、流纹岩、碱长流纹岩、火山玻璃岩等。

(1) 几种主要的酸性侵入岩类型。

斜长花岗岩：与碱性长石花岗岩相反，长石几乎全为中长石—更长石（Pl 含量>90%），Af 很少，暗色矿物含量<10%，常为 Bi、Hb。暗色矿物含量>15%时，称为英云闪长岩。

英云闪长岩：英云闪长岩是斜长石含量相对较高的花岗岩类型。主要矿物为斜长石、石英，没有或者很少含钾长石，斜长石主要为更长石（奥长石）和中长石；镁铁质矿物主要为角闪石，色率为15%左右；色率<10%可称为斜长花岗岩，或者奥长花岗岩。花岗结构，块状构造。

花岗闪长岩：灰绿色或暗灰色，花岗闪长岩比花岗岩含较多的斜长石和暗色矿物，所以岩石的颜色比花岗岩稍深一些。矿物成分斜长石含量多于碱性长石，且为酸性和中性斜长石。石英含量可达25%，暗色矿物主要为黑云母和角闪石。有时可含有辉石，总量约为15%；副矿物为磷灰石、锆石、榍石、磁铁矿等。花岗结构和似斑状结构，块状构造。

二长花岗岩：岩石主要矿物组成为石英、碱性长石、斜长石，两种长石含量相近，均占长石的 1/3~2/3；暗色矿物有黑云母或角闪石，进一步据暗色矿物种类命名为黑云母二长花岗岩、二云母二长花岗岩、角闪石二长花岗岩。二长结构、半自形粒状结构、似斑状结构，块状构造，有时见斑杂构造。

花岗岩：浅色，一般灰白、肉红色，主要矿物是石英、钾长石和酸性斜长石；次要矿物是黑云母、角闪石。石英含量一般大于25%，暗色矿物含量常小于5%，碱性长石含量（平均约40%）高于斜长石含量（平均约25%）。花岗岩可按暗色矿物种类命名，如黑云母花岗岩、二云母花岗岩、角闪花岗岩等。若暗色矿物低于1%，则称白岗岩。块状构造，花岗（半自形粒状）结构。

碱长花岗岩：主要由碱性长石和石英组成，不含或含少量斜长石。它以不含碱性暗色矿物区别于碱性花岗岩；以石英含量大于20%区别于正长岩。花岗结构，块状构造。

碱性花岗岩：主要矿物组成为石英、碱性长石、碱性暗色矿物（钠闪石、霓辉石、霓石等）。碱性暗色矿物与长石同时结晶或晚于长石。进一步可据所含碱性暗色矿物种类命名，如霓辉石花岗岩、霓石花岗岩、钠铁闪石花岗岩等。

花斑岩：基质中石英和长石组成显微文象结构的花岗斑岩，长石以碱性长石为主；花岗闪长斑岩中长石以斜长石为主。

石英斑岩：斑晶为石英，基质多为隐晶质。

花岗闪长玢岩：矿物成分与花岗闪长岩相当，全晶质斑状结构，斑晶以斜长石为主，有少量的暗色矿物、钾长石、石英等。

(2) 几种主要的酸性喷出岩类型。

流纹岩：成分相当于花岗岩（正长花岗岩和二长花岗岩）的熔岩。灰白—粉红色，斑状结构；斑晶为石英和碱性长石，含少量的斜长石（更长石为主）和黑云母（有暗化边），斑晶石英被熔蚀为港湾状；基质为霏细—隐晶质结构或玻璃质，有时为球粒结构。流纹构造、杏仁构造、石泡构造等。命名按构造可分为球粒流纹岩、石泡流纹岩等。

英安岩：成分相当于花岗闪长岩和英云闪长岩的熔岩。深灰—灰绿色，斑状结构；斑晶除石英外，主要以中长石—更长石为主，碱性长石少见，常环绕于斜长石外围形成正边结构，偶见辉石或具有暗化边的角闪石和黑云母的斑晶，斑晶多被熔蚀，发育熔蚀反应边结构；基质为更长石、透长石和石英微晶，以斜长石斑晶多而区别于流纹岩。基质常具玻璃质结构、玻晶交织结构、霏细结构。据暗色矿物斑晶成分不同可进一步细分为辉石英安岩、角闪英安岩、黑云母英安岩等。

碱性流纹岩：为绿色、灰绿色、灰紫色和灰白色，斑状结构，斑晶常见有钠透长石、歪长石或钠长石，石英很少或没有，可见少量普通辉石或霓辉石。基质微晶可见霓石、钠闪石和钠钙闪石等。基质结构除钙碱性流纹岩中所见的类型之外，还有粗面结构和粗面—霏细结构。

火山玻璃岩：黑曜岩、珍珠岩和松脂岩的统称。其物质组成80%~100%为火山玻璃，是流纹质和英安质岩浆在地表快速冷凝的产物。三者主要的区别是含水量不同，其中黑曜岩含水量很低，松脂岩含水量很高，珍珠岩居中，具体特征见表3-23。

表3-23 火山玻璃岩特征

类型	特征	含水量
黑曜岩	呈深黑色，贝壳状断口，具玻璃光泽，内中充满磁铁矿、辉石成分的微晶和雏晶	很低 <1%
松脂岩	呈深灰色，带深褐色调，其光泽和结构很像松脂，具贝壳状断口。在玻璃基质中含有较多雏晶	很高 4%~10%
珍珠岩	一般为深灰—黑色，具玻璃光泽和珍珠状裂开构造，另一种珍珠球粒与周围胶结物的颜色不一，球粒呈褐红色，胶结为浅灰绿色	居中 2%~6%

5. 火山碎屑岩类

火山碎屑岩是由火山喷发崩解产生的各种火山碎屑物质堆积、固结而成的岩石，它既可形成在陆地环境，又可形成在水下环境。火山碎屑岩中的主要物质成分是火山碎屑物，还可含一定数量的正常沉积物或熔岩物质。火山碎屑岩常与熔岩、次火山岩和正常沉积岩共生，往往具有岩浆岩和沉积岩的双重特性。

1) 火山碎屑组成

火山碎屑岩不仅包括喷发前的岩浆和其中的结晶物质以及先期喷发已固结的同源火山岩，而且包括火山通道和基底的岩石碎屑。火山碎屑按其组成可分为岩屑（围岩碎屑）、晶屑（矿物晶体的碎屑）、玻屑（玻璃质熔岩或尚未完全固化的玻璃质团块的碎裂产物）。按其粒度，可划分为四个粒集：火山集块（粒度>64mm）、火山角砾（粒度范围2~64mm）、火山灰（粒度范围0.0625~2mm）和火山尘（粒度<2mm）。

2) 火山碎屑岩的结构和构造

火山碎屑岩的结构根据火山碎屑物的粒度可分为集块结构、火山角砾结构和凝灰结构。

根据成因特点可分为火山碎屑结构、熔结结构和沉火山碎屑结构。由于火山碎屑岩是火山碎屑经堆积、压结和胶结而成，因而岩石的构造更接近于沉积岩的构造，如层状、似层状、韵律层构造等，但也有一些特征构造，如假流纹构造、火山泥球构造等。

3）火山碎屑岩的分类

根据火山碎屑岩的形成条件分为向熔岩过渡的火山碎屑熔岩类、正常火山碎屑岩类、向沉积过渡的火山—沉积岩类。根据火山碎屑含量、沉积物的含量和成岩方式的差别，可进一步划分为五个亚类：正常火山碎屑岩类的溶解火山碎屑岩亚类和普通火山碎屑岩亚类；火山—沉积岩类的沉火山碎屑岩亚类、火山碎屑沉积岩亚类、碎屑熔岩亚类。根据每个亚类中碎屑物质粒度和各粒级组分的相对含量，进一步划分为集块岩、角砾岩、凝灰岩。

八、岩浆岩的观察与描述方法

岩浆岩的观察与描述包括手标本观察和偏光显微镜观察，从而对岩浆岩的颜色、结构、构造、矿物成分、特征及其含量、次生变化等进行描述，依据这些基本特征结合岩石命名原则和方法，对岩石正确命名，提供有关成因的信息，写出鉴定报告，为进一步的矿物学、岩石学、矿床学、地球化学、构造学等学科研究提供基础资料。

岩浆岩鉴定的一般工作程序是：先了解产状（实验标本的产状均已知），再对手标本用肉眼借助放大镜、小刀等工具进行鉴定描述、初步定名。然后在偏光显微镜下对薄片进行详细鉴定。最后，综合野外产状、手标本定名及镜下的基本特征，参照有关命名原则确定岩石名称。

一份完整的岩石鉴定报告通常由手标本描述和镜下描述两部分组成，不管是手标本描述，还是镜下描述，都包括岩石总体特征、组成岩石各矿物的基本特征及其百分含量、次生变化等特征。但由于观察对象、尺度不同，要求有所不同。

（一）岩石手标本描述

在实验室条件下进行岩石手标本的鉴定，通常是借助放大镜、小刀、磁板等简单工具，对标本进行肉眼观察和初步定名，更深入研究和精确定名须利用偏光显微镜对岩石薄片进行。岩浆岩手标本观察描述内容依次为：岩石颜色及色率、构造、结构、矿物成分及其百分含量、次生变化及其他特征、初步定名。下面详细论述如何观察描述各方面的特征，描述实例参见第四章。

1. 岩石颜色及色率

在观察手标本时，岩石的颜色是最醒目的特征，它是指标本所呈现的总体色彩。观察颜色时，宜远观其整体，看总体色调，切忌不要离得太近只观察其局部。颜色包括色的本身及其色调的深浅，如暗红色、浅黄绿色等。岩石的颜色受以下几个因素影响：（1）暗色矿物含量，含量多则颜色深；（2）粒度的影响，粒度越细、颜色越深。颜色包括颜色种类和深浅。新鲜岩石的颜色是岩石组成矿物颜色的综合反应。颜色除与矿物组成有关外，还与结构（粒度）有关，相同矿物组成的岩石，粒度越细、颜色越深。如辉绿岩比辉长岩颜色深，而玄武岩的颜色更深（通常是黑色）。此外，次生蚀变会改变岩石颜色。若岩石遭受了蚀变作用，应指出次生蚀变后的颜色。因此，在描述岩石颜色时，是以新鲜的、干燥的断面为准，因为蚀变和风化都可改变颜色。手标本上若有蚀变色、风化色，则同时描述出来。

颜色描述时有三种方法：（1）标准色谱法，又称单色描述法；（2）用复合色描述，如浅褐灰色、深灰绿色、黄绿色等，后者为主色调；（3）形象化描述，如肉红色、砖红色、霞红色等。三种描述法前均可加"深""浅"等形容词。

色率，是指暗色矿物（铁镁矿物）在岩石中所占的体积分数。色率是显晶质岩石（尤其是粒度在细粒以上的深成岩）的鉴定和分类的主要标志之一。因隐晶质、玻璃质结构的岩石的颜色，并不能真正客观地反映暗色矿物的含量。按大类分，四大类岩浆岩的色率一般为：超基性岩，色率>90%；基性岩，色率40%~90%；中性岩，色率15%~40%；酸性岩，色率<15%。根据色率可以大致进行岩浆岩分类。

2. 构造

岩石构造指岩石中矿物集合体在空间分布方面的特征，分布是否均匀、是否定向等。例如无定向构造中，若岩石中矿物分布均匀，则称为块状构造，若分布不均匀则称为斑杂状构造等；定向构造包括各类面理（层理、板劈理、片理、片麻理、流动面理等）、线理，二者通常在岩石同时出现，此时线理产在面理上。因此，在野外通常在面理上测量线理产状。

构造是指组成岩石的不同矿物集合体在空间上的排列和充填方式。其特征与成岩条件关系密切。构造是较宏观的岩石构成特征，要求观察尺度比较大，最好在露头上观察。在室内构造主要在手标本上观察。因此，手标本对构造的描述要细致，尽量定量。构造可分为侵入岩构造和喷出岩构造，具体描述按如下所述（表3-24）。

表3-24 岩浆岩中常见构造及特征

构造	特征
块状构造	又称均一构造，组成岩石的矿物，在整块岩石中分布均匀且无方向性，岩石各部分在成分上、结构上具有一致性，是一种分布最广的构造
条带状构造	岩石中不同的矿物成分、结构、颜色等呈带状分布，条带与条带之间彼此近于平行，相间排列，如在某些辉长岩中，暗色矿物辉石与橄榄石、浅色矿物斜长石相间排列，组成带状构造
杏仁构造	岩浆喷溢出地表时，其中所含的挥发分逸散后留下的孔洞，当气孔被后来的次生物质充填，就形成了杏仁构造
气孔构造	岩浆喷溢出地表时，其中所含的挥发分逸散后留下的孔洞，这些孔洞或圆或不规则，数量或多或少，分布或密或疏，或定向或无定向。当气孔所占体积在50%以上时则称为多孔构造。当气孔大于90%时，则可称为浮岩构造或溶渣构造
流纹构造	酸性熔岩中最常见的构造。它是由不同颜色、不同成分的条纹、球粒、雏晶呈定向排列与拉长的气孔等表现出来的一种流动构造。这种构造是在熔浆流动过程中形成的，常见于喷出岩中
珍珠构造	珍珠岩的特征构造，镜下表现为若干圆弧形的珍珠裂纹

侵入岩以块状构造为主，其次为条带状构造、斑杂构造、流线和流面构造、原生片麻状构造等。块状构造表现为矿物成分、颗粒大小分布均匀；另外可见斑杂状构造，指不同部位岩石颜色、矿物成分或结构差别很大，描述时要说明斑杂的外貌和矿物组成特征；对于条带状构造，则需分别描述其条带颜色、疏密、宽窄、粒度、成分等。如果岩石标本取自岩体边部，可见流线、流面构造，则需说明构成流线或流面的矿物成分大小、排列方向、疏密等。个别标本可见原生片麻状构造，表现为岩石中暗色矿物呈断续定向排列，其间为浅色粒状矿物隔开，也常见于岩体边缘。

喷出岩中常见气孔构造、杏仁构造、流纹构造等，也有块状构造，以及水下喷发形成的枕状构造等。对气孔构造，要描述气孔数量、大小、形状、排列方向、内壁光滑程度等。对杏仁构造，要描述杏仁体是呈放射状充填还是呈同心状充填，或是自气孔壁的一侧呈单方向逐渐向内充填。如果未被填满，则已充填和未充填的部分分别指向岩层的底面和顶面，它对于判断火山岩的层序关系很有用。还要说明杏仁体的颜色、形状、大小、矿物成分（通常是方解石、石英、玉髓、蛋白石、绿泥石、沸石等）。当气孔被拉长呈细长条状平行排列时，即呈现出流动特点时，即成为流纹构造，描述时，注意不同颜色组成的粗细、疏密、拉长气孔的形态和长宽比等，以及在垂直和平行流纹的方向上相邻两气孔之间的距离等特征。手标本构造名称的描述，一般写于结构描述之后。构造内容的详细描述，可放在描述矿物成分之后。

3. 结构

结构指组成岩石的矿物的结晶程度、大小、自形程度及颗粒间的相互关系。与构造相比，结构是较微观的岩石构成特征，要求观察尺度比较小（颗粒尺度），最好在镜下观察。肉眼观察岩石结构主要看颗粒形状、大小。总之，结构是矿物颗粒本身的特点，是分类命名的重要依据之一。

描述结构时，首先根据结晶程度，可把岩石结构分为显晶质、隐晶质和玻璃质，其描述方式见表 3-25。

表 3-25 按结晶程度描述结构时需要注意的内容

结构	全晶质	隐晶质	玻璃质
观察内容	用肉眼或放大镜能分辨出矿物颗粒，能观察其大小、形态、自形程度、解理、硬度、颜色等	用肉眼或放大镜不能分辨单个矿物颗粒，具粗瓷状断口，光泽暗淡	不能分辨矿物颗粒，断面光滑、致密，具贝壳状断口和玻璃光泽

对隐晶质或玻璃质结构的岩石描述颜色、结构、断口光泽等；对显晶质结构则按如下顺序描述：（1）据颗粒相对大小，分为等粒、不等粒和斑状、似斑状结构（图 3-29）；（2）等粒、不等粒结构，则按绝对粒度划分为粗粒、中粒、细粒和微粒结构，对长柱状矿物要分别度量颗粒的长短径；（3）斑状、似斑状结构则分斑晶与基质分别描述；（4）按矿物的自形程度分为自形、半自形、他形三种（图 3-30）；（5）如果颗粒间关系肉眼观察比较明显，则描述之，如文象结构等，但大多结构类型肉眼不能细分，以待薄片观察时详细描述。

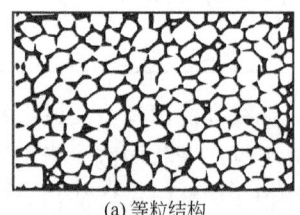
(a) 等粒结构

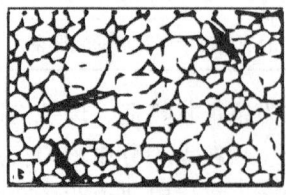
(b) 不等粒结构

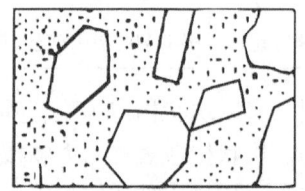
(c) 斑状结构或斑状变晶结构

图 3-29 按颗粒相对大小划分的结构示意图

在描述结构时需要注意以下几方面：（1）若岩石中有长石类矿物，且为主要矿物，则以其粒度作为岩石整体粒度的代表；（2）从外表、成因上搞清斑状结构和似斑状结构的区

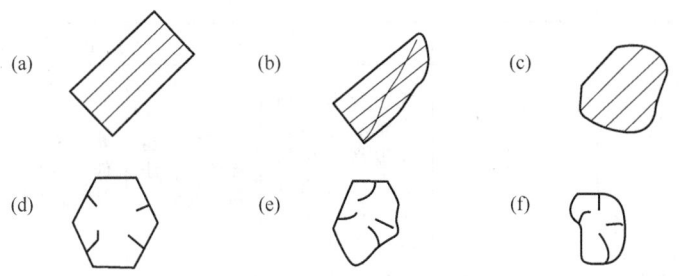

图 3-30 按矿物的自形程度划分的结构示意图
(a)(d) 自形晶,晶面完整;(b)(e) 半自形,部分晶面完整、部分不规则外形;
(c)(f) 他形,无完整晶面、外形不规则

别;(3) 在实际的描述过程中,不一定如上顺序按部就班地全部描述出来,一般先描述出岩石整个结构的面貌,具体的粒度大小、每一种矿物的自形程度等多放在矿物成分及其特点中描述;(4) 结构的命名,按如下顺序——(全晶质)半自形中粒等粒结构,斑状结构,基质呈隐晶结构,似斑状结构,基质为细粒等粒结构。

4. 矿物成分及其百分含量

矿物成分的观察,对显晶质矿物,一般要借助于放大镜,在光线明亮的地方,运用已学过的矿物学知识,观察矿物的颜色、晶体、解理、双晶、光泽、断口特征和硬度等,以及矿物的自形程度、绝对粒度大小等矿物颗粒的结构特征,鉴定矿物类型(见第四章)。观察时要考虑矿物的共生组合规律,抓住有特征指示意义的矿物,如橄榄石、石英、霞石、白榴石等。组成岩石的矿物可分为主要矿物(含量>10%)、次要矿物(含量 1%~10%)和副矿物(含量<1%)。不仅要考虑到矿物的百分含量,而且要考虑到矿物在分类命名的作用和意义。描述岩石在矿物组成上的总特点的方法通常是依次指出主要矿物、次要矿物和副矿物的矿物种类,通常按含量由多至少为序,逐一描述每种矿物的颜色、形状、大小和其他鉴定特征。副矿物因含量太少、颗粒小而不好观察。因为副矿物多为金属矿物及其他非硅酸盐矿物,在颜色光泽上有特征,如磁铁矿、钛铁矿、黄铜矿、黄铁矿等具金属色和金属光泽,榍石在中性岩至酸性岩中常见,为特征的褐黄色、金刚光泽、信封状晶体,仔细观察标本可以发现,而锆石、磷灰石等副矿物因多为无色,故很不容易观察出来。

对斑状结构的岩石,先斑晶,后基质。对斑状结构的岩石,先描述斑晶,后描述基质。对隐晶质和非晶质,由于矿物成分肉眼不能分辨,主要描述颜色、光泽和断口等特征。

最常见的橄榄石、辉石、角闪石、云母类、斜长石、钾长石和石英等矿物,要牢记它们的鉴定特征(表 3-26),以提高手标本鉴定基本功。

表 3-26 常用矿物主要特征鉴定表

	手标本	单偏光(-)	正交偏光(+)	锥光
橄榄石	绿色、浅黄绿等,粒状,玻璃光泽,透明至半透明,解理不发育,贝壳状断口,硬度 6.5~7,易蛇纹石化,也可蚀变为伊丁石、滑石、绿泥石等,镁橄榄石为白色、淡黄或淡绿	无色透明 高正突起 无解理,裂纹发育	二级紫红—三级绿,平行消光,地幔岩中的镁橄榄石发育貌似双晶的"肯克带"	二轴晶(±),镁橄榄石正光性,2V 角近 90°

续表

	手标本	单偏光（-）	正交偏光（+）	锥光
斜方辉石 顽火辉石 古铜辉石 紫苏辉石	紫苏辉石和普通辉石绿黑至黑色，无色至浅褐色条痕，短柱状、粒状，玻璃光泽，硬度5.5~6	高正突起，横截面四边形或八边形，两组近直交完全解理、夹角87°/93°，纵截面较短长条形，一组解理，可见简单双晶或聚片双晶（除霓石等碱性辉石呈长柱状、针状及霓石横切面有时呈六边形以外）	紫苏辉石弱多色性，淡粉—浅绿	紫苏辉石干涉色低，一级橙黄，纵切面平行消光	紫苏辉石、霓石和部分霓辉石、古铜辉石为负光性
单斜辉石 普通辉石 透辉石 霓辉石 霓石			透辉石白色、淡绿色，条痕无色—淡绿色	普通辉石一般无色，霓辉石淡绿色，中间浅向边部绿呈环带，霓石翠绿	普通辉石干涉色高，二级黄绿，纵切面斜消光（横切面对称消光），霓辉石斜消光，霓石近平行消光	二轴晶正光性，2V角中等
普通 角闪石	暗绿、暗褐至黑色，玻璃光泽，长柱状、针状，多蚀变为绿泥石	明显多色性，绿色角闪石：Ng深绿、深蓝绿、Nm绿、黄绿，Np浅绿、浅黄绿；褐色角闪石：Ng暗褐、红褐，Nm褐，Np浅褐。吸收性：Ng≥Nm>Np或Ng>Nm>Np。中正突起，横切面（菱形/六边形）角闪石式的两组解理，夹角为56°/124°	斜消光，消光角23°，最高干涉色二级蓝	二轴晶，大部分负光性，2V角大（>70°）
黑云母	黑色、棕色，玻璃光泽，带珍珠晕彩，片状，硬度小，为2~3	一组极完全解理，多色性明显，中正突起	平行消光干涉色3~4级	2V角特别小
白云母	片状	无色，闪突起		2V角30°~50°
金云母	片状	无色，低突起		2V角0~20°
斜长石	板状，长条状	低正突起（除钠长石）	聚片双晶、卡钠复合双晶、斜消光	
碱性长石	板状，玻璃光泽	低负突起	卡氏双晶、格子双晶，条纹结构，多平行消光	二轴晶（-）
石英	粒状，贝壳状断口，断面油脂光泽	无色、表面干净，无解理、正低突起	一级灰白干涉色，波状消光	一轴晶（+）

肉眼估计矿物百分含量难度较大，有经验的地质人员估计的矿物百分含量，误差不超过5%。初学者要通过不断实践才能掌握。估计百分含量是岩石命名的主要依据之一，最常用方法有如下三种：

（1）目估法：是最常用、最简单的方法。估计时，要选择有代表性的部位，先估计整个岩石中浅色矿物和暗色矿物的比例，然后再细分暗色矿物各种属和浅色矿物各种属的相对含量。特别要注意的是，初学者对颗粒偏细的岩石，往往将暗色矿物含量估计过高，因此，在估计时应加以克服。

（2）直线法：在手标本上选一较平的、有代表的部位做几条直线分别统计各矿物占直线总长的百分比，折合成矿物体积分数。

（3）网格法：又称面积法，常用野外露头的测量。选择岩石新鲜而又平整部位画上网格（对一般粗粒岩石，平整面不小于 $30cm^2$，每一小格为 $0.5cm^2$），统计各矿物分别占网格总面积的百分比，此百分比即为矿物的百分含量。

5. 次生变化及其他特征

手标本上有时可见捕虏体、析离体、次生变化、破碎情况、细脉穿插、岩石包体、矿化等，如见到应描述。次生变化是指岩石形成以后所遭受的各种化学和物理的改造或破坏（包括蚀变、去玻化、风化等）导致的矿物成分改变而形成次生矿物。如橄榄石的蛇纹石化、透闪石化、伊丁石化；辉石、角闪石、黑云母的绿泥石化；长石的高岭土化、绢云母化等。通常次生变化在手标本上不易观察，而镜下则看得清楚。

6. 初步定名

在对岩石标本进行了详细观察之后，结合分类命名原则进行综合命名。对于侵入岩的命名，通常按"颜色+结构（粒度）+次要暗色矿物种类（少前多后）+岩石基本名称"，有时考虑次生变化，作为前缀来修饰。对于火山岩的命名，通常是"颜色+斑晶矿物+岩石基本名称或构造+岩石基本名称"。命名时，考虑如下几个方面：

（1）根据主要矿物成分，定出岩石大类名称（基本名称），如花岗岩。

（2）根据次要矿物，定出岩石种属名称；若有多种，则按含量少前多后排列，如黑云角闪花岗岩。

（3）根据主要矿物绝对大小，作为修饰语放在基本名称之前，如中粒辉长岩。

（4）对于某些岩石如基性岩、中性岩类等，颜色特殊，如色率较高时，即暗色矿物含量高时称暗色辉长岩、暗色闪长岩，命名时考虑色率大小。

（5）若有较特殊的构造，在岩石名称前加上，如似片麻状闪长岩。

（6）若次生变化较为明显，则根据次生变化强弱程度命名，如强蛇纹石化橄榄岩。

（7）对于斑状结构岩石，可根据斑晶成分定出其名称，如花岗斑岩、闪长玢岩；对于喷出岩，若有斑晶，可大致确定基本名称；在其前可加上颜色、斑晶矿物或构造作为修饰语，如黑色橄榄玄武岩或气孔状玄武岩等。

（二）岩石薄片描述

在手标本鉴定描述的基础上，再在偏光显微镜下对其薄片进行深入、细致的观察描述。描述与手标本描述类似，内容依次为：矿物组成总体特点（包括组成岩石的矿物种类及含量、矿物基本特征）、岩石的结构和构造（结合手标本）、次生变化等，进行成因分析，画素描图，在此基础上进行岩石定名。

1. 矿物组成总体特点

岩石薄片中，可见多种矿物成分。可按如下顺序观察和描述：（1）在低倍—中倍镜下，在单偏光和正交偏光下把整个岩石薄片概略地浏览一下，根据在镜下的光学性质，大致可分出有几种矿物；（2）对各矿物详细观察和描述其光学特征；（3）估计各种矿物百分含量。

描述时，要按粒状结构与斑状结构两种描述方式。前者按矿物含量多少及其在分类命名中的作用，分为主要矿物、次要矿物和副矿物分别描述；后者，则分斑晶和基质描述。

描述内容包括：矿物在单偏光、正交偏光下的晶体光学性质。单偏光下主要观察矿物形态、颜色、多色性、突起、糙面、解理及夹角等，正交偏光下主要观察矿物的最高干涉色、消光类型及消光角、双晶类型等，描述时也要注意矿物颗粒的一些结构特征如自形程度、粒度大小（以 mm 计）与其他矿物的关系等，再者是矿物的次生变化特征，如次生矿物类型、大小、分布方式。薄片描述，按含量自多至少为序，逐一描述每种矿物的形状、大小和其他鉴定特征。在此基础上，将矿物进一步划分种属。对斑状结构的岩石，先描述斑晶，后描述基质。

建议首先用低倍物镜在单偏光、正交偏光镜下反复把整个岩石薄片概略地浏览一下，根据矿物的颜色、多色性、晶形、突起、糙面、双晶、干涉色和解理等特点，先判断镜下有几种矿物，这样就不会漏掉矿物。然后再对每种矿物形状、大小和其他鉴定特征进行详细观察。对手标本上肉眼无法观察的隐晶质、玻璃质岩石，要用高倍镜头在镜下仔细观察。对玻璃质岩石，要根据突起的正、负大致确定其酸性程度（火山玻璃中 SiO_2 含量与其折射率呈反比。一般基性火山玻璃为无突起到低正突起，而酸性火山玻璃为低负突起）。对中酸性岩石霏细结构的部位或其他岩石由长石石英微粒构成的部位，由于颗粒太细，镜下无法进一步区分长石石英，只能根据其低的突起、一级灰白干涉色笼统定为长英质。

需要注意以下问题：

（1）在描述过程中，要抓住最能反映矿物的鉴定特征进行准确地描述，不一定要把某单矿物所有的光学性质都写出来。对常见的造岩矿物不必用锥光测轴性光性，如石英、长石等；对不常见矿物，则需系统地鉴定。

（2）在描述斑状结构的岩石时，若斑晶、基质中都有斜长石，则要分别测其牌号，并比较。若基质为显微晶质结构（肉眼为隐晶质），则要描述其矿物成分特点，若为显微隐晶质、玻璃质，则以其总体特征的观察描述为主，如玻璃折射率大小、颜色，还要观察有无脱玻化。对于霏细结构，一般笼统地将成分定为长英质，以斑晶作为描述的重点。

（3）描述矿物粒度，往往以一个粒度范围表示。必要时对最大、最小粒度也加以说明。通常情况下，可以以视域直径为准目估矿物颗粒大小。假定视域直径 $d=3mm$，则可估计粒径为 0.3~0.5mm。不过，不同型号显微镜，不同目镜、不同物镜下视域直径大小不同。教学用的 Nikon 偏光显微镜，目镜为 10×，使用 4×、10×和 40×等 3 种物镜，它们的视域直径分别为 5mm、2mm 和 0.5mm。视域直径也可用微尺或精确的坐标方格纸、直尺等工具直接测出。

（4）矿物描述完毕后，要估计其百分含量，这对定名很重要，一般采取目估法。当对矿物百分含量精度要求较高时，需采用仪器测量统计方法。可以根据现有实验设备和精度要求选择机械台、六轴计积台、电动计积台及图像分析仪等仪器测定。

2. 岩石的结构和构造

岩石的结构特点与手标本观察描述一样，镜下结构也是从四个方面（结晶程度、颗粒大小、自形程度和相互关系）进行观察和描述（表 3-27）。镜下根据矿物间的相互关系、结晶程度、自形程度以及矿物颗粒大小等特征可以更为准确地确定结构名称。

结构描述顺序如下：岩石的整体结构描述，以粒度和自形程度为主，而且粒度要以主要矿物的粒度为主，有长石时测量长石粒径；对斑状结构的岩石，采用三级描述原则，先指出岩石整体为斑状结构，然后描述斑晶，如暗化边、熔蚀结构、环带结构等，最后描述基质，如安山结构（玻基交织结构）、玻璃质结构、粗面结构、拉斑玄武结构等。

表 3-27　岩浆岩的主要的结构特征及区别

分类依据	主要结构类型	基本特征
结晶程度	全晶质结构	主要造岩矿物全部为结晶矿物
	半晶质结构	主要造岩矿物部分为晶质，部分为隐晶质—玻璃质
	玻璃质结构	岩石几乎全部由隐晶质—玻璃质组成
自形程度	自形晶结构	主要造岩矿物具完整的晶面，晶形完整
	半自形（晶）结构	主要造岩矿物晶形不完整。部分晶面发育，部分晶面不发育
	他形（晶）结构	主要造岩矿物无完整的晶面，外形不规则
矿物颗粒大小	等粒结构	岩石中同种矿物颗粒大致相等，又称花岗状结构
	不等粒结构	岩石中同种矿物颗粒大小不等
	斑状结构	岩石中所有颗粒或晶体分属于大小截然不同的两群，即在较细的物质（基质）间散布有较大的晶体（斑晶）的结构
矿物间的相互关系	辉长结构 等自形结构	主要造岩矿物——基性斜长石、辉石自形程度相同，颗粒大小相近，相互紧密嵌布，为辉长岩的特征结构
	辉绿结构	主要造岩矿物——基性斜长石自形程度较高，辉石呈他形粒状充填在基性斜长石颗粒空隙间，为辉绿岩的特征结构
矿物间的相互关系	闪长结构 （柱粒结构）	主要造岩矿物——中性斜长石。角闪石呈自形柱状相互紧密嵌布，故也称柱粒结构，为闪长岩的特征结构
	花岗结构 （半自形粒状结构）	主要造岩矿物——酸性斜长石自形程度稍高，呈半自形粒状；碱性长石和石英呈他形粒状；次要造岩矿物——黑云母、角闪石等自形程度较高。为花岗岩的特征结构
	交生结构	矿物颗粒彼此嵌布在一起，如文象结构、条纹结构、蠕虫结构、嵌晶结构、含长结构等
	反应结构	早期结晶的矿物与残余岩浆反应而形成的一些结构，如反应边结构、暗化边结构、熔蚀港湾结构等

岩石构造主要在手标本上观察，镜下对构造的描述要求依据手标本对构造的描述和镜下看到的岩石在矿物空间分布方面的特征，确定岩石的构造类型。

3. 次生变化及成因分析

成因分析是根据观察到的岩石矿物成分、结构构造等岩相学基本特征，利用岩石学基本理论、基本方法，分析岩石成因，是将学到的知识应用于实践的重要环节。由于不同岩石类型形成条件、机制不同，成因分析方法和内容、要求也有所不同。对岩浆岩，通常要求根据矿物自形程度、相对大小、包裹关系、反应关系等结构特征分析矿物结晶顺序，区分原生矿物与次生矿物。岩石次生变化类型很多，但通常次生变化产物与原生矿物有关（表 3-28），掌握这些关系，有利于岩石鉴定工作。石英不会发生次生变化，这一点也是区分长石与石英的标志。此外两种长石同时出现时，次生变化特点不同，往往一种长石发生变化，另一种不变，即使二者都发生变化，它们的变化产物也不同，这个特点可以帮助鉴定长石。

表 3-28　几种原生矿物的次生变化

原生矿物	次生变化矿物
橄榄石	蛇纹石、透闪石、滑石、伊丁石
辉石	纤闪石、蛇纹石、绢石（具辉石假象的叶蛇纹石）、绿泥石、方解石
角闪石	绿泥石、绿帘石、方解石
黑云母	绿泥石
斜长石	绢云母、高岭石、钠长石、钠黝帘石化
钾长石	高岭石、绢云母
霞石	钙霞石、细分散状赤铁矿、水铝氧石
石英	无

4. 素描图

素描图是岩石鉴定报告中不可缺少的一部分，以其直观、能清楚地说明问题而深受欢迎，依靠它可以形象地再现镜下的岩性特征。根据鉴定人员想表现的内容来决定放大倍数，一般反映粗粒岩石特点时或反映岩石整体结构、成分特点时，用低倍物镜或中倍物镜；而要反映局部结构隐晶质、玻璃质结构或矿物内部某些特点时，则用中—高倍物镜。一般标准是使主要矿物在素描图上占 10mm 为合适。故素描图分为两类，一类主要反映岩石整体结构、成分特点；另一类反映局部结构特点。无论哪类素描图都要用代号标出矿物名称，图的下方必须注明单偏光或正交偏光，要有简单的文字说明，视域直径或放大倍数标注清楚。

显微素描是地质学家和工程师的基本功，要画好应该多练，同时注意以下几点技巧：

（1）要选择好典型的能反映所要表示的岩石特征的视域。

（2）素描图应力求真实，但又要重点突出，具有代表性，可略去不必要的内容。一般要反映三方面的内容：矿物成分及含量比例；岩石结构特点、相对大小、自形程度、矿物形态、相互关系等；矿物本身的性质。

（3）通常做单偏光下素描，注意用线条的粗细轻重，点子的疏密表示不同等级的突起和糙面，同时注意轮廓、解理、裂纹、包裹体、双晶等的表示。这样，不同矿物会形象地跃然纸上。例如，石榴子石极高正突起、糙面极显著，用极粗线条和密集点子表示；橄榄石高正突起、糙面显著，用粗线条和稀疏的点子表示；黑云母中正突起，用细线条表示；石英低正突起，用极细线条表示。画出来的素描图效果很好。初学者，绘图时最好用铅笔。

（4）注意单偏光、正交偏光以及放大倍数或视域直径的标注。

绘图时，注意以下要点：先在单偏光下画出暗色矿物、突起高的矿物轮廓，对于浅色矿物结合正交偏光确定其特征，如双晶等在图上画出；先画自形的矿物，后画他形矿物；先画大的、主要矿物、次要矿物，再画小的矿物；先绘斑晶，后画基质；先画格架矿物，后画充填矿物；先画轮廓，后填内容等。

5. 定名

根据岩石基本特征，结合分类命名原则给岩石以正确定名。确定岩石类型后，进一步可按构造和矿物命名。当岩石名称中有不只一种矿物（一般不超过 3 种）时，矿物一般按含量"少前多后"的原则排列。当要强调次生变化时，用"××化"冠于岩石名称最前面，如伊丁石化橄榄玄武岩。具体如下：

侵入岩：结构（粒度）+次要矿物种类（少前多后）+岩石基本名称，需要强调次生变化时作为前缀；

火山岩：斑晶矿物+岩石基本名称或构造+岩石基本名称。

第三节　变质岩的观察内容与描述方法

一、变质岩概述

(一) 变质岩和变质作用的概念

1. 变质岩的概念及其分布

变质岩作为三大岩类之一，是指在地壳发展演化过程中早期形成的岩石，由于所处的物理、化学环境发生变化，而形成新的矿物组合、新的结构构造的岩石。变质岩约占地壳总体积的27.4%，主要为地壳岩石，少量来自较深的地幔岩石。它们广泛地分布于前寒武纪结晶基底及其以后的各种重要的地质构造单元中，如碰撞造山带、大陆边缘和大陆裂谷带等。变质岩记录了地壳演化的历史，是探讨地壳形成演化的重要载体。

2. 变质作用的概念及其特点

形成变质岩的地质作用即变质作用，是指由于地球内力作用而引起物理、化学条件的改变，从而使地壳中原有岩石的化学组分、矿物组成、结构构造等方面在原岩基本保持固态的情况下所发生的转化作用。变质作用具有如下两个特点。

(1) 变质作用限定为一种内力地质作用。

变质作用是地壳演化过程中原先形成的岩浆岩和沉积岩甚至变质岩在地壳一定深度所发生的一种固态转变。因此，一定深度和固态转变是变质作用的两个基本点，也是区别于其他矿物转变作用的关键所在。一定深度是指变质作用发生于一定的温度和压力范围，通常是温度200~800℃，压力0.02~1.5GPa。此温度范围大致位于成岩后生作用和岩浆作用之间，压力范围表明它处于风化带之下。如果原岩为沉积岩，变质后的岩石称为副变质岩，如石英岩、大理岩；若原岩为岩浆岩，变质后的岩石称为正变质岩，如蛇纹岩；若原岩为变质岩，则变质后的岩石称为复变质岩。

(2) 变质作用与成岩作用、岩浆作用的界限。

变质岩既然可以由沉积岩、岩浆岩在保持固态的条件下转变而成，那么变质作用与相应的成岩作用、岩浆作用之间有没有明确的界限呢？

变质作用与成岩后生作用之间没有截然的界限。因为在后生成岩过程中也会产生一些在变质作用中形成的矿物。因此，在区别成岩作用与变质作用时，典型矿物共生组合更为重要。如绿泥石是成岩作用和变质作用中都能出现的矿物，但绿泥石与葡萄石、黝帘石或斜黝帘石的共生则是变质作用的范畴。变质作用与岩浆活动之间也没有一条截然的界线。二者的区别在于两点：一是变质作用的发生过程主要是一个升温过程，而岩浆作用主要是降温过程；变质作用主要是在固态条件下的矿物转变，而岩浆作用则是在液态条件下的矿物晶出。二是当温度较高时，岩石可以部分熔融，出现一定量的熔体，这些熔体与残余固态岩石反应则发生了混合岩化作用，熔体增多则转变为岩浆作用。

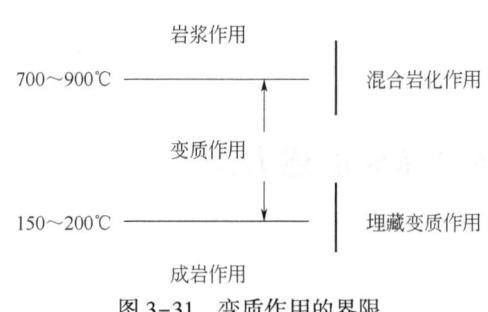

图 3-31　变质作用的界限

因此，变质作用的研究范畴为：其下限即与成岩作用的界限为埋藏变质作用（一般来说，浊沸石、蓝闪石、钠云母和叶蜡石的首次出现指示变质作用的开始）；其上限即与岩浆作用的界限为混合岩化作用（图 3-31）。

（二）引起变质作用发生的因素

引起岩石发生变质作用的因素主要指外部因素，即物理、化学方面的因素，具体包括温度、压力以及具有化学活性的流体。

1. 温度

温度是最主要、最积极的因素，主要表现为：引起岩石重结晶作用的发生和矿物多型变体的形成，如随着温度升高，非晶质的蛋白石可以生长为隐晶质的玉髓进而生长为结晶态的石英；促进原有矿物之间的化学反应，形成新的矿物或高温变质矿物，如高温下，石灰岩中若有多余的石英，方解石与石英固态下反应可以生成变质矿物硅灰石；温度升高为变质反应提供能量，产生变质热液，某些组分迁移、聚积形成矿床，如大冶式铁矿、鞍山式铁矿；温度升高加快变质反应速度，使其呈指数增长，同时使岩石中流体相活动性增加，促进组分溶解，加快其扩散速度。

因此，温度是引起变质作用发生的最重要的推动力量。而且，变质程度和变质级别都强调温度的划分，一般变质岩石的主要矿物组合都反映的是最高温度条件。变质作用过程中，引起岩石温度升高的原因很多。对接触变质作用来说，围岩温度升高与岩浆释放的热量有关；动力变质作用中，岩石的温度升高与构造运动的机械能有关。但对于大规模的区域变质作用来说，岩石温度的升高与来自深处的热流有关，热流值的高低常用地热梯度来表示。

2. 压力

压力也是控制变质作用发生的重要的物理化学因素，包括均向压力、流体压力和定向压力。

1）均向压力

均向压力即静压力或者负荷压力，受上覆岩层重荷引起，随埋深的增加而变大。若按照地壳的平均密度计算，深度每增加 1km，压力增加 0.275kbar。其作用表现在以下几个方面：加快或减缓化学反应，如方解石在温度升为 550℃ 且低负荷压时，可以变质为硅灰石，若温度不变，负荷压升高，则变质反应停止；静压力的增加会引起岩石体积缩小，形成密度较大的矿物，使岩石致密坚硬，如辉长岩中的橄榄石随着负荷压增大，可生成石榴子石，最终变质反应形成榴辉岩；引起岩石结构的改变，如细粒石灰岩可以转变为粗晶大理岩。

通常，人们所说的变质作用压力类型，如低压、中压和高压变质作用，指的是压力与温度的变化关系，而非压力的绝对值。

2）流体压力

流体压力是岩石粒间、裂缝或者毛细孔隙中的 H_2O、CO_2 等流体引起的压力。在大多数中、深变质条件下，岩石所承受的负荷压力会完全传递给其中的流体，因此当流体压力=负荷压力时，流体压力不是决定变质反应平衡的独立因素。一般来说，在地壳浅部，岩石裂隙较发育，流体相的密度小于固态岩石的密度，则流体压力<负荷压力；而在岩浆侵入体附近，由于岩浆析出大量的流体相，可出现局部的流体压力>负荷压力情况。当二者不等时，流体压力才是促使变质作用发生的因素。

3）定向压力

定向压力是指构造运动产生的侧向挤压应力，一般来说应力不是控制变质反应平衡的独立因素，但它对变质作用过程十分重要。如应力作用使矿物晶格变形，使粗大矿物细粒化，因而由于表面能增加而加速变质反应。另一方面，应力作用使岩石产生裂隙，为粒间溶液的活动打开通道，促进组分迁移和交代作用的发生。

3. 具有化学活性的流体

1）组成

岩石中总是存在一些流体，这些流体的成分以 H_2O 和 CO_2 为主，在温压条件下，岩石中的 K、Na、Si、Mg、Cl、F 等也可以溶解到流体相中作为组成部分。

2）存在状态

这些流体组成可以被吸附于矿物颗粒边界上或存在于矿物晶格中，也可以充填在岩石裂隙中，因此，流体有粒间溶液、裂隙溶液之分。

3）来源

流体可以来源于原岩，变质反应过程中的脱水、脱碳酸反应，地下水、岩浆期后热液等。

4）对变质作用的影响

流体作为溶剂是促进变质反应进行的一个重要因素。实际上大多数变质反应的进行都以流体作为媒介，进行元素和组分的溶解与迁移。如对 $2MgO+SiO_2 = Mg_2SiO_4$ 的实验研究发现，在干的条件下，1000℃时，4 天时间只形成 26% 的镁橄榄石；但有水参与时，在 450℃条件下，只需几分钟反应就完成了。

在变质作用过程中，温度、压力、具有化学活性的流体这三种因素往往不是孤立存在，而是同时出现，相互促进又相互制约。

（三）变质作用的类型

根据引起变质作用的因素及地质成因，可以把变质作用划分为如下几种类型。

1. 接触变质作用

接触变质作用是伴随岩浆作用而发生的一种局部变质现象，当岩浆侵入时，周围的岩石受侵入体所散发的热和挥发分的影响而发生的变质作用。这类变质作用以低压为特征，压力一般不超过 0.2~0.3GPa。根据变质作用方式和影响因素可进一步分为热接触变质作用和接触交代变质作用两类，代表性岩石分别为角岩和夕卡岩。

2. 动力变质作用

构造断裂带上的岩石在构造应力作用下通过破碎、变形和重结晶作用等，所发生的矿物成分和结构、构造变化，称为动力变质作用。其岩石以高应变为特征，形成的代表性岩石如构造角砾岩、碎裂岩和糜棱岩等。动力变质作用是局部变质作用的一种，受构造断裂带的控制。

3. 气成水热变质作用

具有化学活性的流体与固体岩石发生交代，而引起岩石发生矿物成分、结构构造的变化过程，称为气成水热变质作用，它可以出现在很多地质环境中，特别是岩体和矿脉等附近，也称为近矿围岩蚀变或蚀变岩。如某些钨锡矿脉附近，花岗岩和片麻岩常常云英岩化而变成云英岩。

4. 区域变质作用

区域变质作用分布范围广泛且变质因素复杂，也称"造山变质作用"。主要出现在前寒武纪结晶基底、碰撞造山带、会聚板块边缘及大陆伸展带等。影响因素有温度、压力（负荷压力）、应力和化学活动性流体等。按变质作用发生时的地热梯度（dT/dp），可将区域变质作用划分为低压型、中压型和高压型。

5. 混合岩化作用

在变质作用后期，当温度较高时岩石中出现部分熔融形成花岗质熔体，这种现象称为深熔作用。当熔体数量不多时，它与固态变质岩石发生混合、交代，称为混合岩化作用，形成各种各样的混合岩，这种作用也称为超变质作用。当熔体达到一定数量时，过渡为岩浆作用，形成花岗岩。有些变质岩未经深熔，仅在固态条件下受到富含 K、Na、Si 的流体交代或者纯因固态扩散而变成混合岩，称为花岗岩化作用。

6. 复变质作用

复变质作用指岩石经过不同变质期次、多次叠加的变质作用，也称作多期变质作用。如果高温矿物被较低温的矿物组合取代，称为退化变质作用，反之，则称为进化变质作用。

7. 其他变质作用

埋藏变质作用是指沉积盆地中的沉积物（包括火山物质），被埋藏到一定深度，引起温度和压力的升高，从而产生的变质作用。这种变质作用同样也具有较大的区域规模，也可以看成区域变质作用的一种。但埋藏变质作用是由埋深所引起，应力作用不明显，岩石缺乏结晶片理。埋藏变质的温度、压力条件较低，一般出现浊沸石相和葡萄石—绿纤石相组合，普遍发育变余组构。

洋底变质作用是指洋中脊附近的岩石由于受到来源于洋中脊地幔对流的热和自上而下的热卤水的影响而发生的变质作用。变质程度自上而下主要为沸石相、葡萄石—绿纤石相和绿片岩相，深部也可出现角闪岩相，为低压相系。由于洋底扩张，洋底变质作用的岩石遍布整个洋底。

冲击变质作用发生在陨石冲击星体表面时产生的冲击坑中，它是在极短的时间内发生的，压力可达数十到上百个吉帕（GPa），温度可超过 10000℃。因此它是在瞬时高温和动态高压条件下发生的特殊类型变质作用，会出现一些特殊的高压变质矿物，如柯石英、斯石英。

（四）变质作用的方式

变质作用过程中，原岩的矿物成分、结构、构造都会发生变化，变化的方式主要包括重结晶作用、变形与压碎作用、变质分异作用、交代作用、变质结晶作用和变质反应。

1. 重结晶作用

重结晶作用是变质作用的主要方式之一，在高温下，矿物在固体状态下重新生长的过程，或者是岩石中化学组分重新分配形成新矿物的过程。该作用主要呈现的是同种矿物之间组分的溶解、迁移和再次沉淀结晶的过程，而不形成新的矿物相，因此，无物质带入带出，总化学成分不变。对于单成分岩石，无新矿物形成，仅是原矿物晶粒变得粗大，如纯的石灰岩中隐晶质的方解石通过重结晶变成较粗大的方解石晶体，形成大理岩。对于复杂成分的岩石，是在间隙溶液的参与下，组分发生溶解、扩散、集中或交代的复杂反应过程，形成新矿物，如黏土岩在高温下，可以变质形成片麻岩，生成石英、长石、黑云母、硅线石等新矿物。

2. 变形与压碎作用

岩石在构造应力作用下会发生脆性变形和塑性变形。

脆性变形即压碎作用，一般发生在地壳浅部、低温低压和应力快速作用的条件下，组成岩石的矿物来不及调整颗粒的形状及本身的位置，甚至来不及拆开颗粒边界上彼此铰合的结构就发生了总体破裂。岩层在脆性变形后，形成断层角砾和断层泥，固结后形成各种断层角砾岩和碎裂岩。

塑性变形发生在地壳深部，在较高的负荷压力、温度及慢应变速率等条件下，岩石体并不发生破裂而仅改变其形状，如发生褶曲和扭曲等。岩石发生塑性变形的主要表现有：矿物出现波状消光、亚颗粒、扭折、机械双晶及变形纹等变形结构；岩石出现压溶现象、压力影和糜棱结构等；变质岩石中的矿物出现优选定向，即变质岩特有的结晶片理构造。

3. 变质分异作用

岩石变质时，不发生熔融和交代作用的情况下，原岩本身的某些组分在间隙溶液中经扩散作用不均匀聚集，使成分均匀的原岩变成矿物成分不均匀的变质岩石，称变质分异作用。如含有泥质、钙质、铁质胶结物的砂岩，经热变质形成的石英岩中可出现与周围基质相差较大的石榴子石变斑晶，再如刚性岩石在应力作用下产生的裂隙，岩石中的 H_2O、CO_2 等流体在压力差下充填裂隙形成细脉、透镜体，其矿物成分与围岩成分不同。这些变斑晶、细脉、透镜体都是由变质分异作用造成的现象。

4. 交代作用

岩石中有物质组分带入或带出的变质作用称为交代作用，在变质过程中普遍存在。交代作用发生时，原有矿物的破坏与新矿物的生成同时进行，是一种物质逐渐置换的过程，整个过程是在溶液参加的固体状态下进行的，岩石的总体积不变。如变质岩中存在的交代假象结构、交代蚕食结构、交代蠕虫结构、新矿物中常含有串状液休包裹休等现象都是交代作用的结果。

5. 变质结晶作用和变质反应

变质结晶作用是指在变质作用的温度、压力范围内，在原岩基本保持固态的条件下，新矿物的形成与某些原有矿物的消失同时发生的过程。发生上述过程常常是通过化学反应进行的，这种反应称作变质反应。

二、变质岩的物质组成

（一）变质岩的化学成分

变质岩由沉积岩、岩浆岩转变而来，其成分具有继承性和多样性。一般把具有同一原始化学成分的所有岩石称为一个等化学系列，以此为基础把常见的变质岩分为五个等化学系列，即富铝（泥质）系列、基性系列、长英质系列、碳酸盐系列和超基性系列。

（二）变质岩的矿物成分

变质岩的矿物成分取决于两个方面：原岩的化学成分和变质作用条件。一般来说，什么样的原岩就决定出现什么样的变质矿物，但同样的原岩组分，在不同的变质温压条件下可出现不同的矿物。

与沉积岩相比，变质岩中除常见的石英、钾长石、斜长石、云母、角闪石等以外，黏土矿物、膏盐矿物、蛋白石、玉髓等在变质岩中已不存在。与岩浆岩相比，在变质岩中不含玻璃质、似长石（霞石、白榴石）、鳞石英、透长石等，而岩浆岩中的次要矿物，如绿泥石、绢云母和绿帘石等在变质岩中都可成为主要矿物。

1. 变质岩的矿物成分特点

（1）变质岩中出现一些岩浆岩、沉积岩中不出现的富 Al 矿物，如蓝晶石、红柱石、夕线石、堇青石、硅灰石等。

（2）变质岩中可出现一些含钙的硅酸岩矿物，如透闪石、透辉石、绿帘石、石榴子石等。

（3）变质岩中广泛发育纤维状、鳞片状、长柱状及针状矿物，它们通常有规律的排列，如硅线石、绢云母、透闪石等。

（4）变质岩中含 OH^- 的矿物与岩浆岩相比更为发育，如十字石、透闪石、阳起石等。

（5）变质岩中的斜长石多为单晶，双晶少见，环带也少见；石英和长石常具波状及带状消光；常见分子体积较小和密度较大的矿物。

2. 变质岩中矿物成因分类

根据成因，可将变质岩中的矿物成分分为新生矿物（变晶矿物）、原生矿物和残余矿物。某些新生矿物如绿泥石、绢云母、红柱石、蓝晶石等对于指示原岩成分和变质作用性质有特殊意义，因此称之为特征变质矿物。五个等化学系列的变质岩中具有特征性的变质矿物，如表 3-29 所示。

表 3-29 五个等化学系列化学成分及特征矿物对比表

等化学系列	原岩类型	化学成分特征	特征变质矿物
富铝系列	泥岩、页岩等	富 Al_2O_3、SiO_2、K_2O，贫 CaO	铁铝榴石、硬绿泥石、蓝晶石、红柱石、夕线石、十字石、刚玉
基性系列	基性岩浆岩和铁质白云质泥灰岩	富 CaO、FeO、MgO，且 Na_2O 含量>K_2O 含量	绿帘石/黝帘石、角闪石、单斜辉石、斜方辉石、石榴子石、绿泥石
长英质系列	各种砂岩、粉砂岩、中酸性岩浆岩	富 SiO_2、Na_2O、K_2O，贫 FeO、MgO、CaO	石英、斜长石、钾长石、云母等
碳酸盐系列	石灰岩和白云岩	富 CaO 或富 MgO	滑石、钙铝榴石、透闪石、透辉石、镁橄榄石、硅灰石
超基性系列	超基性岩浆岩	富 MgO、FeO	镁铝榴石、橄榄石、尖晶石、辉石、滑石、蛇纹石、透闪石、金云母

三、变质岩的结构与构造

结构和构造属于岩石本身的特征,是岩石观察和描述的重要内容。变质岩的结构和构造既可保留原岩的特征,同时在不同的变质作用方式下也有自己独特的特征,对于了解变质岩的形成过程及其所受的变质作用类型、影响因素、变质作用方式、变质程度都有所帮助,对变质岩的分类和命名也有极其重要的意义。

(一)变质岩的结构

变质岩的结构是指岩石中矿物的自形程度、粒度、形态及其相互关系等特征的总称。根据成因,可以把变质岩的结构分为四大类:变余结构、变晶结构、交代结构、碎裂及变形结构。

1. 变余结构

在变质作用过程中,因为变质重结晶作用进行的不完全,原岩的矿物成分和结构特征被部分保留下来,从而形成变余结构。原岩结构的保留取决于两方面因素:首先是岩石的变质程度,如在低级变质岩中易出现变余结构,随着变质程度的增加,变余结构减少;其次是原岩的结构和成分,如粗粒岩石比细粒岩石易于保留原岩结构,含水少的岩石(如花岗质岩石)比含水多的岩石(如泥质岩石)易于保留原岩结构。

变余结构的命名方法是"变余+原岩结构名称"。如与沉积岩有关的变余结构包括变余泥质结构、变余砂状结构、变余砾状结构等。如与岩浆岩有关的变余结构包括变余斑状结构、变余花岗结构、变余辉长结构、变余辉绿结构、变余交织结构等。

2. 变晶结构

1)概念及特点

变晶结构是岩石在固态条件下由重结晶作用和变质结晶作用所形成的结构,是变质岩的标型结构之一。与岩浆岩的全晶质结构相比,变晶结构具有如下特点:矿物的自形程度一般不高,多为他形或半自形;变晶结构中的矿物自形程度并不表示结晶的先后顺序,只反映矿物结晶能力的大小;变斑晶一般较自形,斑晶与基质同时或稍晚形成;变晶矿物中往往含较多的包裹体,尤其在变斑晶中常见。

2)描述方法

变晶结构可以从矿物的自形程度、粒度大小、形态和矿物之间的相互关系去描述。

(1)按照自形程度描述。

变晶结构可以分为全自形变晶结构、半自形变晶结构和他形变晶结构,矿物自形程度的判断方法同于岩浆岩。变质岩石中罕见全自形变晶结构,常见他形变晶结构。

(2)按照粒度大小描述。

若按矿物粒度的相对大小,变晶结构则分为等粒变晶结构、不等粒变晶结构、斑状变晶结构。其中斑状变晶结构中,较粗大矿物颗粒称为变斑晶,较小颗粒称为变基质,与岩浆岩中的斑状结构的区别主要在于变斑晶由结晶能力强的特征变质矿物组成、变斑晶中常含较多的变基质包裹体且二者同时形成或者变斑晶晚于变基质形成。

若按矿物粒度的绝对大小,则分为粗粒变晶结构(>3mm)、中粒变晶结构(1~3mm)、细粒变晶结构(0.1~1mm)和微粒变晶结构(<0.1mm)。

变质矿物的粒度大小受到以下两个因素的影响：温度的影响，变质程度越高时，矿物的粒度越粗；变质矿物自身成核的能力和晶体生长速度的影响，如石榴子石、十字石等矿物，虽然相应组分在岩石中含量不多，但经常形成较大晶体，石英则相反。

（3）按照形态描述。

变晶结构可以分为粒状变晶结构、鳞片变晶结构和纤状变晶结构。

粒状变晶结构主要由一些粒状矿物如石英、长石和方解石等组成，也称为花岗变晶结构，按颗粒的外形轮廓可进一步划分为镶嵌粒状变晶结构（三连点或三边结构）、齿形粒状变晶结构（缝合线结构）和角岩结构。

鳞片变晶结构主要由云母、绿泥石和滑石等片状矿物组成。

纤状变晶结构主要由纤维状、长柱状或针状矿物组成，如阳起石、透闪石、夕线石和硅灰石等，它们常成平行排列或束状集合体。

（4）按照矿物之间的相互关系描述。

变晶结构可以分为包含变晶结构、筛状变晶结构、残缕结构、反应边结构等。

包含变晶结构指粒度较大的矿物（主晶）包裹了一些不定向的细小矿物（客晶），即变斑晶包裹基质或者前一变质阶段的矿物。一般随着变质程度增加，变斑晶中的包裹物减少。

当主晶中的包裹物很多时，可使主晶呈筛网状，称为筛状变晶结构。

当主晶中的包裹物定向排列时，称为残缕结构。当变斑晶形成过程中有应力作用时，变斑晶中的包裹物可发生弯曲状排列，表现为"S"形的旋转结构。

反应边结构是一种或数种矿物沿某矿物晶体呈放射状、似蠕虫状或镶边状，它们彼此在晶形和光性方位上都不连续，也称为冠状体，这种结构的出现是相邻矿物间反应未达到平衡的结果。

3）变晶结构的命名原则

首先以形态命名为主，如粒状变晶结构、鳞片变晶结构等。两种形态的矿物同时出现时，按少前多后的原则，如鳞片粒状变晶结构、纤状粒状变晶结构等。

其次把矿物粒度的绝对大小和相对大小放在形态名称的前面，如细粒不等粒粒状变晶结构等。

若具有斑状变晶结构，应描述基质的结构类型，如岩石为斑状变晶结构，基质为细粒粒状变晶结构。

3. 交代结构

交代结构主要由交代变质作用形成，普遍见于各类变质岩中。常见的类型包括交代假象结构、交代蚕蚀及交代残留结构、交代净边结构、交代穿孔结构、交代蠕英结构等。

（1）交代假象结构：指一个原生矿物被一个次生矿物所交代，如果交代作用进行得很彻底，次生矿物完全取代了原生矿物，但保留了原生矿物的形态或者晶形。如橄榄石的蛇纹石化、石榴子石的绿泥石化、红柱石的绢云母化等常保留原生矿物的假象。

（2）交代蚕蚀及交代残留结构：指交代作用不完全，有原生矿物的残余保留在次生矿物中。如区域变质岩中的石榴子石被绿泥石替代，在绿泥石片状集合体中保留石榴子石的残余。

（3）交代净边结构：常见于混合岩中，在钾长石与斜长石的接触处，常见受绢云母化或云雾状的斜长石周围有一表面洁净的环带或镶边，称为净边。净边的产生是由于交代作用由外向内进行，原来的次生矿物如云母等被再度吸收而成。

（4）交代穿孔结构：指流体沿矿物的解理缝发生交代作用，形成液滴状矿物。

（5）交代蠕英结构：混合岩中比较普遍，但成因不一。如斜长石被微斜长石交代时可在其接触带附近出现蠕英结构。斜长石交代微斜长石时，析出过剩的 SiO_2，也能在斜长石边缘出现蠕英结构。不同成分的斜长石之间发生交代作用时，也能形成蠕英结构。

4. 碎裂及变形结构

碎裂及变形结构是机械破坏而产生的结构。根据应力由小到大也即岩石破碎程度由弱到强可以分为 4 种结构。

（1）角砾结构：岩石受应力破碎成角砾状碎块，并被破碎的更细的物质充填胶结或次生的铁质、碳酸质胶结而成。

（2）碎裂结构：矿物有裂纹，边缘被碾细，但仍然保留矿物原形，出现于碎裂岩中。

（3）碎斑结构：在极细的矿物颗粒中残留有较大的颗粒，分别被称为碎基和碎斑。碎斑有撕碎的边缘、裂隙等，波状消光。

（4）糜棱结构：应力更强，矿物几乎全部破碎，呈微粒状，具定向性，似流动构造，可以残留有少量稍大的刚性矿物碎块，可以被磨圆呈眼球状，粒径为 0.5~0.2mm。

（二）变质岩的构造

变质岩的构造是指矿物颗粒在空间的排列和分布方式，强调矿物集合体的空间分布特征。按照成因，变质岩分为三类：变余构造、变成构造和混合构造。

1. 变余构造

变余构造指变质作用不彻底时，变质岩保留了原岩的构造。与沉积岩有关的构造如变余层理构造、变余波痕构造等。与火山岩有关的构造如变余杏仁构造、变余流纹构造和变余枕状构造等。

2. 变成构造

在变质作用过程中，由变质结晶作用和变质重结晶作用所形成的构造称为变成构造。根据变质作用的程度由弱到强可以划分为斑点状构造、板状构造、千枚状构造、片状构造、片麻状构造和块状构造（图 3-32）。

1）斑点状构造

变质作用初期，岩石中的主要成分没有达到重结晶，只有某些化学组分首先富集，形成成分分布不均，大小形状不同的斑点，称斑点状构造。斑点的成分为碳质、硅质、铁质，或红柱石、堇青石、云母等矿物的雏晶，基质常为隐晶质。如图 3-32(a) 所示，斑点板岩中可见由隐晶质的碳质（石墨）、红柱石和绢云母的雏晶等相聚而成的斑点状构造。

2）板状构造

岩石在应力作用下产生一组密集平行的破裂面即劈理，这些劈理就组成了板状构造。具有板状构造的岩石可伴有轻微的重结晶，但肉眼不能分辨出颗粒，新矿物少，因此劈理面光滑平整，见较弱的丝绢光泽，是由细小的绢云母和绿泥石等重结晶所至，岩石具有变余泥质结构。如图 3-32(b) 所示，板岩的重结晶作用微弱，具变余泥质结构，局部见变余层理，细小的绢云母、绿泥石、石英、黏土矿物等平行排列构成板状构造。

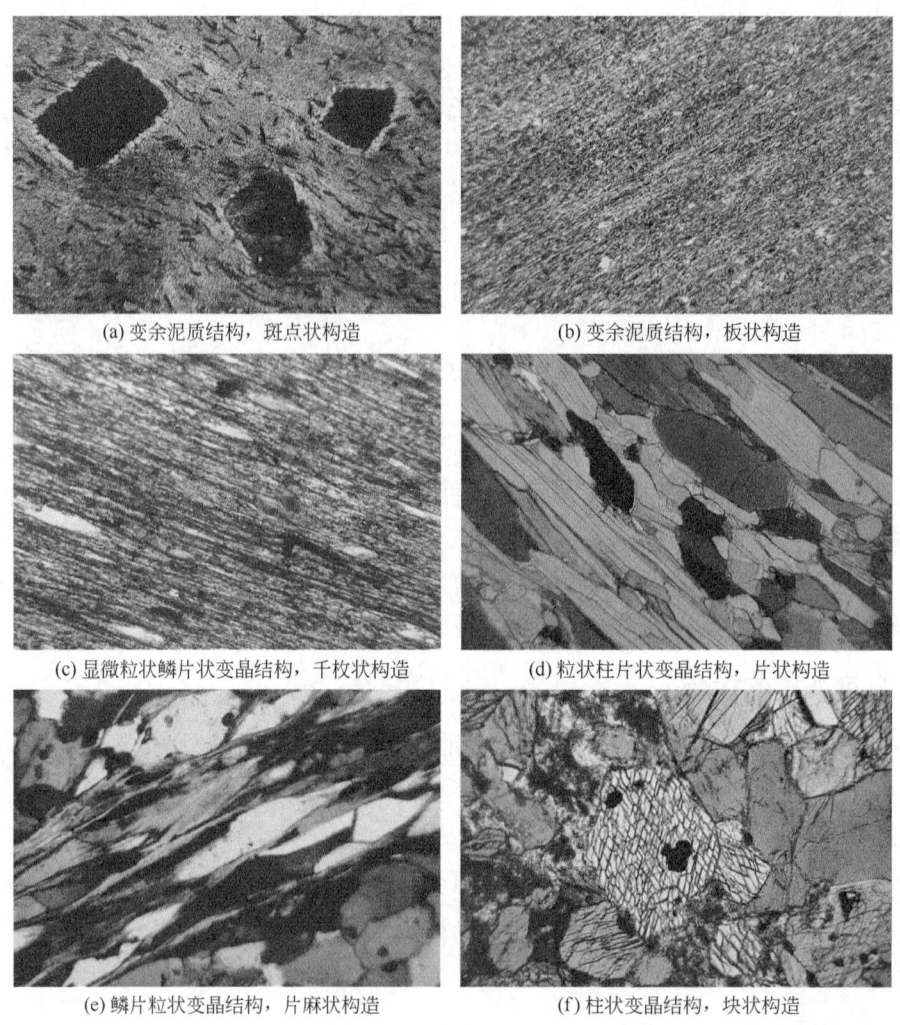

图 3-32 变成构造的类型及特征

3) 千枚状构造

岩石中各组分基本重结晶并呈定向排列，使岩石呈薄片状，但矿物的粒度细小，肉眼不能分辨，仅在片理面上见强烈的丝绢光泽，还常见挠曲和小褶皱。如图 3-32(c) 所示，千枚岩主要由细小的绢云母、绿泥石、石英及少量黑云母定向平行排列构成千枚状构造，在平行排列的鳞片状矿物之间可见拉长状或透镜状的石英及细小的石英集合体，岩石具有显微粒状鳞片状变晶结构。

4) 片状构造

片状构造主要由片、柱状矿物（如云母和角闪石等）和部分粒状矿物（如石英、长石等）连续定向平行排列而成，颗粒平均粒径>0.1mm，片、柱状矿物含量>30%，是变质岩中最常见、最典型的构造。与千枚状构造相比，岩石重结晶程度高些，肉眼可以辨认矿物颗粒。如图 3-32(d) 所示，阳起石黑云母片岩主要由片状黑云母、柱状阳起石、粒状石英和方解石组成，片状、柱状黑云母和阳起石连续、定向、平行排列构成片状构造，岩石具有粒状柱片状变晶结构。

5) 片麻状构造

片麻状构造主要由粒状矿物和少量的片状、柱状矿物相间定向断续排列而成，片状、柱状矿物含量<30%，粒度一般>1mm，主要出现于变质程度较深的片麻岩中，岩石具显晶质片状粒状变晶结构。如图3-32(e)所示，夕线石片麻岩中由粒状石英、长石和少量鳞片状夕线石、黑云母断续、定向排列构成片麻状构造，呈现鳞片粒状变晶结构。

板状、千枚状、片状、片麻状构造中的片状、柱状、粒状矿物的定向排列，可统称为"片理"，是变质岩的重要特征。

6) 块状构造

岩石中成分、结构均匀，无定向排列，称为块状构造，变质程度更深。如图3-32(f)所示，角闪岩主要由角闪石、少量斜长石、石英、磁铁矿等组成，矿物平均分布且无定向性，构成块状构造，呈柱状变晶结构。

3. 混合构造

混合构造是混合岩特有的构造，是在混合岩化作用过程中，长英质重熔、再分配形成的特殊构造。混合岩是由中、高级变质岩和不同数量的长英质熔融物质混合组成的岩石，前者称为基体，后者称为脉体。根据脉体形状，可以进一步划分为网脉状构造、眼球状构造、条带状构造、肠状构造等（图3-33）。

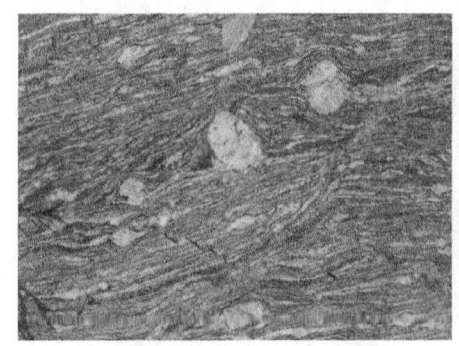 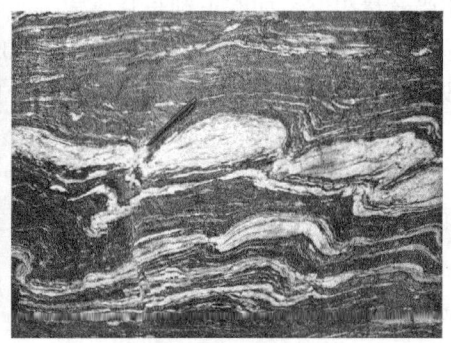

(a) 条带状构造，条带状混合岩　　(b) 肠状构造，肠状混合岩

图3-33　混合构造

四、变质岩的分类与命名

(一) 变质岩分类和命名的基本原则

变质岩的分类和命名必须综合考虑矿物成分、化学成分、结构、构造等因素。变质岩命名的一般格式为：附加名词+基本名称。

1. 基本名称

基本名称主要以变质岩的矿物成分及组合、结构、构造作为岩石命名的基础。由于不同变质作用类型的显著差异，变质岩命名规则尚不统一，大致有以下三种情况：

（1）以结构或者构造作为岩石的基本名称：这种命名方式较多，如动力变质岩中的碎斑岩和糜棱岩，混合岩，区域变质岩中的板岩、千枚岩、片岩、片麻岩。

（2）以矿物成分或矿物组合作为岩石的基本名称：如区域变质岩中的石英岩、大理岩、麻粒岩；当某种变质矿物含量>90%时，常以该矿物命名，如角闪岩、透辉石岩；此外，某些矿物组合常常构成专门名词，如绿片岩、榴辉岩。

（3）以变质作用的地质环境作为岩石的基本名称：如接触变质岩中的角岩和夕卡岩、混合花岗岩等。

2. 附加名词

附加名词用来说明基本名称的某些重要特征，一般包括5个方面。

（1）造岩矿物：如长石、普通角闪石、黑云母等，含量>10%者直接参加命名（石英经常除外）；含量在5%~10%者可酌情冠以"含"字参加命名；各种长石性质确定之后，也可参加命名，如黑云斜长片麻岩。

（2）特征变质矿物：如石榴子石、红柱石、蓝晶石、夕线石、堇青石、紫苏辉石、蓝闪石、硬玉等。一般以含量<5%为界加"含"或直接参加命名，如含堇青黑云二长片麻岩；当含量>25%时，可直接命名，如堇青角岩、石榴夕线片麻岩，或冠以"富××"表示，如富蓝晶二云片岩。

（3）特征的或醒目的结构构造可参加命名：如条纹状石榴符山透辉夕卡岩、眼球状花岗质糜棱岩。

（4）某些有意义的或贵重的矿物可直接参加命名：如刚玉、绿柱石、铬铁矿等，参加命名时不受含量限制，如刚玉钾长片麻岩。

（5）某些特殊的颜色可酌情参加命名：如蓝绿色蓝闪绿帘绿泥片岩。

一般来说，矿物参与命名不得超过四种，按含量的多少以少前多后次序排列。

（二）变质岩的成因分类

根据变质作用类型可以把变质岩分为五大类：动力变质岩类、热接触变质岩类、区域变质岩类、交代变质岩类和混合岩类。

1. 动力变质岩类的分类和命名

1）分类

由动力变质作用形成的岩石称为动力变质岩。引起动力变质作用发生的外部因素主要为构造带上的应力，变质作用的方式主要为变形（塑性变形）作用、碎裂作用（脆性变形），次为重结晶作用，动力变质岩类的结构主要为碎裂结构、糜棱结构等。

动力变质岩的分类主要考虑应力的性质和强度，即结构特征。

2）命名

动力变质岩的命名一般依据以下原则：

（1）按主要结构和构造特征，划分基本类型名称，如有碎裂或者碎斑结构，则称为碎裂岩；有糜棱结构，则称为糜棱岩。

（2）如原岩残留较多，可根据残留结构、构造和矿物成分用"碎裂+原岩名称"的方式命名，如碎裂花岗岩；如原岩残留很少，则以矿物命名为"××碎裂岩"，如钾长石石英碎裂岩。

（3）一个动力变质岩的基本组成部分可分为碎基（基质）和碎斑：基质是所有动力变质岩中都存在的，而在强烈变形的岩石中碎斑可完全消失，因此基质的性状和数量是动力变质岩分类的基础。

3）动力变质岩的主要类型

动力变质岩主要包括构造角砾岩、碎裂岩、糜棱岩、千糜岩和假玄武玻璃。每类岩石主要的成分、结构、构造等特征见表3-30。

表 3-30 动力变质岩的主要类型及其特征

特征\类型	构造角砾岩	碎裂岩	糜棱岩	千糜岩	假玄武玻璃
结构	碎裂角砾	碎裂或碎斑	糜棱	糜棱	隐晶质或玻璃质
构造	块状	块状	假流纹或眼球状	千枚状	块状
成分	角砾、碎基含量<10%、胶结物	碎基含量>10%、碎斑、胶结物	碎基、碎斑、重结晶矿物	碎基、碎斑、重结晶	基质、碎斑
定向性	一般无，构造砾岩有	无	糜棱面理	糜棱面理	无

2. 热接触变质岩类的分类和命名

1）分类

热接触变质岩局限在侵入体与围岩接触带附近，围绕侵入体分布。其变质因素主要为温度，缺乏偏应力，一般以变晶结构、无定向构造为特征，在接触变质晕外带，变余结构、构造发育。因此，热接触变质岩的分类往往按原岩化学成分分类。

2）命名

热接触变质岩的命名一般采用"次要矿物+主要矿物+岩石基本名称"的方法。岩石的基本名称首先考虑结构构造特征，再结合矿物组合特征。

（1）具变余结构、构造时：在原岩名称前冠以"变质"二字和主要新生矿物的名称，如二云母变质石英砂岩。

（2）具变晶结构或变成构造时，应考虑是否具有定向构造。不具有定向构造的岩石按结构和主要矿物成分命名，如具有角岩结构可以命名为角岩，具有定向构造的岩石按构造特征命名，如板岩、千枚岩、片岩、片麻岩等，这类岩石的名称与区域变质岩中的类型相当，可依据产状和分布等特点来区别。

（3）关于矿物参与命名的原则：特征变质矿物一定参与命名，如果含量<5%，在矿物名称前冠以"含"字。非特征变质矿物含量<5%的不参加命名；含量在5%～10%之间，冠以"含"字；含量>10%，直接参加命名；两种矿物含量都达到命名要求时，按少前多后原则，如夕线石红柱石云母片岩。

3）热接触变质岩的主要类型

根据原岩类型及化学成分可以划分为四类：泥质岩类、碳酸盐岩类、砂岩类和喷出岩类，每一类岩石的具体特征见表3-31。

表 3-31 热接触变质岩的主要类型及其特征

原岩	温度	热接触变质岩	特征	特征变质矿物
泥质岩	由低到高	斑点板岩—红柱石板岩、堇青石板岩—红柱石角岩等—粒度较大角岩—片岩、片麻岩	变余结构—斑状变晶结构—角岩结构—微粒、粗粒变晶结构；变余构造—变成构造	红柱石、堇青石、夕线石、硅灰石、铁铝榴石、十字石

续表

原岩	温度	热接触变质岩	特征	特征变质矿物
碳酸盐岩	≥200℃	大理岩	粒状变晶结构，块状构造	红柱石、堇青石、夕线石、硅灰石、铁铝榴石、十字石
砂岩	由低到高	石英砂岩变质为变余砂岩—石英岩、杂砂岩变质为角岩	变余砂状结构—变晶结构，角岩结构，块状构造	
喷出岩	由低到高	角岩	变余结构，变余构造	

3. 区域变质岩类的分类和命名

1) 分类

区域变质岩是原岩经区域变质作用所形成的岩石。引起区域变质作用的因素较复杂，往往是温度、均向压力、定向压力和具有化学活动性流体的综合作用。

区域变质岩主要根据岩石类型分为五大类，泥质变质岩、长英质变质岩、钙镁质变质岩、基性变质岩和镁质变质岩，每类再根据低级、中级和高级三个变质程度划分出具体名称。

2) 命名

区域变质岩的命名时应注意以下几点：

(1) 变余结构、构造清楚的岩石，留用原岩名称，在之前冠以"变质"二字，如变质辉绿岩。

(2) 主要矿物在基本名称之前，有多种矿物参加命名时，按含量前少后多排列；矿物名称应予简化，如阳起片岩。

(3) 特征变质矿物在岩石名称中一般不超过三种为宜。

3) 区域变质岩的主要类型

区域变质岩的主要岩石类型包括以构造命名的板岩、千枚岩、片岩、片麻岩，以矿物成分命名的长英质变粒岩、角闪岩、麻粒岩、榴辉岩、大理岩和石英岩，其具体特征详见表3-32。

表3-32 区域变质岩的主要类型及特征

主要类型	原岩类型	矿物成分	结构	构造
板岩	泥质岩、泥质粉砂岩和中酸性凝灰岩	泥质和部分绢云母、绿泥石、硅质，有时见少量的白云母、黑云母、石英	变余泥质结构	板状构造、变余层理
千枚岩	泥质岩、泥质粉砂岩和中酸性凝灰岩	绢云母、绿泥石、石英、钠长石、硬绿泥石、黑云母	显微变晶结构，基质为显微鳞片变晶结构的斑状变晶结构	千枚状构造
片岩	超基性岩、基性岩、各种凝灰岩和含杂质砂岩、泥灰岩、泥质岩	云母、绿泥石、滑石、阳起石、透闪石、普通角闪石为主（含量>30%）；长石、石英次之；偶见石榴子石、十字石、蓝晶石等变斑晶	显晶质鳞片变晶结构，基质为鳞片变晶结构的斑状变晶结构	片状构造
片麻岩	泥质岩、粉砂岩、砂岩和中酸性岩浆岩、火山碎屑岩	长石+石英（含量>50%）、云母、角闪石、辉石次之	中、粗粒鳞片粒状变晶结构	片麻状构造

续表

主要类型	原岩类型	矿物成分	结构	构造
长英质变粒岩	粉砂岩、硅质页岩、石英砂岩、中酸性火山岩、火山碎屑岩	长石+石英（含量>70%）、长石（含量>25%）、云母或其他暗色矿物（含量<30%）	细粒等粒粒状变晶结构	块状构造、片麻状构造
角闪岩	基性岩、富铁白云质泥灰岩	角闪石、斜长石为主，石英较少或无，角闪石等暗色矿物含量较高（含量≥50%），常见铁铝榴石、绿帘石、黝帘石	粒状变晶结构	块状构造
麻粒岩	中性岩浆岩、基性岩浆岩、火山碎屑岩、铁镁钙质沉积岩	以含紫苏辉石为特征，还有单斜辉石、石榴子石、堇青石、金红石、长石、石英等	中、粗粒粒状变晶结构	块状构造
榴辉岩	基性、超基性岩浆岩	浅红色石榴子石、鲜绿色绿辉石为主，偶见蓝晶石、夕线石、金红石、石英、角闪石等	粒状变晶结构	块状构造
大理岩	石灰岩、白云岩等碳酸盐岩	方解石+白云石（含量>50%），少量蛇纹石、透闪石、透辉石、金云母、镁橄榄石或硅灰石	粒状变晶结构	块状构造、条带状构造
石英岩	石英砂岩、硅质岩	石英（含量>85%），少量长石、绢云母、绿泥石、白云母、黑云母等	粒状变晶结构	块状构造、条带状构造

4. 交代变质岩类的分类和命名

1）分类

交代变质岩是在气、液态的溶液影响下由于交代作用使原岩发生变质所形成的岩石。引起交代作用的气态或液态流体，可来自岩浆流体、区域性热水、变质热液。这些流体渗流于岩石裂隙和颗粒间隙中，与周围的岩石发生化学反应，引起物质组分的交换。

交代变质岩的种类较多，变化也较复杂，往往根据交代作用的产物和原岩的成分进行分类。

2）命名

交代变质岩主要依据交代的强度和蚀变产物等进行命名。

（1）交代矿物含量<5%，仍以原岩命名，如橄榄岩在岩浆期后热液作用下橄榄石发生蛇纹石化，但是蛇纹石含量<5%，仍称为橄榄岩。

（2）交代矿物含量在5%~50%之间，命名为"弱××化+原岩名称"，如弱蛇纹石化橄榄岩。

（3）交代矿物含量在50%~95%之间，命名为"强××化+原岩名称"，如强蛇纹石化橄榄岩。

（4）交代矿物含量大于95%，以主要交代矿物直接命名，如蛇纹岩。

3）交代变质岩的主要类型

交代变质岩主要包括蛇纹岩、青磐岩、云英岩、黄铁绢英岩、次生石英岩和夕卡岩，其具体特征详见表 3-33。

表 3-33 交代变质岩的主要类型及特征

主要类型	原岩	矿物成分	结构	构造
蛇纹岩	超基性岩浆岩	蛇纹石	显微鳞片变晶结构、显微纤维变晶结构	块状、带状、交代角砾状构造
青磐岩	中基性喷出岩、火山碎屑岩	阳起石、绿帘石、绿泥石、钠长石、碳酸盐、黄铁矿	变余斑状结构及变余火山碎屑结构	块状、斑块状、角砾状构造
云英岩	酸性侵入岩	石英、白云母为主，次为黄玉、电气石、萤石等	花岗变晶结构、鳞片花岗变晶结构	块状构造
黄铁绢英岩	酸性浅成岩	石英、绢云母为主，次为黄铁矿、碳酸盐岩等	中细粒至显微粒状鳞片变晶结构、变余斑状结构	块状构造
次生石英岩	中酸性次火山岩、火山岩、火山碎屑岩	石英（蛋白石及玉髓）、绢云母、高岭石、红柱石等	隐晶质至细粒变晶结构、变余斑状结构、变余凝灰结构	块状构造、变余流纹构造
夕卡岩	石灰岩、白云岩	石榴子石、辉石、绿帘石、黄铁矿等	粒状变晶结构	块状构造

5. 混合岩类的分类和命名

1) 分类

混合岩是在区域变质作用的基础上，地壳内部热流值升高，局部重熔岩浆以渗透、贯入交代原变质岩形成的岩石。混合岩的分类主要依据脉体（长英质）所占比例、构造特征、交代现象分为四类：

(1) 混合岩化变质岩，脉体数量少（<15%），交代现象不太明显，无典型的混合岩构造；

(2) 混合岩，脉体数量较多（15%~50%），以注入交代为主，注入型混合岩构造发育；

(3) 混合片麻岩，脉体数量占优势（50%~85%），交代现象普遍发育，残余的基体和脉体间界线模糊；

(4) 混合花岗岩，脉体占绝对优势（>85%），基体已基本消失，交代现象和重结晶普遍发育，岩石向均质化花岗质方向转变。

2) 命名

混合岩类的命名主要依据原则如下：

(1) 混合岩的命名一般采用"构造+脉体+基体+混合岩"的方法，如条带状长英质黑云斜长混合岩；

(2) 混合片麻岩的命名一般采用"构造+暗色矿物+混合片麻岩"的命名方法，如眼球状黑云母混合片麻岩；

(3) 混合花岗岩的命名一般采用"构造+暗色矿物+混合花岗岩"的命名方法，如阴影状角闪石混合花岗岩。

3) 混合岩的主要类型及其特征

混合岩常见的类型主要包括混合岩、混合片麻岩和混合花岗岩，具体的类型及其特征详见表 3-34。

表 3-34 混合岩的主要类型及特征

混合岩主要类型		原岩	结构	构造
混合岩	网脉状混合岩	角闪岩、片岩、片麻岩	粒状变晶结构	网脉状构造
	角砾状混合岩			角砾状构造
	眼球状混合岩			眼球状构造
	条带状混合岩			条带状构造
	肠状混合岩			肠状构造
混合片麻岩		片麻岩	粒状变晶结构	片麻状构造 眼球状构造 条带状构造
混合花岗岩		花岗岩、花岗闪长岩	粒状变晶结构	阴影状构造 条痕状构造 斑点状构造

五、变质岩的观察与描述方法

变质岩的鉴定描述仍以矿物成分、结构、构造为主，先野外岩石或室内手标本，然后镜下薄片，描述内容和顺序与岩浆岩相似。

（一）变质岩手标本的观察与描述

1. 颜色

观察岩石全貌，描述总体的颜色，单色或者复合色。

2. 结构、构造

1）结构

变质岩的结构从大类上分为变余结构、碎裂结构、交代结构、变晶结构。

具有变余结构者，在原岩结构前加上"变余"二字。具碎裂结构者，根据碎斑和碎基的含量具体划分。具交代结构者，根据交代矿物的特征进行划分。具有变晶结构者，一般依次观察颗粒的相对大小（即等粒、不等粒和斑状变晶结构）、颗粒的绝对大小（即粗粒、中粒、细粒和微粒变晶结构）、颗粒间的相互关系（包含、筛状、残缕变晶结构），对于斑状变晶结构，则应分别观察变斑晶和变基质的结构特点。总之，对于结构应该全面观察。

对于结构进行描述时，择其主要者给予命名。对于过渡类型的结构，次要在前，主要在后，如鳞片花岗变晶结构说明花岗结构是主要的。有不同类型的结构存在时，分别描述，如鳞片粗粒变晶结构、显微粒状变晶基质的斑状变晶结构。

2）构造

变质岩的构造包括变余构造、变成构造和混合构造。

具有变余构造者，在原岩构造前加上"变余"二字。具有变成构造者，先观察有无定向性，无定向性构造包括斑点状构造、块状构造，定向性构造包括板状构造、千枚状构造、片状构造和片麻状构造。对于混合构造，根据基体、脉体含量、形状进行描述命名。

3. 矿物成分

对于手标本，观察和描述的是肉眼和放大镜下可见的矿物成分。一般以矿物百分含量的多少依次进行描述；若为斑状变晶结构，则先描述变斑晶，后描述变基质；特别注意对于特征变质矿物的描述，因为它能反映原岩的化学成分和变质作用的物化条件，对于判断变质作用的性质和变质程度的深浅有所帮助。

矿物手标本描述时要观察其含量、颗粒大小、颜色、形态、光泽、透明度、硬度、解理等特征。

4. 其他特征

其他特征包括：有无断口，如致密隐晶质角岩、板岩具贝壳状断口；有无细脉穿插或小褶皱等特征。

5. 初步命名

结构、构造在变质岩命名中具有重要地位。首先观察岩石有无特殊结构和构造，若有，根据结构、构造定出基本名称。如有糜棱结构，先定出糜棱岩；如有片状构造，先定出片岩。然后再结合矿物成分特征进行详细命名。对于没有特殊结构和构造的变质岩，综合观察矿物成分、结构和构造进行命名。

命名顺序和岩浆岩相似，颜色+构造+结构+特征变质矿物+基本名称。

（二）变质岩的镜下观察与描述

1. 矿物成分

按照含量多少依次描述，描述的具体内容包括：矿物名称，百分含量，颗粒大小，单偏光、正交偏光甚至锥光镜下的光学特征（形状、解理、颜色、突起、消光类型及消光角、干涉色、轴性等），若为斑状变晶结构，先描述变斑晶的光学性质，再描述变基质的光学性质，也要注意特征变质矿物的描述。

2. 结构、构造

观察内容与描述方法同手标本，镜下主要观察微观的结构，如角岩结构、显微鳞片变晶结构、变余泥质结构、交代结构等。

构造的观察和描述可以和手标本进行对照。比如千枚状构造、细粒的片状构造，镜下观察更为清晰。

3. 素描

变质岩镜下也需要素描出特殊的结构、构造特征、矿物组合特征，素描方法同岩浆岩。

最后综合手标本与镜下观察和描述内容，进行综合命名。

第四节 沉积岩的观察内容与描述方法

一、沉积岩概述

白居易的《浪淘沙》形象地描述了沧海变桑田的现象。"沧海变桑田"是自然界沉积作用最好的说明，自然界中存在的岩石在机械的、化学的或生物的沉积作用下形成松散沉积物，再经过埋藏改造（成岩作用）在地下不是很深处固结形成沉积岩。沉积岩是组成岩石圈的三大类岩石（岩浆岩、变质岩、沉积岩）之一。它是在地壳表层的条件下，由母岩的风化产物、火山物质、有机物质等原始物质成分，经过搬运作用、沉积作用以及沉积后作用而形成的一类岩石。沉积岩是研究沉积岩（包括沉积矿产）的物质组分、结构构造、分类和形成作用，以及沉积环境分布规律的一门地质科学。它是岩石学的一部分，同时，又是一门独立的学科。沉积岩主要集中分布于地表，其体积约 $4.4×10^8 km^2$，占岩石圈5%左右，占陆地面积75%左右，平均厚度1.8km。已探明的海底、洋底几乎全部由沉积岩（物）所组成，平均厚度1km，但各处厚度不均一，地槽区厚度大，如高加索地区沉积岩的厚度可到30km，而在地台区厚度较薄。自然界分布最多的沉积岩为黏土岩（页岩、泥岩）、砂岩和石灰岩，它们约占沉积岩总量的95%以上。

二、沉积岩的基本特征

（一）矿物成分

沉积岩的矿物成分有160多种，但最常见的不过一二十种，其矿物组分有下列特点。

1. 高温矿物罕见

橄榄石、辉石、角闪石及基性斜长石不出现或者罕见。

2. 低温矿物富集

钾长石、酸性斜长石和石英广泛存在。

3. 特有的矿物

特有的自生矿物、氧化物和氢氧化物、黏土矿物、盐类矿物、碳酸盐矿物常见。

（二）化学成分

沉积岩的化学成分随原岩类型的不同而相差极大，一些石英砂岩或硅质岩中 SiO_2 含量可超过90%，而石灰岩则高度富 CaO，其他成分如 Al_2O_3、Fe_2O_3、MgO 等也明显富集在某些类型的岩石中。沉积岩的平均化学成分和岩浆岩很接近，但与岩浆岩相比，其具有如下所述特征。

1. 铁的含量大致相等

沉积岩中 Fe_2O_3 的含量多于 FeO，岩浆岩则相反。这是因为沉积岩形成于地表水体中，氧气充足，大部分铁元素氧化成高价铁的缘故。

2. 碱金属含量不同

沉积岩中碱金属含量远低于岩浆岩，尤其是钠的含量。沉积岩中 K_2O 的含量多于 Na_2O，而岩浆岩中 K_2O 和 Na_2O 的含量大致相当，或 Na_2O 稍多于 K_2O。这是因为沉积岩中含有较多的钾长石和白云母，或由于黏土胶体质点能吸附钾离子之故。

3. H_2O 和 CO_2 含量不同

沉积岩中含有大量的 H_2O 和 CO_2，而在岩浆岩中 H_2O、CO_2 的含量很低。

4. 有机质含量不同

沉积岩中普遍富含有机质，而在岩浆岩中不含有机质。

（三）结构和构造

1. 结构

沉积岩的结构取决于岩石的形成方式，结晶质结构是与岩浆岩所共有的结构，但缺少玻璃质结构。据组成物质、颗粒大小及其形状等方面的特点，沉积岩可分为如下几种结构。

1) 碎屑结构

碎屑结构由碎屑物质被胶结物胶结而成，可以从不同角度去划分。

（1）按碎屑粒径的大小划分：砾状结构，碎屑粒径大于 2mm；砂质结构，碎屑粒径介于 2~0.05mm 之间；粉砂质结构，碎屑粒径为 0.05~0.005mm，如粉砂岩。

（2）按颗粒磨圆程度分为：角砾状结构和砾状结构。

（3）按胶结物的成分划分：硅质胶结，由石英及其他二氧化硅胶结而成。颜色浅，强度高；铁质胶结，由铁的氧化物及氢氧化物胶结而成，颜色深，呈红色，强度次于硅质胶结；钙质胶结，由方解石等碳酸钙类物质胶结而成，颜色浅，强度比较低，容易遭受侵蚀；泥质胶结，由细粒黏土矿物胶结而成，颜色不定，胶结松散，强度最低，容易遭受风化破坏。

2) 泥质结构

泥质结构几乎全部由小于 0.005mm 的黏土矿物组成，是泥岩、页岩等黏土岩的主要结构。

3) 结晶结构

结晶结构是由溶液中沉淀或经重结晶所形成的结构。由沉淀生成的晶粒极细，经重结晶作用晶粒变粗，但一般多小于 1mm，肉眼不易分辨。结晶结构为石灰岩、白云岩等化学岩的主要结构。

4) 生物结构

生物结构由生物遗体或碎片所组成，如贝壳结构、珊瑚结构等，是生物化学岩所具有的结构。

2. 构造

沉积岩的构造是指其组成部分的空间分布及其相互间的排列关系。沉积岩最主要的构造是层理构造，它是沉积岩成层的性质，是由于季节性气候的变化、沉积环境的改变，使先后沉积的物质在颗粒大小、形状、颜色和成分上发生相应变化，从而显示出来的成层现象。

同时，沉积岩具有各种各样的孔隙，孔隙类型及孔隙结构特征是沉积岩石学研究的重点内容之一。

三、沉积岩的结构和构造

（一）碎屑岩的结构与构造

1. 碎屑岩的结构

碎屑岩的结构是指碎屑岩的矿物和岩石碎屑的大小、形状、填隙物的结构以及不同组分的空间组合关系。具体地说主要包括碎屑颗粒的结构、杂基和胶结物的结构、孔隙的结构及碎屑颗粒与杂基和胶结物之间的关系。碎屑岩的结构是鉴别、描述、分类、命名沉积岩的依据，是沉积岩成因分析的重要标志。

1）碎屑颗粒的结构

碎屑颗粒的结构一般包括碎屑的粒度、圆度、球度、形状、分选及结构成熟度。

（1）粒度：指碎屑颗粒的大小。它决定岩石类型和性质，是分类命名的重要依据。粒度的划分有10进制分类体系、2的几何级数制分类体系和习惯用法。

（2）圆度：指碎屑颗粒的原始棱角被磨圆的程度。圆度分级包括棱角状、次棱角状、次圆状及圆状。

（3）球度：指碎屑颗粒接近球体的程度。颗粒的最大球度值是1，最小值趋近于0。

（4）形状：包括粒状、柱状、板状、针状及其他。颗粒的形状、圆度、球度与矿物颗粒的结晶习性、解理、硬度、颗粒大小、搬运沉积介质条件有关。一般说来，颗粒的形状和圆度对粗碎屑岩的研究意义更大。

（5）分选：碎屑岩中颗粒大小均匀的程度称为分选性或分选程度。一般包括分选好、分选中等、分选差三级。

（6）结构成熟度：也称物理成熟度，是指碎屑沉积物经风化、搬运和沉积作用的改造，在结构上接近于最终特征的程度。结构成熟度的高低决定于碎屑颗粒的磨圆、分选、基质和胶结物相对含量等。结构成熟度越高，则碎屑物质分选性越好，磨圆度越高，杂基含量越少。

2）填隙物的结构

（1）杂基的结构。

代表原始沉积状态的杂基称为原杂基，一般表现为泥状结构，原杂基经成岩作用改造发生明显重结晶后转变为正杂基，表现为显微鳞片结构。原杂基和正杂基可作沉积环境的标志。

杂基的含量和性质反映搬运介质的流动特性和碎屑组分的分选性。它是碎屑岩结构成熟度的重要标志，杂基含量越高，岩石分选性和结构成熟度越低。

（2）胶结物的结构。

胶结物是化学成因物质，它的结构与化学岩的结构类似。实际上胶结物所表现的是孔隙充填结构，主要包括非晶质结构、隐晶质结构、显晶质结构（粒状、带状/薄膜状、栉壳状、凝块状或斑点状）、次生加大结构及嵌晶结构。

（3）胶结类型和颗粒支撑性质。

胶结类型是指碎屑岩中碎屑颗粒和填隙物之间的关系，又称作支撑类型。按照颗粒和填隙物的相对含量，碎屑结构的胶结类型可分为基底胶结、孔隙胶结、接触胶结和镶嵌胶结。按照碎屑和杂基的相对含量，碎屑结构的支撑类型可以划为杂基支撑和颗粒支撑两类。一般来讲，基底胶结属于杂基支撑类型，孔隙胶结和接触胶结属于颗粒支撑类型。在杂基支撑结构中，杂基含量高，颗粒在杂基中呈漂浮状。在颗粒支撑结构中，杂基含量较少，一般小于15%，颗粒之间有点接触、线接触、凹凸接触及缝合接触等接触类型。从成因上看，上述4种接触类型反映了沉积物在成岩过程中经受的压实、压溶作用的强度和进程，因此分析碎屑岩的胶结类型和颗粒间的接触性质，不仅对沉积环境的分析有意义而且为碎屑岩的成岩阶段划分提供依据。

3) 孔隙结构

孔隙是指岩石中未被固体物质充填的部分，是碎屑岩重要的结构组分之一。根据形成阶段的不同，孔隙可以分为原生孔隙和次生孔隙两类。

孔隙结构主要是表征孔隙的大小、多少、喉道特征和连通情况。最常用的表征储层物性的参数为孔隙度和渗透率，两者一般成正比。

2. 碎屑岩的构造

碎屑岩的构造是指岩石各组成部分的空间分布和排列方式。按构造的形成时间可以分为原生构造和次生构造；按成因可以分为机械成因或物理成因构造（流动成因构造、同生变形构造）、生物成因构造、化学成因构造；按沉积岩形成阶段可以分为沉积构造、成岩构造和后生构造。碎屑岩的构造研究特别是原生沉积构造，对沉积环境分析具有直接的指相意义。

1) 流动成因的构造

(1) 波痕：流水波痕、浪成波痕、风成波痕、干涉波痕、构造波痕、孤立波痕及皱痕；

(2) 层理：水平层理、平行层理、交错层理、上攀沙纹层理、波状层理、压扁层理和透镜状层理、递变层理、韵律层理、块状层理；

(3) 流动侵蚀痕：槽模、沟模、渠模、冲刷—充填构造、截切构造、叠覆递变构造。

2) 同生变形构造

(1) 层面变形构造：干裂和脱水收缩裂隙、撞出坑、雨痕及冰雹痕；

(2) 层内变形构造：负荷构造、砂球砂枕构造、包卷层理、滑塌构造、泄水管和叠状构造、碎屑岩脉。

3) 生物成因构造

生物成因构造包括生物活动痕迹、生物扰动构造及生产痕迹。

4) 化学成因构造

化学成因构造包括结核、缝合线及叠锥构造。

5) 其他成因构造

其他成因构造有鸟眼构造及示顶底构造等。

3. 碎屑岩的颜色

颜色是碎屑岩最醒目的沉积标志，是鉴定岩石、划分和对比地层、分析和判断古地理条件的重要依据之一。碎屑岩的颜色可以分为继承色、自生色及次生色，其中继承色和自生色是原生色。

(1) 继承色：主要取决于碎屑颗粒的颜色，即继承的母岩的颜色。

(2) 自生色：是沉积和早期成岩过程中自生矿物的颜色。红色、黄色代表了氧化环境，绿色代表了半氧化环境，灰色、黑色代表了还原环境。

(3) 次生色：后生或风化作用阶段，新生成的次生矿物造成的颜色。

（二）碳酸盐岩的结构与构造

1. 碳酸盐岩的结构组分

碳酸盐岩基本组分主要由颗粒、泥、胶结物、晶粒、生物格架等五类结构类型组成。此外，还有一些次要的结构组分，如陆源物质、其他化学沉淀物质、有机质等；还有一些派生的结构组分，如孔隙等。碳酸盐岩的结构指的是结构组分本身的特征及结构组分之间的相互关系。

1）颗粒

碳酸盐岩中的颗粒按其是否在沉积盆地中形成，可分为盆外颗粒和盆内颗粒两大类，其中盆内颗粒是主要的，盆外颗粒是次要的。

（1）盆内颗粒：指在沉积地区或沉积环境内形成的碳酸盐成分颗粒，它可以是化学作用形成的，也可以是机械作用形成的，还可以是生物作用形成的，或者是上述作用综合的产物。盆内颗粒类型多样，主要包括内碎屑、鲕粒、藻粒、球粒和粪球粒、变形粒、生物颗粒等。

内碎屑主要是沉积盆地中沉积不久的、半固结或固结的碳酸盐沉积物或碳酸盐岩岩层，由于受波浪、潮汐、风暴等作用，破碎、搬运、磨蚀、再沉积而成。根据粒径的大小可以分为砾屑、砂屑、粉屑和泥屑。

鲕粒是指具有核心和同心层结构的球状颗粒。根据鲕粒的结构与形态，可以划分为正常鲕、椭球鲕、同心鲕、偏心鲕、放射鲕、复鲕和表皮鲕等7种类型。

藻粒是指与藻类有成因联系的颗粒，包括藻鲕、藻灰结核、藻团块及藻碎屑。

球粒是指较细粒的（粉砂或细砂级）、不具特殊内部结构的、泥晶的、分选较好的颗粒。粪球粒是指卵形或椭球形，分选很好，有机质含量较高，是低能环境的产物。

变形粒是指先期形成的颗粒在成岩后生作用阶段因压溶作用或其他力学作用的影响发生变形而成。

生物颗粒是指生物骨骼及其碎屑，也可称为"生屑""生粒""骨粒""骨屑"等。原地堆积的生物颗粒具有指相意义。

（2）盆外颗粒：指来自沉积区以外的、较老的碳酸盐岩碎屑，是陆源碎屑颗粒。随着这些陆源碎屑颗粒含量增高，使得碳酸盐岩向碎屑岩过渡。

2）泥

泥是与颗粒相对应的另一种碳酸盐岩的结构组分，是指泥级的碳酸盐质点，它与泥土岩是相当的，又可称之为微晶碳酸盐泥、微晶、泥晶、泥屑。按其具体成分可将其分为灰泥和云泥，灰泥是方解石成分的泥，云泥是白云石成分的泥。

3）胶结物

碳酸盐岩胶结物是以化学沉淀方式沉淀、结晶于碳酸盐颗粒之间的方解石或其他矿物，与砂岩中的胶结物类似，一般称为亮晶方解石、亮晶方解石胶结物或亮晶，偶见泥晶级的胶结物。

亮晶方解石胶结物具有以下几个特征：

（1）晶粒粗大（>0.03mm），呈结晶状态；

（2）晶体洁净、明亮；

（3）具有世代现象。

亮晶方解石胶结物与粒间灰泥的本质区别在于：

（1）晶体大小：亮晶晶粒大，灰泥小；

（2）干净与否：亮晶晶粒干净明亮，灰泥较为污浊；

（3）含量：亮晶含量<50%，灰泥含量为0~100%；

（4）形成时期：亮晶在成岩阶段形成；灰泥在沉积阶段形成；

（5）分布状况：亮晶常具栉壳状结构，灰泥绝无此结构；

（6）岩石形成时的能量：亮晶含量高，反映高能环境；灰泥含量高，反映低能环境。

4）晶粒

晶粒是晶粒碳酸盐岩或结晶碳酸盐岩的主要结构组分，它是碳酸盐沉积因为成岩作用（重结晶作用、交代作用）而形成的较粗大的碳酸盐矿物晶体。晶粒按粒级可划分为泥晶、粉晶、砂晶、砾晶；按形态特征可划分为自形晶、半自形晶、他形晶。

5）生物格架

生物格架主要是指原地生长的群体生物如珊瑚、苔藓、海绵、层孔虫等，以其坚硬的钙质骨骼所形成的骨骼格架。另外，蓝藻和绿藻以其黏液粘结其他碳酸盐组分而形成一种粘结格架，如叠层石。前者为生物物理沉积作用，后者为生物化学沉积作用。骨骼格架和粘结格架都是生物格架，它们是礁碳酸盐岩必不可少的部分。

6）孔隙

和碎屑岩一样，碳酸盐岩的孔隙同样包括原生孔隙和次生孔隙。次生孔隙中裂隙较为发育，是碳酸盐沉积物固结为岩石后，由于受构造力的作用，发生破裂而形成。细粒纯石灰岩比粗粒灰岩、含黏土等杂质灰岩更为发育裂隙。裂隙是油、气、水运移的极好通道。

7）碳酸盐岩的结构类型

（1）颗粒结构（粒屑结构）：与碎屑岩相似，以颗粒、泥、亮晶、孔隙为主，是经波浪、流水作用的搬运、沉积而成的碳酸盐岩，如鲕粒灰岩、竹叶状灰岩、砂屑灰岩等。

（2）泥晶结构（相当于碎屑岩中的泥岩）：主要由灰泥组分组成，一般是由化学或生物化学作用沉淀的碳酸盐岩，它是低能环境下的产物。

（3）生物骨架结构：由原地生长的造礁生物钙质骨架形成的岩石，包括骨架岩、障积岩、粘结岩。

（4）晶粒结构：各种结构和成因的石灰岩经过重结晶作用或交代作用而形成的晶粒碳酸盐岩，主要由晶粒组成。

（5）残余结构：重结晶作用和交代作用不彻底，仍见部分原岩结构。

2. 碳酸盐岩的构造

碳酸盐岩具有丰富多彩的构造特征，几乎具有全部碎屑岩的构造类型，但它有自己特有的构造类型。

1）叠层石构造

叠层石构造主要是由蓝、绿藻的生长活动所形成的亮、暗基本层在垂向上有规律的交替的一类构造。其中暗层是富藻纹层、富有机质层，亮层是富碳酸盐矿物层、富碳酸盐碎屑层。其成因与光合作用、潮汐作用或风暴作用有关。

叠层石的形态多样，基本形态只有柱状、层状两种，其他形态是这两种基本形态的过渡或叠合。叠层石的形态与沉积环境的水动力条件息息相关，柱状形态叠层石生成环境的水动力能量高，多为潮间带下部至潮下带上部的产物，而层状形态叠层石生成环境的水动力能量低，多为潮间带上部、潮上带的产物。

2）鸟眼构造

在泥晶或粉晶石灰岩或白云岩中，常见一种毫米级大小的，多呈定向排列的，多为方解石、石膏、石英等矿物充填的孔隙，因其形似鸟眼，故称鸟眼构造。又因其形似窗格，故也称窗格构造，又因这样完全充填或半充填的孔隙呈白色，似雪花，故也称雪花构造。鸟眼构造主要发育于潮坪（特别是潮上坪）等浅水暴露环境。

3) 示顶底构造

碳酸盐岩的孔隙中有两种不同特征的充填物。孔隙底部或下部主要为泥粉晶方解石，孔隙顶部或上部主要为亮晶方解石。二者界面平直，且同一岩层中各孔隙中的类似界面都相互平行。亮晶部分指示上层面，微晶或细粒碳酸盐部分指示下层面。

4) 虫孔及虫迹构造

虫迹构造是个概括性的术语，它包括生物穿孔、生物潜穴、生物爬行痕迹等。这里说的生物主要是蠕虫动物或软体动物。虫迹构造不能像遗体化石那样被搬运，是原地的，可以指示生物特征及其活动情况，是很有用的环境分析标志。

5) 缝合线构造

缝合线构造是碳酸盐岩中常见的一种裂缝构造，其大小差别很大，大者，其凹凸幅度可达十几厘米甚至更大；小者，其凹凸幅度小于1mm，仅在显微镜下才能看到。

3. 碳酸盐岩的颜色

与碎屑岩相比，碳酸盐岩的颜色相对单调些，以灰色、灰黑色为主，也有白色、灰绿色、黄褐色、紫红色等。颜色在沉积环境分析中非常有用。决定颜色的因素很多，一般包括以下几个因素：主要矿物和次要矿物的相对含量；颗粒、晶粒以及基质的粒度；色素离子；有机质含量；风化作用的强弱。碳酸盐岩的颜色一般分为以下几类：

(1) 浅色类：一般指白色、灰白色、浅灰色等，它指示着浅水的海湾或潟湖环境。

(2) 暗色类：一般指灰色、深灰色、灰黑色、黑色、灰绿色等，它指示着停滞缺氧的深水盆地。

(3) 红色类：一般指黄色、褐色、红色、紫红色等。

四、沉积岩的分类与命名

（一）沉积岩的分类

国内外存在多种沉积岩的分类方案，国内一般根据沉积岩的形成作用（冯增昭，1982，1992）来划分沉积岩的基本类型，主要包括：(1) 主要由母岩（指原先存在的沉积岩、岩浆岩和变质岩）风化物质组成的沉积岩；(2) 主要由火山碎屑物质组成的沉积岩；(3) 主要由生物遗体组成的沉积岩；(4) 主要由宇宙物质来源组成的沉积岩。

主要由母岩风化物质组成的沉积岩是最主要的沉积岩类型，根据母岩风化产物的类型及搬运沉积作用的不同，可以将其再划分为碎屑岩及化学岩两大类。碎屑岩按粒度划分，可以划分为砾岩、砂岩、粉砂岩、黏土岩；化学岩按其主要成分划分，可以划分为碳酸盐岩、硫酸盐岩、卤化岩、硅质岩、其他化学岩。

主要由火山碎屑物质组成的沉积岩称为火山碎屑岩，火山碎屑岩是介于火山岩与沉积岩之间的岩石类型，兼有两者的特点，又与两类岩石相互过渡。在沉积岩系中它属于碎屑沉积岩中的一种特殊类型。

主要由生物遗体组成的沉积岩为有机岩或生物岩，根据其是否可燃可以划分为可燃有机岩（煤、油页岩）、非可燃有机岩。

主要由宇宙物质来源组成的沉积岩称为陨石岩。

（二）沉积岩的命名

沉积岩的命名遵循三级命名法。一般根据岩石的成因，沉积岩可分类为碎屑岩、化学岩、生物化学岩和黏土（泥质）岩四大类。

1. 沉积岩基本名称的规定

岩石中内源矿物量或陆源碎屑物含量大于50%或能反映岩石基本特征和基本属性者，为确定岩石基本名称的依据。

岩石中有用组分具开采利用价值，按现行矿业工业指标的具体规定，并换算为相应的矿物含量，确定基本名称。

2. 次要矿物作为附加修饰词的规定

（1）次要矿物量小于5%，不参与命名，当具有特殊地质意义时，以微含××质作为附加修饰词。

（2）次要矿物量为5%~25%时，以含××质作为附加修饰词。

（3）次要矿物量为25%~50%时，以××质作为附加修饰词。

3. 结构作为附加修饰词的规定

（1）一种结构存在，即以该结构作为附加修饰词。

（2）两种结构同时存在，按次者在前、主者在后的顺序排列作为附加修饰词。

（3）三种结构同时存在，则不一一列出，而予以总称作为附加修饰词，如内碎屑、不等粒、不等晶等。

4. 成岩后生变化产物作为附加修饰词的规定

（1）成岩后生变化产物含量5%~25%时，称弱××化作为附加修饰词。

（2）成岩后生变化产物含量25%~50%时，称××化作为附加修饰词。

（3）成岩后生变化产物含量50%~90%时，称强××化作为附加修饰词。

（4）成岩后生变化产物含量大于90%时，称极强××化作为附加修饰词。

5. 需要特别注意的规定

在命名的过程中要注意砂岩的分类与命名，先根据杂基的含量将砂岩分为净砂岩和杂砂岩。前者为杂基的含量小于15%、分选较好的纯净砂岩，后者为杂基含量大于15%、分选差的混杂砂岩。其次在砂岩和杂砂岩中，按照石英、长石、岩屑的相对含量划分砂岩类型。如长石含量大于25%、岩屑含量小于25%的砂岩为长石砂岩（杂砂岩）类；岩屑含量大于25%、长石含量小于25%的砂岩为岩屑砂岩（杂砂岩）类；长石与岩屑含量均大于25%的砂岩为长石岩屑砂岩或岩屑长石砂岩（杂砂岩）类；长石和岩屑含量都小于25%的为石英砂岩（杂砂岩）类。如长石或岩屑含量为10%~25%，则将砂岩细分为"长石质或岩屑质××砂岩"。颗粒含量小于10%的组分不参加命名。

五、沉积后作用

母岩的风化产物以及其他来源的物质成分，在经过搬运和沉积作用后，就变成了沉积物，这个阶段称为沉积物的形成阶段。沉积物转变为沉积岩所发生的一系列变化称为沉积物的成岩阶段。沉积物形成以后到沉积岩的风化和变质作用以前，这一演化阶段的所有变化和作用称为沉积岩的后生作用,简称后生作用。

沉积后作用阶段划分方案很多,包括黏土矿物类型、煤岩学煤阶、地球化学环境变化、沉积物埋深及综合指标划分等方案。在生产和科研实践中,一般用中国石油天然气集团公司的划分规范;教材中一般采用冯增昭的划分方案。

(1) 同生作用:指沉积物刚刚沉积后而且尚与上覆水体相接触时的变化,也称为"海底风化作用"或"海解作用"。

(2) 准同生作用:这一变化发生在同生作用后,沉积物已基本与水体脱离,但基本上还未脱离沉积时的环境,主要指潮上带的疏松 $CaCO_3$ 沉积物被高镁粒间水白云化的作用。

(3) 成岩作用:指沉积物已基本与上覆水体脱离的情况下,由疏松的沉积物转变为固结的沉积岩的作用,是狭义的成岩作用。

(4) 后生作用:泛指沉积岩形成以后,到遭受其风化和变质作用以前发生的变化作用。

(5) 表层后生作用:在接近地表的沉积岩层中,主要是在地下水面附近所发生的一些作用。

(6) 深部后生作用:指地层深部沉积岩的后生作用,深度可达6000~8000m。

六、沉积岩的观察与描述

(一) 碎屑岩的观察与描述

1. 砾岩

砾岩主要由粒径大于2mm(含量>50%)的碎屑颗粒组成的粗碎屑岩。砾岩中的碎屑颗粒以岩屑为主,最能反映母岩性质,杂基通常为细粒的砂、粉砂和黏土物质,胶结物一般为方解石、二氧化硅、氢氧化铁等。砾岩中的沉积构造常见大型斜层理、递变层理、块状层理、叠瓦状构造,其颗粒粗、填隙物粗,结构成熟度一般较低,且颜色多样,易氧化而呈红色,其一般呈巨厚砾岩岩系、夹层、薄层透镜体、局部堆积形式产出。

在对砾岩的观察与描述中一般从以下几个方面入手。

(1) 颜色。

① 应描述岩石整体的颜色,若碎屑与填隙物颜色不均匀时,将岩石标本置于距眼睛0.5m以远处,观察描述其整体颜色。

② 分别描述新鲜面与风化面的颜色。

(2) 砾石。

应逐项观察描述下列内容:

① 砾石的组成:注意砾石常为岩石碎屑,由单矿物组成的砾石一般较少,且多为细小的砾石。

② 粒度(或称砾径):指砾石长轴的大小,应从平均砾径和砾径范围两个方面描述。

③ 分选性:指砾石大小相对集中的程度。

④ 磨圆度:以大部分砾石所具有的圆度为准,必要时可作粗略统计,如次圆状约60%,次棱角状约30%,圆状约10%。

⑤ 观察砾石的形状(扁平状、球状、条带状等):若以扁平状砾石为主,应注意砾石是否呈定向排列。

(3) 填隙物。

填隙物指砾石之间的杂基（黏土和粉砂）或胶结物。若填隙物为胶结物，则须进一步判断其化学成分。常见胶结物的化学成分及其识别方法如下所述。

硅质：矿物成分主要为玉髓和自生石英，一般色较浅，硬度大，抗风化能力强。

钙质：矿物成分主要为方解石，硬度较小，加稀盐酸剧烈起泡。

铁质：矿物成分多为赤铁矿（风化后成褐铁矿），常呈红、黄、紫、褐等色调。

填隙物为胶结物，应确定其胶结类型（基底式胶结、孔隙式胶结）；若填隙物为杂基，则应确定其支撑类型（颗粒支撑、杂基支撑）。

(4) 结构：均为砾（角砾）状结构。可根据砾石的大小作进一步划分，如中砾砾状结构、细砾砾状结构。

(5) 构造：砾岩中常见的原生沉积物构造为叠瓦构造。如果砾石颜色分布较均匀，可称为块状构造。

(6) 命名：根据三级命名法，一般为颜色+粒径大小+砾石成分+基本命名，如肉红色中砾复成分砾岩。

2. 砂岩

砂岩是主要由砂级（2~0.05mm）（含量>50%）的陆源碎屑颗粒组成的中碎屑岩。其碎屑成分复杂，通常砂级碎屑组分中石英最多，长石、岩屑次之，重矿物含量少。杂基一般为粒径小于0.03mm的黏土、碳酸盐泥、细粉砂，其含量变化大，胶结物多见硅质、钙质、铁质，结构多样；砂岩的结构成熟度可高可低，杂基支撑、颗粒支撑均可出现。发育各种层理、波痕、生物成因构造，颜色多样。砂岩约占沉积岩的1/3，仅次于黏土岩，通常结构成熟度与其成分成熟度一致，砂岩的研究是沉积岩石学及沉积相研究的重点之一。

在对砂岩的观察与描述中一般从以下几个方面入手。

(1) 颜色：注意事项同砾岩。

(2) 碎屑成分：常见的组成砂粒的矿物碎屑是石英、正长石、酸性斜长石和白云母。组成砂粒的岩屑多为颗粒细小或隐晶质的岩石，其岩性的准确鉴定只能在显微镜下进行。常见的岩屑成分有燧石岩、石英岩、板岩、千枚岩、熔结凝灰岩等。在砂粒成分鉴定出来以后，应进一步描述其粒度、分选性、磨圆度（参考砾石的描述）。对各成分砂粒的百分含量做出统计。

(3) 填隙物：填隙物种类的确定和支撑（胶结）类型的描述参考砾岩部分。

(4) 结构：砂状结构，根据砂粒大小进一步划分，如中粒砂状结构。

(5) 构造：注意观察描述砂岩中的各种沉积构造（层理、层面构造），不同的沉积构造代表了不同的水动力条件。

(6) 命名：①根据砂粒的成分组成（石英、长石、岩屑的含量），在砂岩三角分类图上投影定出砂岩的基本名。②结合颜色、粒度作综合命名。

一般原则：颜色+粒度+基本名，如灰白色细粒长石砂岩。

3. 粉砂岩

粉砂岩主要由0.05~0.005mm粒级（含量大于50%）的碎屑颗粒组成的细粒碎屑岩。主要矿物成分以石英为主，长石较少，岩屑极少或不存在，常含较多的白云母。重矿物含量比砂岩高，可达2%~3%，多为稳定重矿物。填隙物常为黏土、钙质、铁质等。其分选性一般较好，磨圆性较差，碎屑颗粒常呈棱角—次棱角状。粉砂岩中常见水平层理及波状层理，交错层理较少，多见小型水平滑动形成的包卷层理等变形构造。

在对粉砂岩的观察与描述中一般也从以下几个方面入手。

(1) 颜色：注意事项同砂岩。

(2) 碎屑成分：粉砂岩中碎屑成分以石英、白云母为主，长石、岩屑较少，暗色矿物含量较多。因悬浮搬运，分选较好、磨圆较差（次棱角状、棱角状为主）。

(3) 填隙物：注意事项同砂岩。

(4) 构造：水平层理常见。

(5) 命名：颜色+填隙物成分+粒度+粉砂岩，如灰黑色泥质粉砂岩。

4. 黏土岩

黏土岩这一术语的含义和使用，仍未有统一的认识。一般来说，从广义上，它是主要由粒径小于 0.005mm 的细碎屑物质（含量>50%）组成的沉积岩，狭义上，它主要由黏土矿物（含量大于 50%）组成。构成黏土岩主要组分的黏土矿物大多是母岩风化而成，以机械方式沉积而成，少部分是由火山碎屑物质蚀变及胶体的凝聚作用等化学方式形成的自生黏土矿物。黏土岩是沉积岩中分布最广的一类，约占沉积岩总体积的 55%~60%。一般来说，疏松或未固结成岩者，称为黏土，固结成岩者称为黏土岩或泥质岩或泥状岩，根据页理的发育情况，分为泥岩和页岩。

在对黏土岩的观察与描述中一般从以下几个方面入手。

(1) 颜色：注意观察新鲜面和风化面、干燥和潮湿颜色的差别。

(2) 成分：以黏土矿物为主，还有少量陆源碎屑矿物和自生非黏土矿物。黏土矿物的类型肉眼难以鉴别；常见的陆源碎屑为粉砂、砂；常见的非黏土矿物有钙质（方解石）、铁质（铁的氧化物和氢氧化物）、硅质（蛋白石、玉髓）、碳质、细分散黄铁矿、沥青质等。成分单一、无陆源碎屑混入的黏土岩，刀切面光滑、牙磨无砂感；含粉砂时，刀切面具粗糙感，小刀刻划有沙沙声，牙磨有砂感；含砂粒时肉眼可见砂粒。黏土岩含碳质，色黑且污手，有时可见植物叶片化石；含细分散黄铁矿，色黑但不污手；含沥青质，呈棕色调，质地轻，指甲刻划有油脂光泽；铁质、钙质、硅质的鉴定已在砾岩中介绍。

(3) 结构：①若含陆源碎屑，根据黏土、粉砂或砂的相对含量确定其结构类型，如含粉砂泥质结构；②根据黏土矿物集合体的形态，分为胶状结构、鲕状结构等。

(4) 构造：以水平层理、页理最为特征，泥裂、雨痕等也较常见。

(5) 命名：首先根据有无页理构造分出泥岩和页岩两种基本类型，然后根据陆源碎屑或非黏土矿物的种类与含量进一步分类命名，如粉砂质泥（页）岩、钙质泥（页）岩、油页岩。前面可冠以岩石的颜色，如黄绿色粉砂质泥岩、黑色页岩等。

（二）碳酸盐岩的观察与描述

1. 颜色的观察与描述

描述碳酸盐岩的颜色与其他岩石一样，在此不做重复。

2. 矿物成分的鉴定

碳酸盐岩中的矿物成分一般粒度细小，再加上方解石与白云石等碳酸盐矿物的形态、解理极相似或相同，所以，肉眼区分是非常困难的，可借助于盐酸（5%）来鉴定，方解石遇盐酸强烈起泡，白云石遇冷盐酸看不到起泡，但有时可以听到兹兹响声，粉沫或加热可以起泡。所以，加盐酸剧烈起泡者为石灰岩类，不起泡或粉沫起泡者为白云岩类，方解石质含量大于50%的泥灰岩或泥质灰岩，加盐酸后起泡，但在岩石表面留有泥质残余痕迹。另外白云岩的风化面上经常可见溶沟现象，即刀砍纹构造，而石灰岩中很少见到这种特征。

3. 结构特征及结构组分的观察描述（以颗粒结构为例）

碳酸盐岩颗粒结构和砂岩碎屑结构一样，也是由颗粒和填隙物组成，在观察描述具颗粒结构的岩石时，应首先确定结构的基本类型和颗粒、填隙物含量，然后按照先颗粒后填隙物，先含量多的结构组分后含量少的组分的顺序，逐一描述每种结构组分的特征及含量。

1）颗粒组分的观察描述

（1）内碎屑：颗粒大小、形态、分选性、磨圆度、内部的物质组成和结构特征、内部的层理与砾屑长轴的关系、表面特征及有无红色氧化环、排列方式（如叠瓦状、菜花状排列等）、含量。

（2）鲕粒：大小、形态、内部结构、含量。

（3）生物颗粒：观察生物骨骼的形态特点、大小、完整程度、排列方式、含量。

2）填隙物的特征及观察描述

亮晶胶结物一般较明亮透明，亮白色、玻璃光泽、粒径较粗（>0.03mm）、颗粒状断口，可见极完全解理，在岩石中的含量少于颗粒，呈颗粒支撑。而泥晶基质的粒度较细小，小于0.03mm，颜色较深，断口较致密或呈瓷状断口，在岩石中含量可多可少，呈杂基支撑或颗粒支撑。

碳酸盐岩与碎屑岩一样，颗粒之间的支撑类型有颗粒支撑、杂基支撑等。胶结类型可分为基底式、孔隙式和接触式胶结等类型。

4. 碳酸盐岩的构造的观察描述

注意描述碳酸盐岩的层理、缝合线、叠层构造、鸟眼构造、示底构造、虫孔构造等特征。碳酸盐岩由于物质成分和颜色较均一，所以层理不易辨认，要细心观察，确定出具体类型并描述其主要特征。

5. 沉积后变化

沉积后变化如重结晶作用、白云岩化、硅化等。

6. 碳酸盐岩的命名

颜色+（特殊构造+）填隙物+次要颗粒+主要颗粒+基本名称，如灰黑色条带状泥晶粒屑灰岩。

 思考题与练习题

1. 岩浆的概念是什么？岩浆有哪些特征？岩浆演化的方式有哪些？
2. 岩浆的结晶作用是什么？岩浆作用是什么？二者的区别与联系是什么？
3. 岩浆岩的概念是什么？根据生成环境如何划分？岩浆岩以什么特征区别于沉积岩与变质岩？

4. 岩浆岩的物质组成包括化学组成和矿物组成，那么其化学成分有哪些变化规律？矿物组成有哪些共生组合规律？在进行岩浆岩描述时，如何对矿物进行分类？

5. 结构和构造属于岩浆岩本身的特征，从不同角度去划分具有不同的描述方式，那么岩浆岩的结构具体包括哪些类型？岩浆岩的构造又包括哪些类型？

6. 斑状结构与似斑状结构有哪些异同？辉长结构与辉绿结构有哪些异同？

7. 侵入岩的产状包括整合侵入和不整合侵入，二者具体包括哪些类型？

8. 岩浆岩的分类有不同的分类依据，若是按照酸度是如何分类的？国际地科联又是如何分类的？

9. 以表格或者思维导图的形式总结超基性岩类、基性岩类、中性岩类和酸性岩类的化学成分、矿物组成、结构构造及代表性岩石。

10. 简述变质岩和变质作用的概念，并举例说明什么是正变质岩？什么是副变质岩？

11. 变质岩既然可以由沉积岩、岩浆岩在保持固态的条件下转变而成，那么变质作用与相应的成岩作用、岩浆作用之间有没有明确的界限呢？变质作用的上、下界限是什么？

12. 引起岩石发生变质作用的因素包括哪些？它们是如何影响变质作用的？

13. 在变质作用过程中，引起原岩的矿物成分、结构、构造发生变化的方式有哪些？并简述其概念。

14. 变质岩的矿物成分取决于原岩的化学成分和变质作用条件，那么，变质岩的矿物成分具有哪些特点？与沉积岩和岩浆岩的矿物成分相比，其又有什么特征？

15. 变质岩描述时，一定注意特征变质矿物的鉴定和描述，什么是特征变质矿物？

16. 根据成因，可以把变质岩的结构分为几大类？

17. 变晶结构属于变质岩的标型特征，什么是变晶结构？它有什么特点？

18. 交代结构普遍见于变质岩中，常见的交代结构有哪些类型？

19. 根据变质作用的程度由弱到强，可以把变成构造划分为几类？各自有什么特点？

20. 根据变质作用类型可以把变质岩分为五大类，以思维导图或者表格的形式概述每一类变质岩的命名原则及其代表性岩石和特征。

21. 简述沉积岩的概念和分类。

22. 简述碎屑岩、碳酸盐岩的观察内容与描述方法。

第四章 常见岩石的手标本与镜下鉴定特征

岩石鉴定是岩石学工作的基本内容，也是地质类、石油类毕业生甚至地质学家和地质工程师的基本功。根据结构、构造、矿物成分等特征，鉴定未知岩石的类型及准确命名，是岩石学实验的主要目的，也是岩石学的基础工作。

第一节 岩浆岩手标本与镜下鉴定

岩浆岩鉴定实验目的存在三个方面：一是理论联系实际，掌握各类岩浆岩的特征，包括结构、构造、矿物成分、次生变化及区别；二是学会根据结构、构造和矿物成分进行岩浆岩命名的方法；三是掌握手标本与镜下观察描述方法，写出完整的岩石鉴定报告，最终能够根据分类方案确切地鉴定未知岩浆岩的岩石类型及具体名称。

一、岩浆岩的结构与构造观察

根据第三章第二节岩浆岩的观察内容与描述方法，对岩浆岩常见结构、构造特征观察，了解主要组构的形成条件；掌握岩浆岩组构观察描述内容、描述方法；掌握侵入岩与喷出岩在结构构造方面的差异，了解结构与形成条件的关系。

对给定岩浆岩手标本和薄片的结构和构造进行观察描述，岩石的构造特点主要通过手标本的观察描述，镜下对构造的描述要求依据手标本对构造的描述和镜下看到的岩石在矿物空间分布方面的特征，确定岩石的构造类型。

结构主要从镜下通过四个方面（结晶程度、颗粒大小、自形程度和相互关系）进行观察和描述。手标本主要观察结晶程度、颗粒大小等，细致的描述通过薄片实现。结构描述首先是岩浆岩的整体结构描述，以粒度和自形程度为主，对斑状结构的岩石，采用三级描述原则。以下以基性岩的结构构造为例，按侵入岩、喷出岩分别描述结构和构造（表4-1，表4-2）。

表4-1 基性岩手标本结构构造观察与描述表

岩石	结构	构造	手标本
辉长岩	中粒结构，主要矿物为黑色短柱状辉石和灰白色板条状斜长石，二者粒径范围分别为2~4mm和2~3mm。辉石和斜长石自形程度接近，不规则穿插，半自形粒状结构	块状构造	

续表

岩石	结构	构造	手标本
辉绿岩	细粒结构，主要矿物辉石和斜长石粒度较细，小于2mm，斜长石自形程度高于辉石	块状构造	
玄武岩	斑状结构，斑晶为白色板状斜长石和黑色短柱状、粒状辉石，基质为微晶斜长石空隙充填隐晶质	气孔状构造，局部见杏仁充填	

表 4-2 基性岩显微镜下（薄片）结构观察与描述表

薄片	结构	描述	照片
辉长岩	中粒结构辉长结构	辉石粒径范围约 2~2.5mm，斜长石为 2.5~5mm，见板条状的斜长石与辉石自形程度接近，为半自形，相互穿插，不规则排列	
辉绿岩	细粒结构辉绿结构	辉石粒径范围 0.4~1.5mm，斜长石粒径为 1.5~3mm，见斜长石与辉石自形程度不同，斜长石自形—半自形，辉石半自形，斜长石搭成三角形格架里面充填辉石，且相邻区域辉石同时消光	
玄武岩	斑状结构	斑晶为板条状基性斜长石、辉石以及伊丁石，斜长石粒径为 2mm 左右，伊丁石粒径为 1~2mm；基质为斜长石微晶搭成的格架中充填伊丁石微晶及隐晶质、玻璃质、磁铁矿，形成拉斑玄武结构	

(一) 侵入岩与喷出岩标本的结构与构造观察与描述

以辉长岩、辉绿岩、玄武岩为例,观察手标本的结构构造特征。其中辉长岩块状构造,为中粒结构;辉绿岩块状构造,为细粒结构;玄武岩气孔状构造,为斑状结构,具体描述见表4-1。

(二) 侵入岩与喷出岩薄片的结构观察与描述

薄片观察辉长岩、辉绿岩、玄武岩的结构特征。其中辉长岩为中粒结构,辉石粒径范围约2~2.5mm,斜长石为2.5~5mm,见板条状的斜长石与辉石自形程度接近,为半自形,相互穿插,不规则排列形成辉长结构。辉绿岩为细粒结构、辉绿结构,辉石粒径范围0.4~1.5mm,斜长石粒径为1.5~3mm,见斜长石与辉石自形程度不同,斜长石自形—半自形,辉石半自形,斜长石搭成三角形格架里面充填辉石,且相邻区域辉石同时消光。玄武岩为斑状结构,斑晶为板条状基性斜长石、辉石以及伊丁石,基质为斜长石微晶搭成的格架中充填伊丁石微晶及隐晶质、玻璃质、磁铁矿,形成拉斑玄武结构(表4-2)。

二、超基性岩的观察与描述

根据前述岩浆岩的描述方法和描述内容,掌握超基性岩手标本、薄片的观察内容、鉴定方法、描述记录一般格式,学会鉴定橄榄石、辉石等矿物,认识透闪石、蛇纹石等次生矿物;观察超基性岩的主要组构,如粒状镶嵌结构、网环结构、等粒结构,块状构造,根据鉴定结果确定矿物成分及估计其含量,按规范、用专业术语描述岩石的成分、结构、构造特征,并能绘制主要特征的素描图,最后进行命名,提交实验鉴定报告。

在鉴定前,先清楚橄榄岩的主要矿物组成为橄榄石+辉石,命名采用IUGS的三端元图,橄榄石—斜方辉石—单斜辉石以及橄榄石—辉石—角闪石,注意2个重要的含量界线,即橄榄石含量>90%时为纯橄榄岩,橄榄石含量在40%~90%时为橄榄岩,然后前面以暗色矿物按"少前多后"的原则进行修饰。

(一) 橄榄岩的手标本

黄绿色,全晶质细粒等粒结构,块状构造。矿物由橄榄石(83%)、辉石(15%)、磁铁矿(2%)组成。橄榄石黄绿色、白色,主要为镁橄榄石,半自形—自形粒状,细粒等粒,粒径约为1.5~2mm,透明—半透明,玻璃光泽,解理不发育,部分见蛇纹石化为白色,可见蛇纹石构成白色网状线条。辉石绿黑—黑色,短柱状、粒状,玻璃光泽,硬度5.5~6,粒径1~1.5mm。磁铁矿,铁黑色,不透明。

初步命名:黄绿色细粒橄榄岩。

(二) 橄榄岩的显微镜下

主要矿物成分为橄榄石(82%),其次为古铜辉石(8%)、普通辉石(6%)、尖晶石(3%)、磁铁矿(1%)。

橄榄石无色透明,自形—半自形等粒,2~2.5mm,最大可达3mm,高正突起,解理不发育,表面有裂纹;平行消光,干涉色可以达到三级初,个别颗粒蛇纹石化形成网状结构,蛇纹石为一级灰干涉色。辉石高正突起,横截面见两组近直交完全解理,夹角约87°,纵切面见一组完全解理，平行消光，一级橙黄干涉色，二轴晶负光性，判断为古铜辉石，粒径 1.5~0.8mm。也可见单斜辉石，与古铜辉石相比，斜消光，无多色性，二级黄绿干涉色，二轴晶正光性，2V角中等。金云母，无色—浅黄棕色，弱多色性，黄褐—浅黄棕—浅黄、无色，平行消光，干涉色达三级。铬尖晶石主要为微透明的红褐色、红色，高正突起，均质体，全消光，无解理。磁铁矿，黑色，自形—他形，不透明。

整体结构为细粒结构，半自形粒状等粒结构。素描图或照片一定要反映矿物组合和结构构造特征（图 4-1）。

 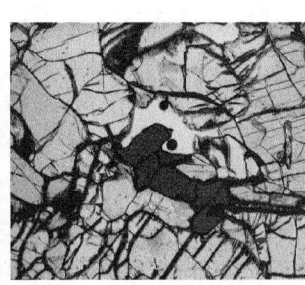 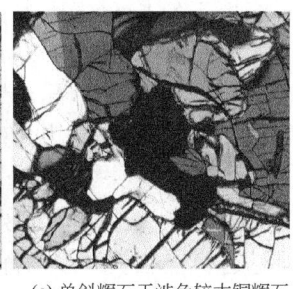 

(a) 黄绿色，全晶质细粒结构，块状构造

(b) 橄榄石、古铜辉石、普通辉石、尖晶石、磁铁矿等，尖晶石呈褐色，单偏光

(c) 单斜辉石干涉色较古铜辉石高，前者斜消光，后者平行消光，尖晶石全消光，正交偏光

图 4-1　细粒尖晶石二辉橄榄岩手标本与镜下特征　　彩图 4-1

岩石综合命名：黄绿色细粒尖晶石二辉橄榄岩。

三、基性岩的观察与描述

掌握基性岩手标本、薄片的观察内容、鉴定方法、描述记录一般格式，学会鉴定单斜辉石、斜方辉石、基性斜长石、角闪石等矿物，认识斜长石的钠黝帘石化现象，辉石的纤闪石化，掌握基性岩类常见的结构，如辉长结构、粗玄结构、拉斑玄武结构、反应边结构、包橄结构等，以及气孔杏仁构造等，掌握侵入岩与喷出岩的结构构造差异。根据鉴定结果确定矿物成分及估计其含量，按规范、用专业术语描述岩石的成分、结构、构造特征，并能绘制反映主要矿物组合及结构的素描图，最后进行命名，提交实验鉴定报告。

在鉴定前，先清楚基性岩的主要矿物组成为辉石和基性斜长石，对于侵入岩辉长岩的分类先按暗色矿物和浅色矿物比率，分为暗色辉长岩、浅色辉长岩、正常辉长岩，正常辉长岩根据暗色矿物种类按"少前多后"原则命名为辉长岩、苏长岩、苏长辉长岩、辉长苏长岩。与辉长岩对应的火山岩—玄武岩，主要矿物组成与辉长岩相同，不同的是结构构造，注意观察。

（一）辉长岩

1. 手标本

灰黑色，中细粒结构，块状构造。矿物由辉石（44%）、基性斜长石（49%）、橄榄石（5%）、磁铁矿（2%）组成。辉石绿黑—黑色，短柱状、粒状，玻璃光泽，硬度 5.5~6，辉石粒径范围约 1~1.5mm。斜长石白色，板状，玻璃光泽，粒径约为 1.5~2.5mm，斜长石与辉石自形程度接近，为半自形，相互穿插，不规则排列，有的辉石自形程度低于斜长石。

橄榄石黄绿色、白色，粒状，粒径约为 1.5~2mm，透明—半透明，玻璃光泽，解理不发育。磁铁矿，铁黑色，不透明。

初步命名：灰黑色中细粒橄榄辉长岩。

2. 显微镜下

主要矿物成分为辉石（45%）、基性斜长石（49%）、橄榄石（2%）、磁铁矿（2%）、磷灰石（2%）。

斜长石无色透明，半自形板状，自形程度与辉石接近，个别斜长石比辉石自形程度略高，见他形辉石充填于斜长石格架中；斜长石低正突起，有的表面发生蚀变，形成钠黝帘石化蚀变，聚片双晶，卡钠复合双晶发育，斜消光，粒径约为 1.5~2.5mm。辉石包括紫苏辉石和普通辉石，且普通辉石含量高于紫苏辉石；紫苏辉石高正突起，横截面见两组近直交完全解理，夹角约 87°，纵切面见一组完全解理，显示弱的多色性，淡粉—浅绿色，平行消光，干涉色低，一级橙黄干涉色，二轴晶负光性；单斜辉石，斜消光，无多色性，二级蓝绿干涉色，二轴晶正光性，2V 角中等，辉石类矿物粒径一般为 1~1.5mm。橄榄石无色透明，粒状，多为浑圆状或不规则形状，粒径多在 1~1.5mm，高正突起，解理不发育，表面有裂纹；平行消光，干涉色可以达到三级初。磁铁矿黑色，细粒状，自形—他形，不透明。磷灰石无色透明，弱多色性，柱状，解理不完全，平行消光—全消光，一级灰干涉色。橄榄石和磁铁矿往往被包于其他矿物中，结晶早；辉石和斜长石结晶程度接近，几乎同时结晶。

整体结构为中粒半自形粒状结构，辉长辉绿结构，素描图或照片一定要反映矿物组合和结构构造特征（图4-2）。

岩石综合命名：灰黑色中细粒橄榄苏长辉长岩。

(a) 灰黑色，中细粒结构，块状构造

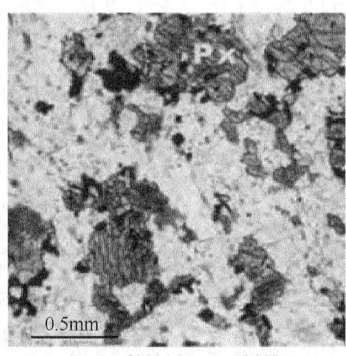
(b) 辉石、基性斜长石、橄榄石、磁铁矿等，辉石、橄榄石突起高于斜长石，单偏光

(c) 基性斜长石见聚片双晶，辉石一组完全解理，两者构成典型的辉长结构，正交偏光

图 4-2 橄榄苏长辉长岩手标本与镜下特征

（二）玄武岩

1. 手标本

暗紫色，斑状结构，气孔状构造、杏仁构造。矿物由基性斜长石（63%）、辉石（20%）、伊丁石（10%）、玻璃质（4%）、磁铁矿（3%）组成。斜长石白色，板状，玻璃光泽，硬度6，两组完全解理，在斑晶和基质中都出现，斑晶中的斜长石粒径约为 2.5mm，

基质中以斜长石微晶的形式，粒径小于 0.2mm。辉石绿黑、黑色、短柱状、粒状、玻璃光泽，硬度 5.5~6，斑晶中辉石粒径范围约 2mm。伊丁石红褐色、纤维状，粒径小于 0.2mm。磁铁矿，铁黑色，不透明。

初步命名：暗紫色气孔状伊丁石玄武岩。

2. 显微镜下

主要矿物成分为基性斜长石（65%）、辉石（18%）、伊丁石（10%），还可见玻璃质（4%）、磁铁矿（3%）。

斜长石无色透明，自形—半自形板状，低正突起，聚片双晶，卡钠复合双晶发育，斜消光，一级灰白干涉色，粒径约为 2.5~5.5mm。单斜辉石，斜消光，无多色性，二级黄绿干涉色，粒径 2~2.6mm。伊丁石，高正突起，弱多色性，亮红褐色—暗红褐色，平行消光，在斑晶和基质中都有，斑晶粒径约为 2mm 左右，基质粒径小于 0.2mm。磁铁矿黑色，不透明。

斑状结构，斑晶为白色板状斜长石和黑色短柱状、粒状辉石、伊丁石，基质为微晶斜长石搭成的格架中充填微晶的伊丁石、玻璃质、磁铁矿等，形成拉斑玄武结构。镜下可见气孔。素描图或照片要反映矿物组合和结构构造（图 4-3）。

岩石综合命名：暗紫色气孔状伊丁石拉斑玄武岩。

(a) 暗紫色，斑状结构，气孔状、杏仁状构造

(b) 基性斜长石、伊丁石、辉石、磁铁矿等，伊丁石具有弱多色性即亮红褐色—暗红褐色，单偏光

(c) 斑状结构，基质为拉斑玄武结构，正交偏光

图 4-3　气孔状伊丁石拉斑玄武岩手标本与镜下特征　　彩图 4-3

四、中性岩的观察与描述

掌握中性岩手标本、薄片的观察内容、鉴定方法、描述记录一般格式，学会鉴定中性岩常见矿物中性斜长石、角闪石、黑云母等，认识中性斜长石的环带结构，辉石也有一定含量，橄榄石很少出现。副矿物含量增加，主要为榍石、磷灰石、锆石、磁铁矿等。次生矿物绿泥石、绿帘石、绢云母、方解石等可出现，高岭石、蒙脱石等较普遍出现。注意观察中性岩常见的结构，如半自形粒状结构、斑状结构、安山结构、交织结构、暗化边现象、溶蚀结构、环带结构、反应边结构等，掌握侵入岩与喷出岩的结构构造差异。根据鉴定结果确定矿物成分及估计其含量，按规范、用专业术语描述岩石的成分、结构、构造特征，并能绘制反映主要矿物组合及结构的素描图，最后进行命名，提交实验鉴定报告。

在鉴定前，先清楚中性岩的主要矿物组成为中性斜长石、角闪石，有时黑云母和辉石也可作为主要矿物，次要矿物为碱性长石、石英，副矿物为磁铁矿、磷灰石、榍石等。注意根据 IUGS 的 QAP 分类三角图命名，首先要重新换算石英 Q、碱性长石 A、斜长石 P 的相对含量，对于 Q<5%，直接命名，对于 5%<Q<20%，基本名称前加石英作前缀。另外要重新计算 A/(A+P)，确定是闪长岩（<1/3）、二长岩（1/3~2/3）还是正长岩（>2/3），相应的喷出岩则分别为安山岩、粗安岩及粗面岩。具体分类命名参照 IUGS 分类图，画素描图，提交鉴定报告。

（一）闪长岩

1. 手标本

浅灰色，半自形粒状结构，块状构造。矿物由中性斜长石（56%）、角闪石（22%）、黑云母（10%）、少量的石英（3%）、碱性长石（6%）、磁铁矿（3%）组成。

中性斜长石，白色，板状，玻璃光泽，硬度 6，两组完全解理，斜长石粒径约为 1.5~2mm。角闪石，黑色，半自形长柱状、针状，玻璃光泽，解理发育，粒径 0.3~1mm。黑云母，黑色，片状，在光下转动解理面见珍珠晕彩，粒径小于 1mm，硬度 2~3。石英，烟灰色，透明，断面油脂光泽，解理不发育，硬度 7。磁铁矿，铁黑色，不透明。

初步命名：浅灰色细粒黑云闪长岩。

2. 显微镜下

主要矿物成分为中性斜长石（55%）、角闪石（20%），次要矿物为黑云母（10%）、碱性长石（7%）、石英（3%），副矿物为磷灰石（2%）、榍石（1%）、磁铁矿（2%）。

中性斜长石无色透明，自形—半自形板状，低正突起，发育聚片双晶和卡钠复合双晶，斜消光，一级灰，见斜长石发育环带结构，有的斜长石中心绢云母化、帘石化明显，粒径约为 1.5~2.5mm。普通角闪石半自形长柱状，横截面六边形或菱形，多色性明显，深绿色—浅黄色，中正突起，发育两组完全解理，解理夹角为 56°或 124°，纵切面见一组解理，斜消光（23°），最高干涉色二级蓝，部分绿泥石化，粒径约为 0.25~1mm。钾长石无色透明，半自形—他形，具卡式双晶，泥化较强，粒径 1~1.5mm。黑云母片状，棕褐色—浅黄色，多色性明显，半自形，一组极完全解理，中正突起，平行消光，干涉色可达 3~4 级。石英无色透明，粒状，他形，解理不发育，表面干净，低正突起，一级灰白。磷灰石无色透明，自形针状、柱状，多色性弱，中正突起，平行消光，干涉色一级灰。榍石黄色或淡褐色，菱形，极高正突起，高级白干涉色，解理完全。磁铁矿黑色，不透明，方形或不规则形状。

细粒半自形粒状结构，块状构造。素描图或照片要反映矿物组合和结构构造（图 4-4）。

岩石综合命名：浅灰色细粒黑云闪长岩。

（二）安山岩

1. 手标本

浅灰色，斑状结构，基质为隐晶质结构，块状构造。矿物由斑晶和基质组成，斑晶为角闪石（15%）、斜长石（5%），基质为微晶斜长石，中间充填隐晶质、玻璃质。

斑晶角闪石为黑色，长柱状，玻璃光泽，两组斜交完全解理，粒径约为 0.5~5mm。基质斜长石为白色，板条状，粒径<0.2mm 左右，在放大镜下见斜长石微晶中间充填玻璃质、隐晶质。

 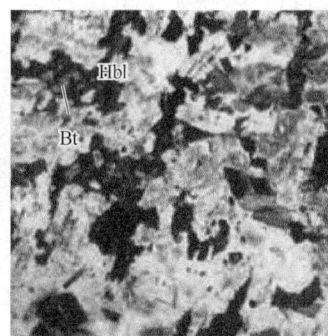 

(a) 浅灰色，半自形粒状结构，块状构造　　(b) 角闪石(Hbl)、中长石、黑云母(Bt)、碱性长石等组成，角闪石、黑云母具有多色性，单偏光　　(c) 斜长石见环带结构，正交偏光

图 4-4　浅灰色细粒黑云闪长岩手标本与镜下特征

初步定名：浅灰色角闪安山岩。

2. 显微镜下

斑晶占总矿物含量 20%，主要矿物为角闪石和斜长石，其他矿物有金属矿物、玻璃质等。

角闪石主要形成斑晶，自形—半自形长柱状，横截面为菱形和六边形，纵切面为长柱状，多色性为浅黄绿色—绿色，斜消光，干涉色二级蓝，粒径 0.5～3mm，占斑晶总量的 70%，多数颗粒发生暗化现象，部分熔蚀成港湾状。斜长石，大者为斑晶，自形板状，有熔蚀，斜长石无色透明，有的表面较脏，蚀变为高岭土、绢云母等，个别见发育聚片双晶，粒径 2mm 左右，占斑晶总量的 30%；基质中斜长石微晶半定向排列，颗粒间隙充填有玻璃质、隐晶质和不透明矿物，粒径<0.2mm。

整体结构为斑状结构，斑晶有暗化边结构，熔蚀结构，基质为安山结构。素描图或照片需反映矿物组合和结构构造（图 4-5）。

岩石综合命名：角闪安山岩。

 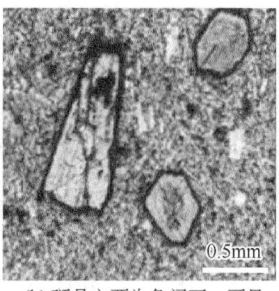 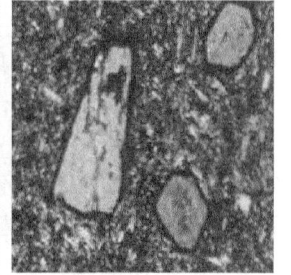

(a) 浅灰色，斑状结构，基质为隐晶质结构，块状构造　　(b) 斑晶主要为角闪石，可见其纵切面和横切面，单偏光　　(c) 斑状结构，基质为安山结构，正交偏光

图 4-5　角闪安山岩手标本与镜下特征

彩图 4-5

五、酸性岩的观察与描述

掌握酸性岩手标本、薄片的观察内容、鉴定方法、描述记录一般格式，学会鉴定酸性岩常见矿物碱性长石（正长石、微斜长石、条纹长石）、酸性斜长石、黑云母、石英等，学会

鉴定副矿物如榍石、磷灰石、锆石、磁铁矿、电气石等。次生矿物高岭石、绿泥石、绿帘石、绢云母等常出现。注意观察酸性岩常见的结构，如花岗结构（大部分颗粒的半自形粒状结构）、正边结构、二长结构、斑状结构、似斑状结构、交织结构、蠕虫结构、文象结构、环带结构、反应边结构等，以及流纹构造、珍珠构造、似片麻状构造、晶洞构造、斑杂构造等，掌握侵入岩与喷出岩的结构构造差异。根据鉴定结果确定矿物成分及估计其含量，按规范、用专业术语描述岩石的成分、结构、构造特征，并能绘制反映主要矿物组合及结构的素描图，最后进行命名，提交实验鉴定报告。

在鉴定前，先清楚酸性岩的主要矿物组成碱性长石、石英、酸性斜长石（An 含量<30）、黑云母，两种长石总量>60%，石英含量>20%（Q、A、P 的相对百分含量），暗色矿物黑云母、角闪石为主，少量辉石，暗色矿物含量<15%，副矿物磁铁矿、锆石、磷灰石、榍石等。注意根据 IUGS 的 QAP 分类三角图命名，命名时基本名称前加次要矿物做前缀。画素描图，提交鉴定报告。

（一）二长花岗岩

1. 手标本

肉红色，中细粒结构，花岗结构，大部分颗粒具有半自形粒状结构，块状构造，由钾长石（40%）、石英（20%）、斜长石（23%）、黑云母（10%）、角闪石（5%）、磁铁矿（2%）组成。

石英烟灰色，粒状，解理不发育，断面油脂光泽，硬度 7，粒径约为 0.5~1.5mm。钾长石肉红色，板状，玻璃光泽，解理完全，硬度 6~6.5，粒径为 2.5~3mm。酸性斜长石白色，板状，玻璃光泽，两组完全解理，粒径约为 2~3mm；黑云母黑褐色，片状，玻璃光泽，解理面见珍珠晕彩，粒径小于 1mm，硬度小（2~3）。角闪石黑色，半自形长柱状，玻璃光泽，两组斜交完全解理，粒径 0.5~1mm。磁铁矿铁黑色，条痕黑色，半金属光泽，不透明，具铁磁性。

初步命名：肉红色中细粒角闪黑云二长花岗岩。

2. 显微镜下

碱性长石（40%），主要包括正长石、条纹长石、微斜长石；石英（21%）；斜长石（22%）；黑云母（9%）；角闪石（5%）；副矿物约为 3%，主要有磷灰石、锆石、榍石、磁铁矿。

石英无色透明，粒状，他形，解理不发育，表面干净，低正突起，一级灰白。碱性长石主要为正长石、条纹长石、微斜长石，粒径为 2.5~3.5mm，半自形板状，无色透明，两组完全解理，低负突起，个别在单偏光下显示表面浑浊，为长石的高岭土化，条纹长石发育条纹结构，主体为钾长石，白色的条纹为钠长石，在镜下见到较多条纹长石，微斜长石发育格子双晶，正长石发育卡式双晶。斜长石无色透明，半自形板状，粒径约为 1~2.5mm，低正突起，发育聚片双晶和卡钠复合双晶，斜消光，一级灰，可见少部分发育环带结构的中长石，可见蠕虫结构。黑云母片状，棕褐色—浅黄，半自形，一组极完全解理，纵向切片无解理，中正突起，平行消光，干涉色可达 3~4 级，石英沿黑云母边缘交代构成显微文象结构。普通角闪石长柱状、横截面六边形或菱形，浅黄绿色—绿色多色性，中正突起，发育两组完全解理，解理夹角为 56°或 124°，在纵切面见一组解理，斜消光（24°），最高干涉色二级蓝，部分角闪石绿泥石化。磷灰石无色透明，自形针状、柱状，多色性弱，中正突起，平行消光，干涉色一级灰。榍石黄色或棕色，菱形，极高正突起，高级白，解理完全。锆石无色—淡褐色，表面粗糙，极高正突起，平行消光，干涉色最高可达三级红。磁铁矿黑色，不透明，方形或不规则形状。

中细粒半自形粒状结构，花岗结构，文象结构，条纹结构，二长结构。素描图或照片需反映矿物组合和结构构造（图4-6）。

岩石综合命名：肉红色中细粒角闪黑云二长花岗岩。

 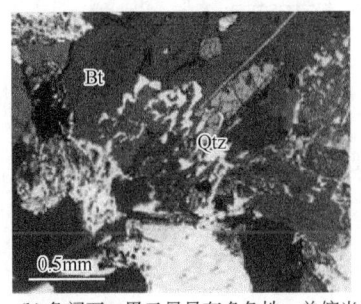 

(a) 肉红色，花岗结构，块状构造　　(b) 角闪石、黑云母具有多色性，单偏光　　(c) 花岗结构，正交偏光

图4-6　中细粒角闪黑云二长花岗岩手标本与镜下特征

（二）花岗闪长岩

1. 手标本

灰白色，细粒结构，块状构造。矿物由斜长石（46%）、石英（24%）、钾长石（10%）、角闪石（12%）、黑云母（约6%）组成。

斜长石白色，板状，粒径为1~2mm，玻璃光泽。钾长石肉红色，板状，玻璃光泽。石英烟灰色，粒状，断口油脂光泽，粒径1~2mm。角闪石黑色，长柱状、针状，两组斜交完全解理，粒径1mm；黑云母，片状，玻璃光泽，解理面有珍珠晕彩，硬度2~3。

初步定名：灰白色中细粒黑云角闪花岗闪长岩。

2. 显微镜下

主要矿物成分为斜长石（45%）、石英（25%），次要矿物碱性长石（10%）、角闪石（12%）、黑云母（5%），副矿物（3%）有榍石、磁铁矿。

斜长石为自形—半自形板状，粒径1.0~2.5mm，最大可达3.5mm，发育聚片双晶、卡钠复合双晶，个别中长石发育环带结构，部分颗粒绢云母化蚀变严重。碱性长石主要为正长石和条纹长石，半自形—他形晶，颗粒较小，粒径为0.5~1.5mm，条纹长石发育条纹结构。石英他形粒状，1~3mm，解理不发育，波状消光，一级灰。角闪石自形—半自形长柱状，浅黄绿色—绿色，斜消光，消光角小于30°；黑云母片状，浅褐色—深棕色，平行消光，见绿泥石化蚀变。榍石为自形粒状、菱形，极高正突起，高级白。磁铁矿黑色，不透明，自形—半自形。

整体结构为中细粒半自形粒状结构（花岗结构），个别石英颗粒中包含有早期结晶的斜长石和角闪石，斜长石发育环带结构，个别斜长石颗粒出现蠕虫结构。素描图或照片需反映矿物组合和结构构造（图4-7）。

 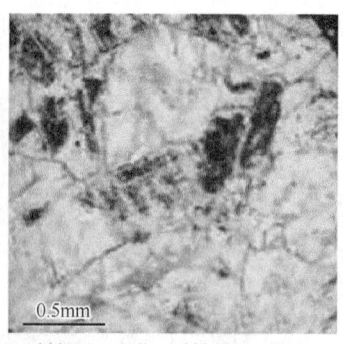 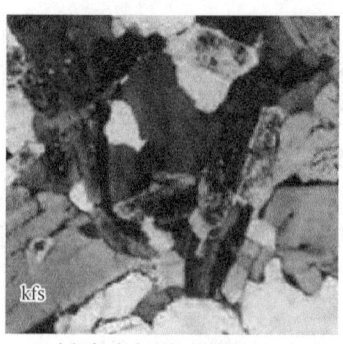

(a) 灰白色，细粒结构，块状构造　　(b) 斜长石、石英、碱性长石、角闪石、黑云母等，单偏光　　(c) 中细粒半自形粒状结构，正交偏光(kfs表示钾长石)

图 4-7　花岗闪长岩手标本与镜下特征

岩石综合命名：灰白色中细粒黑云角闪花岗闪长岩。

（三）流纹岩

1. 手标本

浅紫色，斑状结构，基质为隐晶质结构，流纹构造。斑晶主要为石英（15%），基质为隐晶质或玻璃质（85%）。

石英无色透明，粒径0.5~1.5mm，玻璃光泽，断口为油脂光泽，解理不发育，硬度7。基质为由紫色、灰色的玻璃质或隐晶质组成。

初步定名：浅紫色斑状流纹岩。

2. 显微镜下

斑晶为石英，含量约15%；基质含量约85%，主要为隐晶质的长英质、雏晶、玻璃质、磁铁矿。

石英主要作为斑晶出现，无色透明，低正突起，解理不发育，粒径0.5~1.5mm，平行消光，一级灰白。基质主要为隐晶质的长英质、玻璃质，无色透明，其中可见雏晶，黑色，形状不规则，呈针状、放射状，可见长英质呈放射状构成球粒结构，还可见石英和长石微晶组成的集合体，边界模糊，形成霏细结构。

整体结构为斑状结构，石英中可见熔蚀结构，呈港湾状，基质中可见球粒结构、霏细结构。素描图或照片需反映矿物组合和结构构造（图4-8）。

 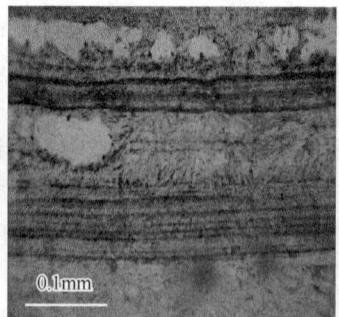 

(a) 浅紫色，斑状结构，基质为隐晶质结构，流纹构造　　(b) 石英斑晶、隐晶质的长英质、玻璃质、黑色雏晶等组成，流纹构造，单偏光　　(c) 斑状结构，基质中可见球粒结构、霏细结构，正交偏光

图 4-8　流纹岩手标本与镜下特征

岩石综合命名：浅紫色斑状流纹岩。

六、其他岩浆岩的观察与描述

(一) 正长岩

1. 手标本

肉红色，细粒半自形粒状结构，似片麻状构造。矿物由正长石（55%）、角闪石（20%）、斜长石（10%）、霓辉石（10%）组成。

正长石肉红色，板状，玻璃光泽，硬度6，两组完全解理，粒径约为1~2mm。角闪石黑色，半自形，长柱状、针状，玻璃光泽，解理发育，粒径约为0.2~1mm。斜长石白色，板状，粒径为1.0~1.5mm，玻璃光泽。霓辉石柱状、针状，解理完全，近直交解理，粒径小于1mm。

初步命名：肉红色细粒角闪霓辉正长岩。

2. 显微镜下

正长石（58%），普通角闪石（20%），斜长石（8%），霓辉石（10%），烧绿石或黑榴石（2%），榍石（2%）。

正长石无色透明，半自形、板条状，低负突起，发育卡式双晶，粒径0.5~2mm。斜长石无色透明，自形—半自形、板状，低正突起，发育聚片双晶和卡钠复合双晶，斜消光，一级灰，粒径约为0.5~1.5mm。普通角闪石半自形、长柱状，横截面六边形或菱形，浅黄绿色—绿色，中正突起，发育两组完全解理，解理夹角为56°/124°，纵切面见一组解理，斜消光（23°），最高干涉色二级蓝，部分绿泥石化，粒径约为0.5~1mm。霓辉石长柱状，半自形—自形，横切面六边形，多色性明显，黄—绿—草绿色，颜色呈环带状分布，自中心往边缘绿色逐渐变浓，高正突起，干涉色最高达三级中部，斜消光（<30°），有时见聚片双晶。榍石黄色/棕色，菱形，极高正突起，高级白，解理完全。烧绿石或黑榴石，均质体，全消光，高正突起。

细粒半自形粒状结构，似片麻状构造。素描图或照片需反映矿物组合和结构构造（图4-9）。

 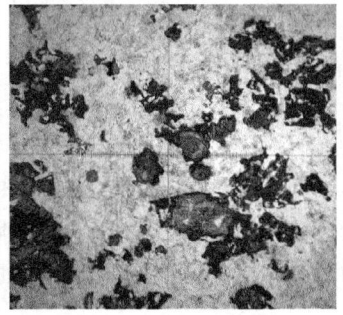 

(a) 肉红色，细粒半自形粒状结构，似片麻状构造　　(b) 正长石、角闪石、斜长石、霓辉石等，单偏光　　(c) 细粒半自形粒状结构，似片麻状构造，正交偏光

图4-9　角闪霓辉正长岩手标本与镜下特征

岩石综合命名：肉红色细粒角闪霓辉正长岩。

（二）粗面岩

1. 手标本

浅灰黄色，斑状结构，块状构造。斑晶占总矿物的 30%，主要为透长石，基质为碱性长石微晶，其间有石英微晶、褐色火山玻璃和黑色磁铁矿等。

斑晶中的透长石肉红色，自形晶、板状，玻璃光泽，粒径约为 0.5~1mm。基质中主要为碱性长石微晶，呈长条状定向平行排列，其间充填少量褐色玻璃质和黑色磁铁矿，少量的石英微晶呈烟灰色，粒状，油脂光泽，粒径 0.2mm 左右。

初步命名：浅灰黄色粗面岩。

2. 显微镜下

斑晶主要为透长石（28%），基质主要为碱性长石微晶，其间有石英微晶、褐色火山玻璃和黑色磁铁矿等。

斑晶中正长石主要为高温透长石，半自形、板条状，低负突起，发育卡式双晶，粒径 0.5~1mm，常见横向裂纹；微晶石英无色透明，低正突起，解理不发育，一级灰白，粒径 < 0.2mm。基质中正长石微晶近平行排列中间充填少量褐色玻璃质和黑色磁铁矿构成粗面结构。磁铁矿黑色，不透明。

斑状结构，基质为粗面结构，块状构造。素描图或照片需反映矿物组合和结构构造（图 4-10）。

岩石综合命名：浅灰黄斑状结构粗面岩。

 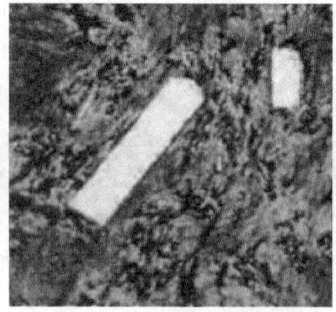 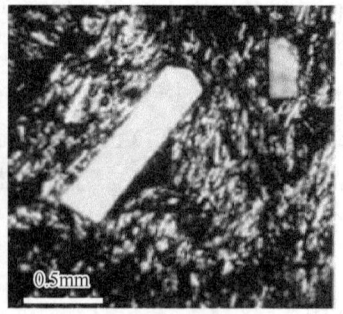

(a) 浅灰黄色，斑状结构，块状构造　　(b) 自形的透长石斑晶，微晶碱性长石、褐色玻璃质等构成基质，单偏光　　(c) 斑状结构，基质为粗面结构，正交偏光

图 4-10　粗面岩手标本与镜下特征

（三）煌斑岩

观察前先回顾一下知识点：煌斑岩属于脉岩，具有斑状结构或全自形等粒结构。煌斑结构的特点是斑晶为自形的角闪石和黑云母，基质由自形的暗色矿物和自形—半自形的硅铝矿物组成，基质为隐晶质或少量的玻璃质，有些为无斑隐晶质结构，构造为块状构造、斑杂构造或气孔杏仁构造。具体分类见表 4-3。

1. 手标本

浅砖红色，煌斑结构，角闪石在斑晶和基质中均呈完美自形晶，自形—半自形的正长石也出现在斑晶中，基质为肉红色正长石微晶和角闪石微晶构成微晶结构或隐晶质结构，块状构造。矿物由正长石（56%）、角闪石（25%）、少量透辉石（5%）和斜长石（10%）及其他矿物（4%）组成。

表4-3 煌斑岩类的分类命名表

长石＼暗色矿物	黑云母	角闪石
斜长石>碱性长石	云斜煌岩	闪斜煌斑岩
斜长石<碱性长石	云煌岩	闪正煌岩

斑晶主要为普通角闪石和正长石，少量透辉石。正长石肉红色，板状，玻璃光泽，硬度6，两组完全解理，斑晶中粒径约为0.5~1mm。角闪石黑色，自形，长柱状，玻璃光泽，解理发育，粒径约为0.6~2mm。透辉石黑色，短柱状、粒状，解理发育，玻璃光泽。基质中正长石和斜长石、角闪石微晶粒径<0.2mm；斜长石白色，正长石肉红色，角闪石黑色，针状。

初步命名：浅砖红色闪正煌岩。

2. 显微镜下

斑晶中主要矿物为正长石（55%）、角闪石（25%）、少量透辉石（5%）；基质中主要为正长石、角闪石和斜长石微晶，含磁铁矿。

斑晶中正长石无色透明，自形—半自形板条状，低负突起，发育卡式双晶，粒径0.5~1.5mm；普通角闪石自形长柱状，横截面六边形或菱形，浅黄绿色—绿色，中正突起，两组完全解理，解理夹角为56°或124°，纵切面见一组解理，斜消光（23°），最高干涉色二级蓝，粒径约为1~2mm；透辉石高正突起，无色透明，两组近直交解理（87°），斜消光，二级黄绿。基质中斜长石微晶，无色透明，发育聚片双晶和卡钠复合双晶，斜消光，一级灰干涉色，粒径约小于0.4mm；正长石和角闪石微晶粒径小于0.3mm；磁铁矿黑色，不透明，自形方形或不规则状。

煌斑结构，斑晶角闪石发育暗化边结构，基质为微晶—隐晶质结构，块状构造。素描图或照片需反映矿物组合和结构构造（图4-11）。

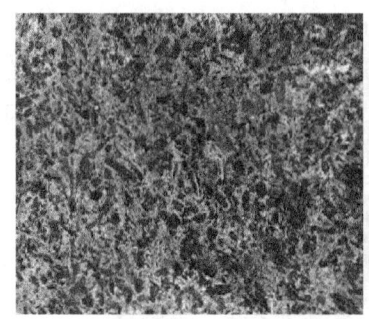 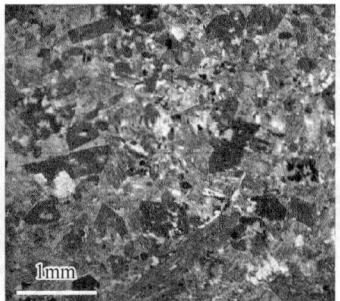 

(a) 浅砖红色，煌斑结构，基质微晶结构或隐晶质结构，块状构造　　(b) 斑晶主要为正长石、角闪石、少量透辉石；基质主要为微晶正长石、角闪石和斜长石，单偏光　　(c) 煌斑结构，斑晶角闪石发育暗化边结构，基质为微晶—隐晶质结构，正交偏光

图4-11 闪正煌岩手标本与镜下特征

岩石综合命名：浅砖红色闪正煌岩。

第二节　变质岩手标本与镜下鉴定

变质岩实验鉴定的目的有三：一是理论联系实际，掌握各类变质岩的特征；二是学会根据结构、构造和矿物成分，对变质岩进行命名的方法；三是掌握野外岩石或室内手标本及显微镜下岩石薄片的鉴定描述方法，写出完整的鉴定报告，最后能够根据变质岩的分类体系和具体分类方案，准确鉴定未知变质岩的岩石类型并准确命名。

在变质岩观察、描述与命名过程中，结构、构造具有重要地位。如果变质岩的定向构造明显，首先根据构造定出岩石基本名称，再结合结构、矿物成分进一步准确命名；如果定向构造不明显，需要综合考虑结构、构造和矿物成分。

一、动力变质岩的观察与描述

动力变质岩根据破裂程度分为构造角砾岩、碎裂岩、糜棱岩、千糜岩（千枚糜棱岩）及玻化岩（假熔岩、假玄武玻璃），该类岩石主要依据结构来命名。

（一）构造角砾岩手标本

斑杂色，角砾状结构，块状构造。由构造角砾、岩粉基质和胶结物构成。角砾颜色杂乱，灰、红、褐、黑不一，外形多为不规则棱角状，大小混杂，以 2~30mm 为主，成分有安山岩、花岗岩、绿泥石片岩和其他隐晶质岩石，含量约 75%。岩粉基质呈隐晶状，较致密，断口呈瓷状，含量约 10%。胶结物为硅质，呈灰白色，硬度大于小刀，含量约 15%。

（二）暗灰绿色块状碎裂花岗岩

1. 手标本

暗灰绿色，带淡褐色调，碎裂结构，块状构造[图 4-12(a)]。主要由原花岗岩碎块和块间胶结物构成。碎块大小相差很大，从小于 1mm 到超过 15mm 不等，最大达 30mm，棱角状，部分可拼合，内部也常有裂纹。碎块成分为长石和石英。长石为灰白色的斜长石或浅肉红色钾长石，板状，常有明显的解理，含量约 55%。石英灰色、油脂光泽，粒度小于长石，

(a) 暗灰绿色手标本

(b) 矿物内部可见裂缝、边缘可见碎屑

图 4-12　暗灰绿色块状碎裂花岗岩手标本与镜下特征

含量约 25%。长石和石英多独立构成碎块，部分可镶嵌。胶结物已绿泥石化、绢云母化，二者呈暗灰绿色、灰白色细小鳞片状，充填在碎块间或碎块内裂纹、长石解理缝中，含量约 20%。

2. 显微镜下

碎基含量约 10%，所以为碎裂结构。矿物成分可见斜长石、钾长石、石英、绢云母、绿泥石、白云母。斜长石、石英颗粒内部可见裂缝，颗粒边缘见弯曲的干涉色鲜艳的绢云母和颗粒细小、铁锈褐色的绿泥石。斜长石的双晶有弯曲现象，重结晶作用微弱[图 4-12(b)]。

(三) 深灰色长英质糜棱岩

1. 手标本

深灰色，糜棱结构，假流纹构造[图 4-13(a)]。由碎斑和碎基两部分构成，碎斑呈眼球状，大小不一，长轴约 2~30mm，定向排列，碎基呈条带状。碎斑包括长石、石英、方解石，含量约 40%。碎基主要是暗色岩粉或微粒，很致密，主要由长英质和绢云母组成，绢云母平行碎斑边缘分布，含量约 60%。

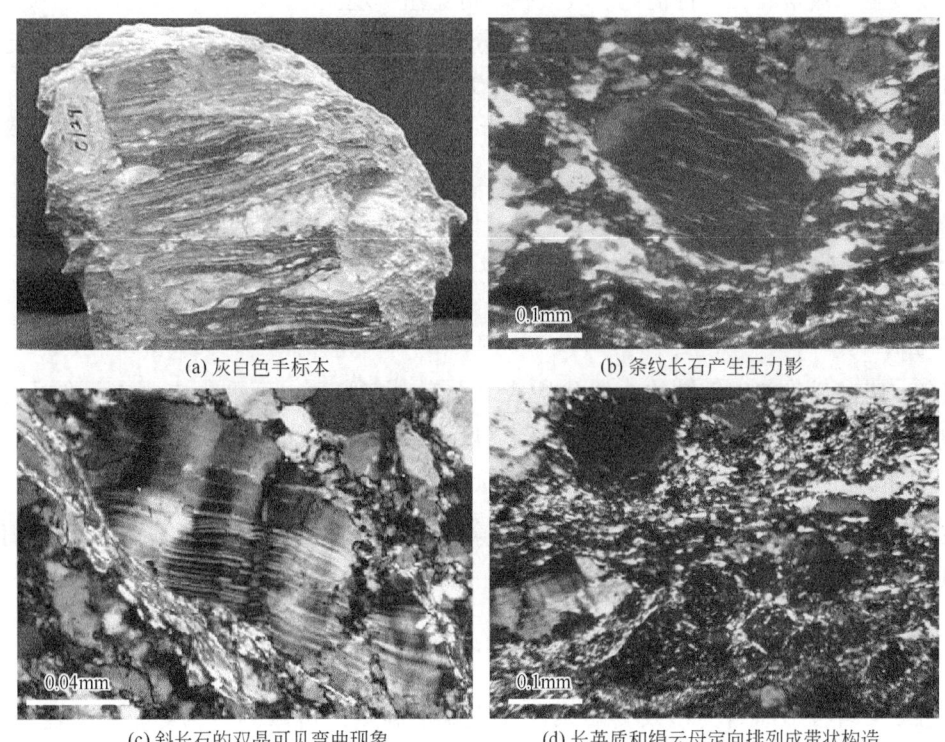

(a) 灰白色手标本　　　　(b) 条纹长石产生压力影

(c) 斜长石的双晶可见弯曲现象　　(d) 长英质和绢云母定向排列成带状构造

图 4-13　长英质糜棱岩手标本与镜下特征

长石白色、灰白色，厚板状，粒径 3~30mm，玻璃光泽，硬度大于小刀，大颗粒上可见两组近似于直交的解理，含量约 25%。

石英灰色，粒状，粒径 2~10mm，断口见油脂光泽，硬度 7，含量约 10%。

方解石，无色透明，粒径约 5mm，玻璃光泽，硬度小于小刀，含量约 5%。

2. 显微镜下

碎斑成分可见钾长石类的微斜长石、条纹长石和正长石、斜长石、石英，碎基成分主要为长英质和绢云母，晚期蚀变矿物为方解石。

钾长石总量约15%，无色透明，2组近似于直交的完全解理，低负突起，一级灰白，斜消光至近于平行消光，微斜长石可见格子双晶，条纹长石可见条纹结构，正长石可见卡式双晶，颗粒内可见裂纹，双晶有弯曲。周围可见破碎的小颗粒，较大碎斑有压入碎基的现象，形成压力影[图4-13(b)]。

斜长石总量约10%，无色透明，2组近似于直交的完全解理，低正突起，一级灰白，斜消光至近于平行消光，可见聚片双晶，有的具有弯曲现象[图4-13(c)]。

石英总量约10%，无色透明，不完全解理，低正突起，一级灰白，平行消光，可见波状或带状消光。

方解石总量约5%，无色透明，闪突起，两组解理，高级白，对称消光，可见聚片双晶。

绢云母碎基含量约20%，细小鳞片状，定向分布，无色透明，闪突起，一组极完全解理，一级黄至二级紫红，平行消光。较大颗粒可见扭折现象。

长英质碎基含量约40%，常呈带状定向分布，无色透明，较大颗粒可见低正突起、一级灰白，较小颗粒只能观察到无色透明，其他光学性质不好鉴定。

糜棱结构，碎基呈现条带状构造，碎斑可见眼球状构造，整体表现为假流纹构造[图4-13(d)]。

据矿物成分可以初步判断原岩为花岗岩。

（四）黑色玻化岩

1. 手标本

黑色，隐晶质—玻璃质结构，块状构造。岩石致密坚硬，硬度大于小刀，整体光泽暗淡，局部略有油脂光泽，断口稍显粗糙。与千糜岩共生。

2. 显微镜下

在隐晶质—玻璃质基质中有或多或少残余的石英、长石、石榴子石等晶体碎屑（碎斑）。玻璃质碎屑结构，块状构造。

二、接触变质岩的观察与描述

接触变质岩根据原岩类型及变质条件（主要指温度）可以划分为黏土岩或泥质岩类、砂岩或长英质岩类、碳酸盐岩类和岩浆岩类。该类岩石主要根据原岩结构、矿物成分来命名。

（一）红柱石角岩

1. 手标本

深灰—黑灰色，斑状变晶结构，基质角岩结构，块状构造[图4-14(a)]。变斑晶为红柱石，灰白色或淡玫瑰红色，长柱状，长5~20mm为主，横断面方形，1~3mm为主，顺延长方向解理完全,无定向排列,含量高达 50%。基质黑色,致密坚硬,含量约 50%。

2. 显微镜下

红柱石为变斑晶,色浅,多色性微弱,柱状,横切面近正方形或菱形,两组解理近直交[图 4-14(b)]。见有黑色碳质包裹体。干涉色为一级灰白至一级黄,横切面对称消光,纵切面平行消光,负延性,二轴晶,负光性。红柱石含量 30%。

(a) 深灰色手标本　　　　　　(b) 红柱石近方形切面可见一级灰白干涉色

图 4-14　红柱石角岩的手标本与镜下特征

基质由泥质、铁质和绢云母组成,单偏光下呈棕黑色,定向排列较明显,绢云母呈细小鳞片状,具定向构造,并见有黑云母呈斑点状分布,也见极细的石英颗粒,含量 70%。斑状变晶结构,基质为变余泥质结构。

(二) 堇青石角岩

1. 手标本

黑灰色,斑状变晶结构,基质角岩结构,块状构造[图 4-15(a)]。变斑晶为堇青石,粒状,断面近六边形或圆形,无色透明,油脂光泽,因呈浅灰或灰白色而不透明,有时见褐色小坑,大小较均匀,约 1~2mm,含量约 20%。基质黑色,致密坚硬,断口略呈瓷状,含量约 80%。

 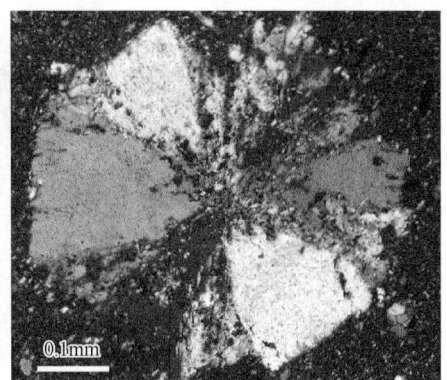

(a) 黑灰色手标本　　　　　　(b) 堇青石的六连晶,对称单体同时消光

图 4-15　堇青石角岩的手标本与镜下特征

2. 显微镜下

堇青石为变斑晶，无色，六边形，微弱的浅蓝—无色多色性，正低突起，不完全解理。一级灰白，可见六连晶，负延性[图4-15(b)]。含锆石、电气石、独居石等细小包裹体。二轴晶，光性可正可负。

基质由泥质、铁质和绢云母组成，单偏光下呈棕黑色，绢云母呈细小鳞片状，也见极细的石英颗粒，含量80%。

斑状变晶结构，基质为变余泥质结构。

三、区域变质岩的观察与描述

区域变质岩的变质因素较复杂，往往是温度、定向压力和具有化学活性流体的综合作用。因此，该类岩石的命名主要依据构造和矿物成分。

（一）灰黑色板岩

1. 手标本

灰黑色，变余泥状结构，板状构造[图4-16(a)]。肉眼不见变斑晶，基质为泥状结构，黏土矿物组成。岩石致密，细腻，但小刀可划动。劈理面平整光滑，断口稍显粗糙。

 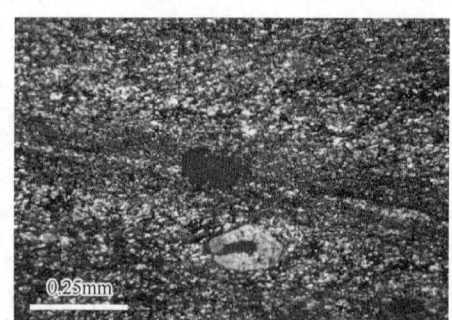

(a) 灰黑色手标本　　　　　　　　(b) 变余泥质结构，少量绢云母，偶见石英

图4-16　板岩手标本与镜下

2. 显微镜下

重结晶作用不明显，镜下几乎全部为泥质成分，颗粒细小，分辨不清。单偏光下呈土状，具有定向性，正交偏光下，有的颗粒干涉色一级灰，有的二级蓝，可见少量绢云母，偶见石英[图4-16(b)]。

变余泥状结构，板状构造，变余层理。

（二）千枚岩

1. 浅灰绿色千枚岩

1) 手标本

浅灰绿色，显微变晶结构，颗粒均小于0.1mm，千枚状构造[图4-17(a)]。岩石基本重结晶，肉眼尚难辨认颗粒。片理面上可见丝绢光泽，是由细小绢云母、绿泥石定向排列所致。基质为隐晶质，灰白色。

2) 显微镜下

鳞片状绢云母、绿泥石连续定向排列，中间分布粒状石英、钠长石，石英及其集合体呈拉长透镜状[图 4-17(b)]。绢云母，无色透明，闪突起，二级蓝，平行消光，粒径约 0.1mm，含量约 60%。绿泥石，淡绿—亮黄的多色性，低正突起，铁锈褐异常干涉色，近平行消光，粒径约 0.06mm，含量约 15%。石英、钠长石均为无色透明，前者低正突起，后者低负突起，均为一级灰白，粒径小于 0.05mm，位于绢云母之间，含量 25%。

(a) 浅灰绿色手标本

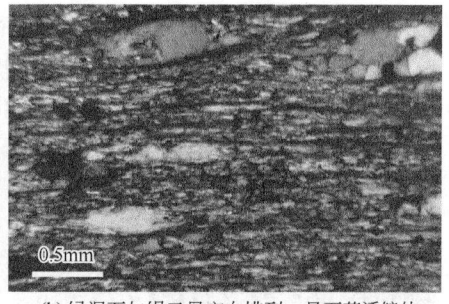
(b) 绿泥石与绢云母定向排列，见石英透镜体

图 4-17　浅灰绿色千枚岩手标本与镜下特征

彩图 4-17

显微粒状鳞片变晶结构，千枚状构造。

2. 硬绿泥石千枚岩

1) 手标本

浅灰白色，斑状变晶结构，基质为显微鳞片变晶结构，千枚状构造[图 4-18(a)]。变斑晶为硬绿泥石，暗绿色，条痕无色。玻璃光泽，解理面珍珠光泽，硬度 2~2.5，含量约 20%，颗粒直径约 0.3mm。基质为隐晶质，灰白色，含量约 80%。

2) 显微镜下

变斑晶为硬绿泥石，呈放射状，蓝绿—浅黄的多色性，正高突起，干涉色受到本身颜色的影响，表现为绿色，斜消光。基质为石英、钠长石、绢云母等细小颗粒，直径均小于 0.05mm，可见光性反应，但分辨不出矿物边界。

斑状变晶结构，基质为显微鳞片变晶结构，千枚状构造[图 4-18(b)]。

(a) 浅灰白色手标本

(b) 斑状变晶结构千枚状构造

图 4-18　硬绿泥石千枚岩手标本与镜下特征

彩图 4-18

(三) 片岩

1. 石榴子石黑云白云母片岩

1) 手标本

灰黑色，细粒粒状鳞片变晶结构，片状构造[图4-19(a)]。主要矿物为白云母、石英，其次为黑云母，特征变质矿物为石榴子石。石榴子石，褐色，粒状，无解理，粒径约0.5mm，含量约10%。白云母，白色，片状集合体，解理面珍珠光泽，一组极完全解理，粒径约1mm，含量55%；石英，白色，油脂光泽，扁长状，粒径0.2~0.4mm，含量30%。黑云母，黑色，片状集合体，解理面珍珠光泽，含量约5%。

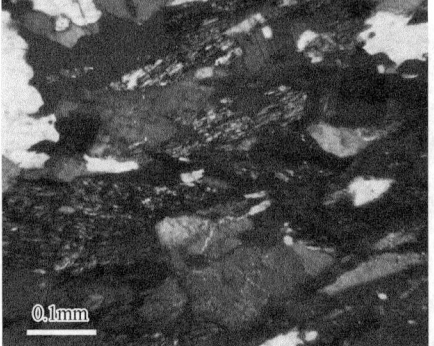

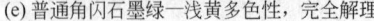

(a) 灰黑色石榴子石黑云白云母片岩　　(b) 白云母无色，黑云母深棕—浅黄

(c) 黑云母、白云母连续定向构成片状构造　　(d) 灰黑色石榴子石角闪石片岩

(e) 普通角闪石墨绿—浅黄多色性，完全解理　　(f) 柱状角闪石连续定向构成片状构造

图 4-19　片岩手标本与镜下特征

2) 显微镜下

白云母，片状，无色，一组极完全解理，闪突起，二级蓝—红，平行消光，含量55%。

石英无色，粒状，无解理，低正突起，一级灰白，平行消光，含量30%。钙铝榴石，无色，粒状，无解理，裂纹发育，高正突起，全消光或有微弱光性，含量10%。黑云母，片状，深棕—淡黄多色性，一组极完全解理，中正突起，二级蓝—红，平行消光，含量5%[图4-19(b)(c)]。

粒状鳞片变晶结构，还可见石榴子石被白云母交代形成的交代假象结构。黑云母、白云母连续定向排列，中间分布有粒状石英、钙铝榴石构成片状构造[图4-19(c)]。

2. 石榴子石角闪石片岩

1) 手标本

黑色，细粒粒状柱状变晶结构，片状构造[图4-19(d)]。主要矿物为普通角闪石，其次为石英、斜长石、方解石，还可见特征变质矿物石榴子石。石榴子石，褐色，粒状，无解理，粒径约0.3mm，含量约5%。普通角闪石，黑色，柱状，玻璃光泽，粒径平均为0.8mm，含量约60%。石英，浅灰色，油脂光泽，粒状，粒径0.4mm，含量15%。斜长石，白色，板状，玻璃光泽，可见两组解理，含量约10%。

2) 显微镜下

普通角闪石，深绿—浅黄多色性，柱状，中正突起，一组或者两组夹角为56°的完全解理，一级黄至红，一组解理的切面上可见平行消光或者斜消光，两组解理的切面上可见对称消光，含量约65%。石英无色，他形粒状，无解理，低正突起，一级灰白，平行消光，含量15%。斜长石，无色，低正突起，可见一组或者两组夹角为90°完全解理，一级灰白，聚片双晶，斜消光或平行消光，多被交代，含量约15%。石榴子石无色，浑圆状，无解理，裂纹发育，高正突起，全消光，含量约3%。方解石，无色，粒状，闪突起，两组完全解理，高级白，对称消光，含量约1%。磁铁矿，不透明矿物，含量1%[图4-19(e)(f)]。

粒状柱状变晶结构，可见斜长石表面因交代不彻底呈现的交代残留结构和包含变晶结构，片状构造[图4-19(f)]。

(四) 片麻岩

1. 黑云斜长片麻岩

1) 手标本

深灰色，片状细粒粒状变晶结构，片麻状构造[图4-20(a)]。主要由斜长石、石英、黑云母及特征变质矿物透闪石组成。

斜长石灰白色，粒状，透明，玻璃光泽，粒度较细，约0.5mm，定向排列，含量约50%。石英烟灰色，粒状，油脂光泽，粒度与长石相仿，含量约20%。黑云母片状，黑色，玻璃光泽，小刀易刻动，定向排列，粒度约0.6mm，含量约20%。透闪石，灰色，粒状，玻璃光泽，含量约10%。

2) 显微镜下

斜长石，无色，低正突起，一级灰白，聚片双晶，斜消光或平行消光，多被交代，含量约50%。石英无色，他形粒状，无解理，低正突起，一级灰白，平行消光，含量20%。黑云母，片状，深棕—淡黄多色性，一组极完全解理，中正突起，一级红，平行消光，含量20%。透闪石，无色透明，无多色性，淡绿色，一组或者两组夹角为56°完全解理，一级黄至二级蓝，平行消光、斜消光或者对称消光，含量约10%[图4-20(b)]。

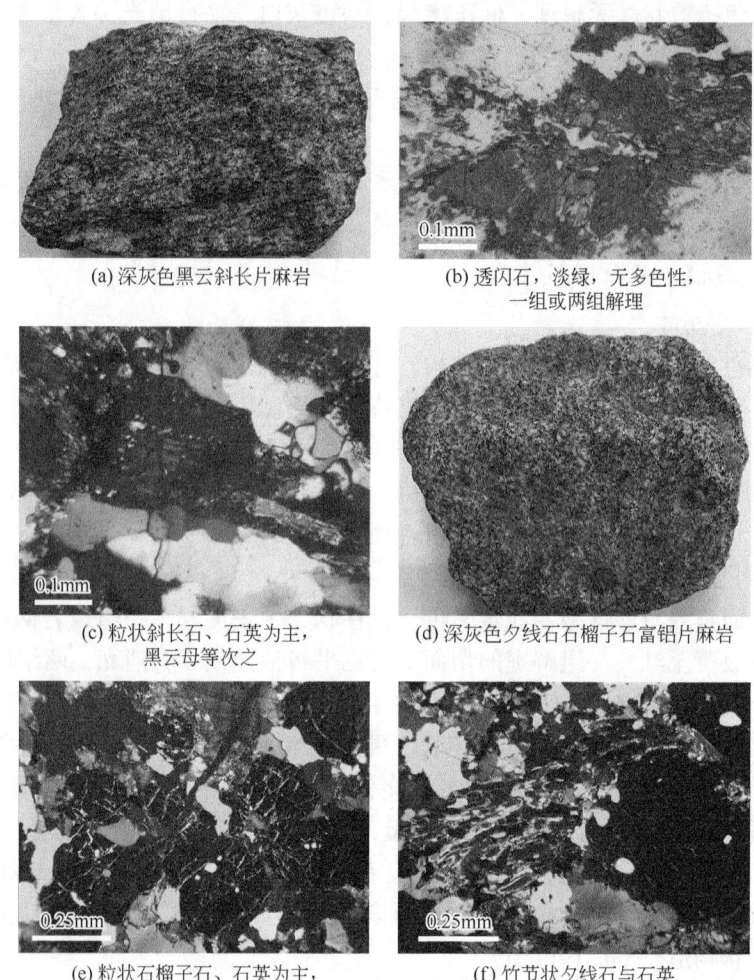

(a) 深灰色黑云斜长片麻岩
(b) 透闪石，淡绿，无多色性，一组或两组解理
(c) 粒状斜长石、石英为主，黑云母等次之
(d) 深灰色夕线石石榴子石富铝片麻岩
(e) 粒状石榴子石、石英为主，石榴子石全消光
(f) 竹节状夕线石与石英等构成片麻状构造

图 4-20　片麻岩手标本与镜下特征

片状细粒粒状变晶结构，交代残留结构，片麻状构造[图 4-20(c)]。

2. 夕线石石榴子石富铝片麻岩

1) 手标本

深灰色，片柱状细粒粒状变晶结构，片麻状构造[图 4-20(d)]。主要由斜长石、钾长石、石英、黑云母及特征变质矿物夕线石、石榴子石组成。除了石榴子石粒径平均 1mm 外，其他矿物颗粒粒径约 0.4mm。斜长石白色，含量约 15%；钾长石肉红色，含量约 15%；石英灰白色，含量约 20%；黑云母黑色，含量约 5%；夕线石浅褐色，含量约 15%；石榴子石淡红褐色，含量约 30%。

2) 显微镜下

以粒状矿物为主，片状、柱状矿物次之，粒状矿物为石榴子石、石英、斜长石、钾长石，片状矿物为黑云母，长柱状矿物为夕线石[图 4-20(e)]。

石榴子石无色，高正突起，无解理，裂纹发育，全消光。石英无色，低正突起，无解理，表面洁净，一级灰白。黑云母有多色性，中正突起，一组极完全解理，一级至二级干涉色，平行消光。斜长石聚片双晶，钾长石可见格子双晶、卡式双晶。夕线石竹节状，无色，高正突起，一级紫红，平行消光。

粒状变晶结构，交代结构，片状、柱状矿物与粒状矿物相间断续定向排列，构成片麻状构造[图4-20(f)]。

（五）透辉石大理岩

1. 手标本

灰白色，显晶质粗粒粒状变晶结构，平均粒径>3mm，块状构造[图4-21(a)]。主要由方解石、白云石和特征变质矿物透辉石组成。方解石，白色，菱面体，玻璃光泽，三组完全解理，硬度3，加稀盐酸剧烈起泡，含量约80%。白云石，白色，菱面体，玻璃光泽，硬度3.5~4，加稀盐酸不起泡，含量约15%。透辉石，淡绿色，玻璃光泽，含量约5%。

(a) 灰白色透辉石大理岩，见方解石的三组解理　　(b) 聚片双晶的方解石，完全解理的透辉石

图4-21　透辉石大理岩手标本与镜下特征

2. 显微镜下

方解石，无色，粒状，闪突起，两组夹角为70°的完全解理，高级白，对称消光，常见聚片双晶，双晶纹平行于菱形解理长对角线，含量约80%。白云石，无色，自形，闪突起，两组夹角为70°的完全解理，高级白，对称消光，聚片双晶，双晶纹平行于菱形解理的短对角线，含量约15%。透辉石，无色，粒状，高正突起，一组或者两组直交的完全解理，平行消光或对称消光，含量约5%[图4-21(b)]。

粗粒粒状变晶结构，包含变晶结构，块状构造。

四、交代变质岩的观察与描述

交代变质岩的变质因素主要是具有化学活性的流体，与原岩相比，其化学成分与矿物成分发生了显著变化，因此，该类岩石命名主要依据矿物成分。

（一）灰色云英岩

1. 手标本

灰色，中粗粒鳞片粒状变晶结构，块状构造。主要由均匀分布的石英、白云母构成，还可见少量萤石、斜长石。石英烟灰色或浅灰色，透明，粒状，油脂光泽，硬度大于小刀，含量约70%。白云母白色，片状，玻璃光泽，小刀易于刻动，无定向排列，含量约25%。萤石紫色，粒状，透明，玻璃光泽，完全解理，含量约4%。斜长石白色，含量约1%。

2. 显微镜下

石英无色，粒状，一级灰白，可见波状消光，含量70%。白云母无色，片状集合体，一组极完全解理，闪突起，二级至三级干涉色，含量25%［图4-22（a）］。萤石无色，粒状，两组菱形解理，负高突起，全消光，含量约4%。斜长石可见残余的聚片双晶，含量约1%［图4-22（b）］。

中粗粒变晶结构，可见交代结构，块状构造。

(a) 石英见波状消光，白云母干涉色鲜艳，粒状变晶结构　　(b) 石英交代斜长石，残留聚片双晶，交代残留结构

图4-22　云英岩正交镜下特征

（二）蛇纹岩

1. 手标本

黑绿色，色泽不均匀，有时可见黄绿色。质软，具滑感。隐晶质变晶结构，致密块状构造［图4-23（a）］。矿物成分比较简单，主要由各种蛇纹石、磁铁矿组成。

蛇纹石有的呈纤维状集合体，有的为块状；以黑绿色为主，有时可见黄绿色；块状呈蜡状光泽，纤维状呈丝绢光泽，含量95%。磁铁矿，铁黑色，不透明，无解理，半金属光泽，含量5%。

彩图4-23

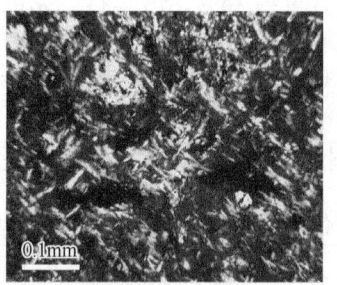

(a) 黑绿色蛇纹岩，见纤维状蛇纹石　　(b) 纤维状蛇纹石构成显微纤维变晶结构

图4-23　蛇纹岩手标本与镜下特征

2. 显微镜下

蛇纹石呈纤维状集合体，无色，突起很低，与树胶折射率相近，很难观察到，正低或负低突起，一级灰白，近平行消光，延性可正可负，二轴晶，光性可正可负，含量95%。磁

铁矿，不透明矿物，含量4%。有时可见残余的橄榄石或者辉石的显微晶体，含量约1%[图4-23(b)]。

显微纤维变晶结构，有时可见磁铁矿交代橄榄石的交代假象结构。

五、混合岩的观察与描述

混合岩由脉体和基体两部分组成，其命名主要依据脉体的形态和含量。脉体含量<50%，依据脉体的形态命名，如香肠状混合岩；脉体含量为50%~85%，命名为混合片麻岩，如角闪石眼球状混合片麻岩；脉体含量>85%，命名为混合花岗岩。

（一）香肠状混合岩和眼球状混合岩

1. 香肠状混合岩手标本

深灰色，粒状变晶结构，香肠状构造。由暗色基体和浅色脉体构成，含量分别为60%和40%。

暗色基体为斜长角闪岩，其中斜长石灰白色，短柱状或粒状，玻璃光泽，约占基体的30%。角闪石黑色，粒状，两组角闪石式解理很发育，约占基体的70%。

浅色脉体发生强烈褶曲而呈香肠状平行排列，边界清晰，构成矿物主要是长石和石英，粒度比基体稍粗。

2. 眼球状钾长黑云斜长混合岩手标本

灰色，中粗粒鳞片粒状变晶结构，眼球状构造。由基体和脉体两部分构成，含量分别为55%和45%。脉体色浅，呈眼球状，主要由钾长石、石英构成。钾长石浅肉红色，板状或粒状，晶粒较粗大，约4~30mm，玻璃光泽，可见卡式双晶。石英烟灰色，透明，油脂光泽，与钾长石镶嵌，含量明显少于钾长石。

基体色稍深，主要由斜长石、石英、黑云母构成，为黑云斜长片麻岩。基体斜长石灰—灰白色，板状或粒状，大小约2~3mm。石英烟灰色、粒状，大小约1~3mm。二者分布均匀，定向性差。黑云母黑色，鳞片状，常呈集合体状，略定向排列。

（二）混合花岗岩

1. 手标本

灰白色，中细粒变晶结构，条痕状构造。基本由浅色脉体构成，含量高达90%，暗色基体呈条痕状略定向排列，含量约10%[图4-24(a)]。

浅色脉体主要由石英、斜长石、钾长石构成，另含少量白云母。石英浅灰色，细粒状，油脂光泽，含量约50%。斜长石灰白色，中细粒，解理面上可见聚片双晶，含量约20%。钾长石白色、肉红色，中细粒，含量15%。白云母白色，细粒，片状，珍珠光泽，含量约2%。

暗色基体主要由黑云母、普通角闪石和少量磁铁矿组成，集中且断续分布形成条痕。普通角闪石黑绿色，柱状，玻璃光泽，含量约6%。黑云母黑色，片状，珍珠光泽，含量约4%。磁铁矿铁黑色，不透明，半金属光泽，含量约3%。

2. 显微镜下

石英无色，低正突起，一级灰白，可见波状消光和重结晶现象。斜长石无色，低正突起，聚片双晶，可被白云母交代。钾长石包括正长石、微斜长石，均无色，低负突起，有时可见两组近于垂直的解理，正长石见卡式双晶，微斜长石见格子双晶。白云母无色，一组极完全解理，二级蓝到红，平行消光。黑云母深棕—浅黄多色性，一组极完全解理，干涉色受本身颜色影响，平行消光。普通角闪石深绿—浅黄多色性，一组完全解理，干涉色受本身颜色影响，表面常析出黑色不透明磁铁矿[图4-24(b)]。

(a) 灰白色，脉体达90%，基体呈条痕状
(b) 石英、长石、白云母组成，镶嵌变晶结构
(c) 白云母交代斜长石形成交代残留结构
(d) 磁铁矿交代角闪石形成交代假象结构

彩图4-24

图4-24　条痕状黑云母角闪石混合花岗岩的手标本与镜下特征

中细粒变晶结构，镜下可见镶嵌变晶结构，白云母交代斜长石形成的交代残留结构，磁铁矿交代普通角闪石形成的交代假象结构[图4-24(b)(c)(d)]。

第三节　沉积岩手标本与镜下鉴定

沉积岩实验鉴定过程中首先详细地观察手标本，对岩石的成分、结构、构造、风化特点有了比较全面的了解之后，再有目的、有意识地进行镜下薄片观察、描述。手标本观察与镜下鉴定紧密结合，相互补充、相互验证，以达到准确描述与命名的目的。

一、碎屑岩的观察与描述

(一) 砾岩

1. 手标本

岩石呈灰—灰白色，砾石含量70%左右，其成分主要为石英，为单成分砾岩，砾石大小不一,粒径在 0.5~2cm 之间,主要集中在 1cm 左右,分选较好,磨圆度相对较好,次棱角状约 40%,填隙物为细粉砂,杂基支撑,基底式胶结,呈砾状结构、块状构造[图 4-25(a)]。

初步命名:灰色中砾石英砾岩。

(a) 砾石主要为石英,分选磨圆较好　　(b) 石英一级灰白,平行消光,颗粒大小不一

图 4-25　砾岩手标本与镜下特征

2. 显微镜下

矿物颗粒大小不一,粒径在 1mm 左右的颗粒占 50% 以上,粒径在 0.5mm 左右的占 30% 左右,粒径小于 0.5mm 占 20% 左右,颗粒呈定向排列,分选不好,磨圆较好,呈次圆状,颗粒呈线—缝合线接触,胶结类型为镶嵌胶结。石英颗粒约 80%,石英加大常见,但加大边不发育,岩屑、长石含量少,杂基以泥质为主,孔隙基本不发育[图 4-25(b)]。

综合命名:灰色中砾石英砾岩。

(二) 砂岩

1. 石英砂岩

1) 手标本

岩石呈灰—灰白色,颗粒占 70%,填隙物约占 30%,颗粒成分为石英,具有油脂光泽,粒径在 0.3~1.0mm 之间,分选较好,磨圆度相对较好,无杂基,胶结物主要为钙质及硅质,滴稀盐酸轻微起泡,块状层理[图 4-26(a)],不含油。

初步命名:灰色中—粗粒石英砂岩。

(a) 灰色,中—粗粒,钙质胶结　　(b) 方解石连晶状胶结,石英颗粒,少量岩屑

图 4-26　石英砂岩手标本与镜下特征

彩图 4-26

2) 显微镜下

石英含量达到70%以上，石英颗粒粒径在0.2~1mm之间，见少量岩屑，约占8%，长石偶见。分选中等—好，磨圆中等，呈次棱—次圆状，基底式胶结，颗粒点接触甚至局部呈游离状。杂基少量，岩石干净，方解石胶结物含量高，达到30%左右，呈粗晶他形，甚至片状连晶，具聚片压力双晶。部分黏土碎屑和杂基深埋环境中溶蚀成孔，形成少量次生孔隙[图4-26(b)]。

综合命名：灰色方解石质粗粒石英砂岩。

2. 长石砂岩和岩屑砂岩镜下特征

1) 长石砂岩

长石含量50%左右，石英含量20%左右，岩屑含量10%左右，颗粒主要粒径在0.12~0.3mm之间，分选中等，磨圆中等，呈次棱状，呈孔隙胶结，颗粒长边接触，压实致密结构。含较多同沉积火山碎屑，泥化强烈。石英普遍次生加大。颗粒边缘绿泥石薄膜，粒间孔被黑色黏土充填，可能为火山灰的蚀变产物。残余粒间孔斑状分布，见少量的长石溶孔，偶见岩屑溶孔。

命名：中—细粒长石砂岩[图4-27(a)]。

2) 岩屑砂岩

石英含量20%左右，长石偶见，岩屑含量高，达到50%左右，主要粒径在0.15~0.3mm之间，分选好，磨圆中等，呈次棱—次圆状，杂基含量高，达到10%左右，呈孔隙式胶结。颗粒长边凹凸状接触，柔性岩屑压实形变形成致密结构，方解石呈细晶粒状零星分布，并交代颗粒，菱铁矿呈显微晶半自形集合体，均匀分布，粒间孔全部消失，次生孔隙未能形成，岩石呈致密结构。

命名：细—中粒岩屑砂岩[图4-27(b)]。

(a) 长石为主，有泥化现象，石英表面洁净　　(b) 岩屑含量较次之，长石偶见

图4-27　长石砂岩和岩屑砂岩镜下特征

彩图4-27

（三）泥岩

1. 手标本

岩石呈灰黑色、黑色，主要矿物成分以黏土矿物为主，含少量粉砂，块状构造，牙磨有砂感，见黄铁矿，不污手[图4-28(a)]。

初步命名：黑色泥岩。

2. 显微镜下

岩石结构均一，不显纹层及定向构造，具块状构造，泥质由黏土矿物和粒径小于 0.015mm 的泥级碎屑组成，含少量定向分布的云母，含少量粒径约 20μm 的球粒状黄铁矿。岩石组分：泥质 88%；细粉砂 8%；碳质碎屑 2%；黄铁矿 2%[图 4-28(b)]。

综合命名：黑色泥岩。

(a) 黑色，块状构造　　　(b) 黏土矿物和泥级碎屑组成，可见碳质碎屑

图 4-28　黑色泥岩手标本与镜下特征

二、碳酸盐岩的观察与描述

(一) 石灰岩

1. 灰白色角砾状灰岩

1) 手标本

岩石呈灰色、灰白色，滴稀盐酸剧烈起泡，主要由大小不等、分选较差的灰岩角砾组成，砾石形状不一，含量可达 80% 以上。砾石长轴方向具有一定的方向性，即显示定向排列。且角砾由下到上粒度变粗、含量增加。此外，角砾还有一定的磨圆。角砾之间充填黑色灰泥质沉积[图 4-29(a)]。

 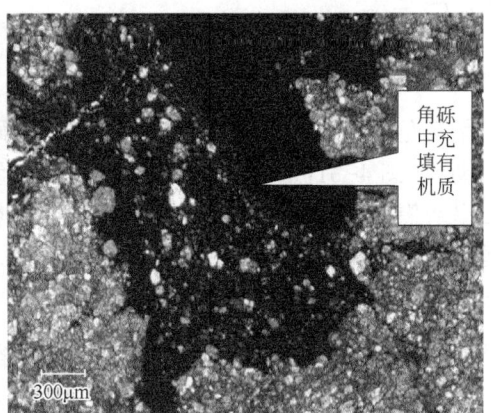

(a) 灰白色，灰岩角砾　　　(b) 角砾中充填白云石、泥屑、有机质

图 4-29　灰白色角砾状灰岩的手标本与镜下特征

初步命名：灰白色角砾状灰岩。

2）显微镜下

角砾中充填白云石晶屑、泥屑及富有机质泥质沉积，说明角砾被搬运到深水环境后沉积下来，角砾之间被深水环境富有机质细粒沉积物所充填，见石英颗粒[图4-29(b)]。

综合命名：灰白色富泥质、有机质角砾状灰岩。

2. 泥晶生屑含云灰岩

1）手标本

岩石呈灰黑色，滴稀盐酸剧烈起泡，含有大量造礁（海绵）及附礁生物碎屑化石[图4-30(a)]。

初步命名：生物礁灰岩。

 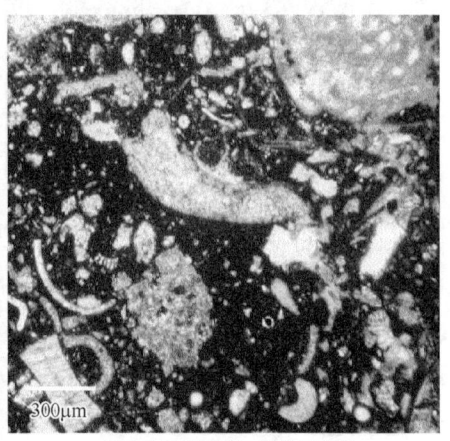

(a) 灰黑色，生物礁灰岩　　　　　　　(b) 生物屑发育，有白云石化

图4-30　灰黑色泥晶生屑含云灰岩

2）显微镜下

富含有机质，油侵严重，生物屑发育，生物屑大小不均一，破碎严重，部分白云石化[图4-30(b)]。

综合命名：灰黑色泥晶生屑含云灰岩。

（二）白云岩

1. 手标本

岩石呈灰色、浅灰色，滴稀盐酸不起泡、微弱起泡，见针孔状溶孔，溶蚀孔发育，溶孔中充填有沥青[图4-31(a)]。初步命名为：浅灰色针孔状灰质白云岩。

岩石呈灰黑色，滴稀盐酸不起泡，见针孔状溶孔，溶蚀孔发育[图4-31(b)]。综合命名：灰黑色针孔状白云岩。

2. 显微镜下

方解石呈斑状残余结构，见生物屑，裂缝、溶洞发育，部分晶间孔中充填沥青[图4-31(c)]。综合命名：浅灰色斑状残余生屑微—粉晶含灰白云岩。

晶粒较细，以泥晶、微晶为主，藻类发育，晶间孔较发育，有微裂缝，微裂缝中充填沥青[图4-31(d)]。

综合命名：灰黑色泥微晶藻云岩。

(a) 浅灰色针孔状灰质白云岩　　(b) 黑色针孔状白云岩

(c) 方解石呈斑状残余结构，晶间孔中充填沥青　　(d) 泥晶、微晶为主，藻类发育

图 4-31　白云岩手标本与镜下特征

三、其他沉积岩的观察与描述

地壳中分布最广的沉积岩是砂岩、黏土岩和碳酸盐岩，但尚有一些重要的沉积组分，如二氧化硅矿物、铁、锰、铝的氧化物和氢氧化物、磷酸盐矿物、盐类矿物，它们既可以作为次要成分产于上述岩石中，也可以富集成岩，形成硅质岩、铝质岩、铁质岩、锰质岩、蒸发岩等。碳质、沥青质、液态烃类等有机物主要构成煤、石油、天然气等可燃有机岩，也可作为次要组分出现在主要类型沉积岩中。常见的类型包括硅质岩、铝土岩、煤和油页岩。

（一）硅质岩

硅质岩是由 70%~90% 自生硅质矿物所组成的沉积岩，其重要矿物成分为蛋白石、玉髓和石英。硅质岩具有非隐晶质结构、隐—微晶结构、生物结构、纤维状结构、碎屑结构等。其颜色很多，且随岩石中所含杂质而异，常见灰黑色、灰白色，有时可见灰绿色、红色。总体上，硅质岩致密坚硬且性脆，化学性质稳定，抗风化能力强。

（二）铝土岩

富含氢氧化铝矿物的沉积岩称之为铝土岩，如果铝土岩的 Al_2O_3 含量大于 40%，且与 SiO_2 含量之比大于 2∶1，则称之为铝土矿。铝土岩及铝土矿的结构与黏土岩很相似，常见的有泥结构、粉砂泥结构、鲕粒及豆粒结构、内碎屑结构等。

(三) 煤

根据煤的形成作用、形成环境，可将煤划分成腐殖煤类和腐泥煤类，又可以根据煤的变质程度将煤分成褐煤、烟煤和无烟煤。煤岩组分包括镜煤、亮煤、暗煤和丝炭。煤的颜色通常为黑色，其密度小，硬度一般在2~3之间。腐泥煤和无烟煤常呈贝壳状断口，其他的烟煤多呈不平坦状、阶梯状、棱角状断口等。

(四) 油页岩

油页岩又称油母页岩，是指主要由藻类及一部分低等生物的遗体经腐泥化作用和煤化作用而形成的一种高灰分的低变质的可燃有机矿产。油页岩含有一定的沥青物质，通过加热（干馏）可以从中提取原油。油页岩的有机成分有C、H、O、N、S等，无机成分一般为黏土和粉砂，有时有碳酸盐矿物和黄铁矿等。其页状层理发育，颜色丰富，以褐色、暗褐色、黑色为主，一般含油率越高，其颜色越暗，风化后颜色变浅。

四、成岩作用的镜下观察与描述

沉积岩沉积埋藏后直到变质作用以前，这一漫长的地质历史中，所经历的物理、化学和生物作用，统称为成岩作用。

(一) 碎屑岩的主要成岩作用类型

1. 机械压实作用

机械压实作用是指沉积物沉积后在上覆水层和沉积层的重荷下，或在构造变形的作用下，发生水分排出、孔隙度降低、体积缩小的作用，是沉积物进入埋藏阶段后最先经历的成岩作用。影响碎屑岩的机械压实作用的因素有颗粒的成分、粒度分选、磨圆度、埋深及地层压力等。

沉积物经机械压实作用后，会发生许多变化，主要识别特征有：
(1) 碎屑颗粒的重新排列，从游离状态到接近或达到最紧密的堆积状态[图4-32(a)]；
(2) 软矿物颗粒弯曲进而发生成分变化[图4-32(b)]；
(3) 塑性岩屑挤压变形[图4-32(c)]；
(4) 刚性碎屑矿物压碎或压裂[图4-32(d)]。

2. 压溶作用

当上覆地层压力或构造应力超过孔隙水所能承受的净水压力时，引起颗粒的接触点上晶格变形和溶解，这种局部溶解称为压溶作用。压实和压溶是两个连续进行阶段，压实作用是由物理作用引发，压溶作用是由物理作用和化学作用共同引发。在成岩作用早期，由于颗粒间接触松散，压实作用容易进行，随着成岩作用强度的加大，碎屑颗粒间接触的紧密程度不断提高，由机械压实作用逐渐过渡到压溶作用。石英压溶是最常见的压溶现象，压溶作用会造成石英颗粒之间相互穿插的现象，颗粒由点接触→线接触→凹凸接触→缝合接触（图4-33）。

第四章 常见岩石的手标本与镜下鉴定特征

(a) 碎屑颗粒定向排列　　　　　　　(b) 黑云母出现弯曲变形

(c) 千枚岩岩屑变形并充填孔隙　　　(d) 刚性碎屑矿物石英、长石出现压实破裂缝

图 4-32　机械压实作用

彩图 4-32

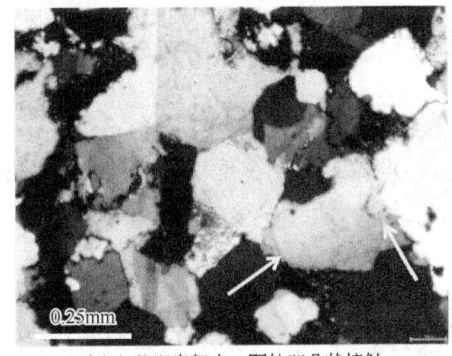

(a) 石英次生加大，颗粒凹凸状接触

(b) 石英次生加大，颗粒镶嵌缝合线接触

图 4-33　压溶作用

3. 胶结作用

胶结作用是指孔隙溶液中过饱和成分发生沉淀，将松散的沉积物固结为岩石的作用。胶结作用是沉积物转变成沉积岩的重要作用，也是使沉积层中孔隙度和渗透率降低的主要原因之一。孔隙胶结物的结构特征是紧靠底质处的晶体小而数量多，在长轴垂直底质表面数量少。如果有两种以上的胶结物，靠近底质的形成早，在孔隙中心的形成晚，依次可形成若干个世代的胶结物。胶结作用是使储层孔隙度降低的重要因素，与压实作用不同的是，胶结作用的成岩效应仅仅是减小了孔隙的体积，但对岩石的体积没有影响。

实质上，胶结作用的研究就是自生矿物形成的研究。碎屑岩储层中最常见的自生矿物有：各种碳酸盐类矿物，如方解石、白云石、菱铁矿等；硅质岩和铝硅酸盐类，如石英、长石、黏土矿物等；沸石类和硫酸盐类矿物，如石膏、硬石膏、重晶石等。碎屑沉积物刚一沉积，孔隙水就和颗粒发生反应。到底是矿物颗粒发生溶解，还是沉淀形成新的自生矿物，决定因素有两个：一是矿物的饱和度，涉及孔隙流体和岩石颗粒的成分；二是矿物质和孔隙水之间的反应速度，受控于温度和压力。

1）胶结方式

矿物的胶结方式主要有孔隙充填、孔隙衬边、孔隙桥塞和加大式四种类型。

（1）孔隙充填式胶结。

孔隙充填式胶结是指胶结物分布于颗粒之间的孔隙中，是最常见的胶结方式。自生黏土矿物（特别是高岭石）[图4-34(a)]、碳酸盐[图4-34(b)]、硫酸盐和沸石类胶结物多呈这种产状。

根据自生矿物晶体的大小，孔隙充填方式又可分为微晶充填、嵌晶充填和连晶充填。

(a) 高岭石胶结充填孔隙　　　　　　(b) 铁方解石胶结充填孔隙

图4-34　孔隙充填式胶结

（2）孔隙衬边式胶结。

孔隙衬边式胶结的胶结物分布在颗粒外部，在颗粒表面垂直生长或平行颗粒分布，贴附在颗粒表面，包裹整个颗粒，如伊利石[图4-35(a)]、针叶片状绿泥石[图4-35(b)]、菱铁矿等。

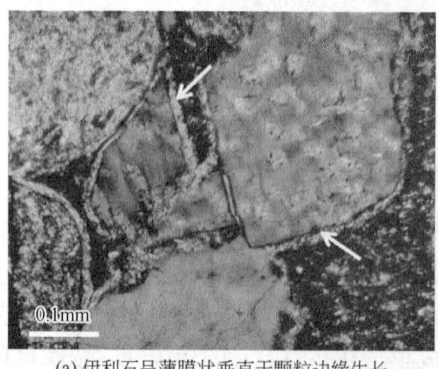

(a) 伊利石呈薄膜状垂直于颗粒边缘生长　　　　(b) 绿泥石沿长石边缘及裂缝生长

图4-35　孔隙衬边式胶结

（3）孔隙桥塞式胶结。

孔隙桥塞式胶结也称桥状或搭桥状胶结，多为自生黏土矿物的胶结产状。黏土矿物自孔隙壁向孔隙空间生长，最终达到孔隙空间的彼岸，形成黏土桥。这类胶结物最常见的是条片状、纤维状的自生伊利石（图4-36），它们在孔隙中可形成网络状的分布，分割大孔隙而使其变成微孔隙，使流体流动通道曲折多变。另外，蒙脱石和混层黏土矿物也可在孔隙喉道处形成黏土桥。

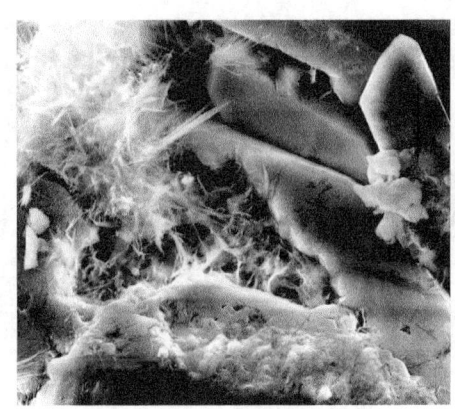

(a) 纤维状伊利石搭桥状胶结堵塞孔隙　　(b) 丝带状伊利石黏土搭桥式充填生长

图4-36　孔隙桥塞式胶结

（4）加大式胶结。

加大式胶结主要为石英次生加大和长石次生加大，指自生石英在石英颗粒边缘加大式生长[图4-37(a)]，或者自生长石在长石颗粒边缘加大式生长[图4-37(b)]。

(a) 石英次生加大，可见石英岩岩屑　　(b) 长石阶梯状次生加大

图4-37　加大式胶结

2）胶结物的类型

（1）碳酸盐胶结物。

碳酸盐胶结物种类多，方解石是其中最普遍的矿物，其次为白云石、铁白云石或菱铁矿等（图4-38）。孔隙水中含有一定数量的碳酸盐是碳酸盐胶结物形成的前提，适宜的物理化学条件（尤其是溶液的pH值）是碳酸盐胶结物沉淀的关键（郑浚茂等，1989）。在成岩过程中，碳酸盐胶结物可形成于不同的成岩阶段，并具有不同的特征（表4-4）。

（2）硅质胶结物。

硅质胶结物可以呈晶质和非晶质两种形态出现，非晶质的为蛋白石，晶质的为玉髓和石英[图4-39(a)]。蛋白石胶结物一般与硅质生物溶解和沉淀有关，比较少见。硅质胶结形成后一般不会再发生溶蚀作用。硅质胶结最常见的形式是石英颗粒光性连续增生，即石英次生加大，常形成石英自形晶面或相互交错连接的镶嵌状结构。通常将石英的次生加大分为四级[图4-39(b)]。

 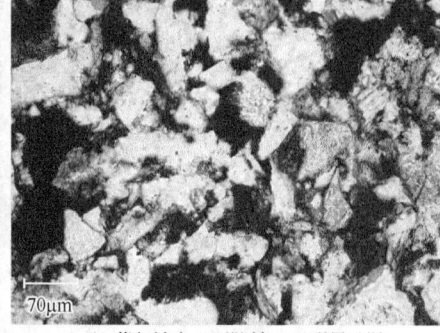

(a) 褐色菱铁矿呈微晶半自形、他形　　　　(b) 蓝色铁白云石胶结，无明显孔隙

图4-38　碳酸盐胶结物

彩图4-38

表4-4　不同成岩期形成的碳酸盐矿物特征（据周自立和朱国华，1992）

主要特征	早期碳酸盐矿物	晚期碳酸盐矿物
形成时期	主要压实期以前	主要压实期以后
矿物种类	方解石、白云石	铁方解石、铁白云石
结构特点	微晶或环边状	中晶、细晶、嵌晶及连晶
分布	少，常呈透镜状	呈层状，分布广
成岩作用性质	砂层孔隙水沉淀	埋藏成岩作用

Ⅰ级加大：在薄片下见少量石英具窄的加大边或自形晶面。
Ⅱ级加大：大部分石英和部分长石具次生加大，自形晶面发育，有的可见石英小晶体。
Ⅲ级加大：几乎所有石英和长石具次生加大，且加大边较宽，多呈镶嵌状。
Ⅳ级加大：颗粒之间呈缝合接触，自形晶面基本消失。

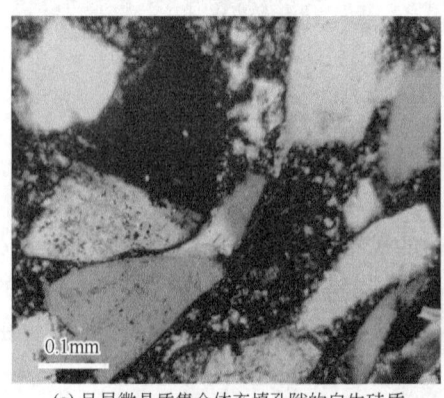 

(a) 呈显微晶质集合体充填孔隙的自生硅质　　　　(b) Ⅲ～Ⅳ级石英次生加大边胶结

图4-39　硅质胶结物

(3) 黏土矿物的胶结。

黏土矿物是砂岩的又一重要胶结物，几乎所有砂岩中都有一定量的黏土填隙物。主要可分为他生黏土矿物和自生黏土矿物两种。他生黏土矿物指来源于母岩的黏土矿物，是在沉积时期混入砂粒中的。自生黏土矿物指就地生成或再生的黏土矿物，常见的自生黏土矿物胶结物有蒙脱石、高岭石、绿泥石、伊利石、伊利石/蒙脱石混层黏土矿物、绿泥石/蒙脱石混层黏土矿物。还有其他一些数量较少的自生矿物，如长石、石膏、硬石膏和氧化铁等，它们之间成分、结构及分布等方面存在着明显的差异（表4-5）。

表4-5 自生与他生黏土矿物的特征比较（据于兴河，2002）

特征	自生黏土矿物	他生黏土矿物
成分	纯度高，具良好的透明度单矿物	成分不纯，混合物
形貌	晶形完好	晶形不好
结构	颗粒粗	颗粒细
分布	颗粒表面或围绕颗粒形成包壳，不规则分布	颗粒接触处，充填于孔隙中，定向排列

黏土矿物的产状通常有四种类型：孔隙衬垫（也称黏土或颗粒包壳）；孔隙填充；交代假象；裂缝和晶洞充填。

黏土矿物的形成条件很多，主要取决于砂岩中矿物的成分、孔隙流体的性质、温度及氢离子浓度。

砂岩中自生矿物的生长，反映渗流孔隙水与碎屑颗粒的相互作用。它的主要控制因素是孔隙水的成分及性质、孔隙水中砂粒的化学稳定性以及砂岩的孔隙度和渗透率。酸性孔隙水有利于形成高岭石类矿物，而碱性孔隙水有利于形成和保存其他黏土矿物。通常最容易与渗流孔隙水起反应的碎屑是火山玻璃、岩屑、长石、铁镁矿物及碳酸盐颗粒，在长石砂岩中易于形成伊利石、高岭石，在岩屑砂岩和杂砂岩中以形成伊利石为主，而蒙脱石主要形成于火山碎屑岩中。

(4) 沸石类胶结物。

沸石类胶结物较为少见，以浊沸石、方沸石、片沸石为多，它们可以形成于各个成岩阶段。有利于形成沸石的介质条件是pH值高，富含SiO_2及钙、钠离子的高矿化度、孔隙水，适当的CO_2分压。沸石在火山碎屑岩中最为丰富，火山碎屑的蚀变是砂岩中沸石类矿物的主要来源。高含钠长石的砂岩在高pH值的成岩环境中也容易形成浊沸石。浊沸石既可在高温，又可在低温条件下形成，同时，其形成还取决于岩石成分及孔隙流体的性质。

朱国华（1985）对鄂尔多斯盆地陕北地区延长统的浊沸石的形成进行了深入的研究。该区延长统埋深小于2500m，R_o为0.5%~0.8%，估算浊沸石形成温度为50~80℃，显然是在低温条件下形成的。他认为斜长石的压溶及其与孔隙水的相互作用是延长统砂岩中浊沸石形成的主要方式，其反应式为：

$$2CaAlSi_2O_3 + 2Na^+ + 4H_2O + 6SiO_2 \longrightarrow CaAl_2Si_4O_{12}H_2O + 2NaAlSi_3O_8 + Ca^{2+} \quad (4-1)$$
（钙长石） （浊沸石） （钠长石）

该区浊沸石胶结物既起堵塞孔隙的作用，又起支撑作用，使骨架颗粒免遭强烈压实，并为后来次生溶蚀孔隙的发育奠定了物质基础[图4-40(a)]。浊沸石次生孔隙砂体成为陕北地区延长统的主要储集砂体。

(5) 其他自生矿物。

在成岩过程中，还有一些其他自生矿物形成，如长石、石膏、硬石膏及氧化铁等

(a) 浊沸石呈斑状充填孔隙　　　　　　　(b) 石膏呈纤维状充填孔隙

图 4-40　沸石类及石膏类胶结

[图 4-40(b)]，它们在数量上并不重要，但其存在对研究成岩历史、推测各种自生矿物的起源具有重要的意义。

4. 交代作用

交代作用是指一种矿物代替另一种矿物的现象，指体系的化学平衡及平衡转移两个阶段。它可以发生于成岩作用的各个阶段乃至表生期。交代矿物可以交代颗粒的边缘，将颗粒溶蚀呈锯齿状或鸡冠状的不规则边缘，也可以完全交代碎屑颗粒，从而成为它的"假象"。后来的胶结物还可以交代早期生成的胶结物。由于交代作用涉及的矿物关系很多，正确区分各种交代关系及顺序，对恢复成岩历史和研究成岩流体的地球化学性质有着重要的意义。

1) 氧化硅和方解石相互交代

两种交代作用发生的时间有早有晚，也可以几乎同时发生。氧化硅与方解石之间的相互交代作用除与物质本身的性质有关外，主要受体系内的物理、化学条件的制约。其中主要与 pH 值和温度有关，其次是压力。

2) 方解石交代长石

在碎屑岩成岩过程中，碎屑颗粒中的长石是最易被方解石交代的，方解石交代长石与方解石的大量沉淀有关，在有较多方解石胶结的砂岩中，长石常常被交代，交代的程度随成岩作用程度不同而异[图 4-41(a)]。

方解石对长石有轻微交代时，在偏光显微镜下的特征是比较完整的长石颗粒，在阴极发光偏光显微镜下可以见到方解石沿长石解理缝已开始交代，蓝色长石解理缝中可见橘红色方解石，被方解石占据的解理缝比偏光显微镜下的长石解理缝要宽，表明方解石沿解理缝向外扩展对颗粒进行交代。随着交代作用的不断加强，长石颗粒大部分被交代，在偏光显微镜下的特征是在大片方解石中只能见到长石的残留部分，已看不到长石的颗粒形状。在阴极发光显微镜下的特征是在大片方解石中，由于发光特征的不同，可以显示出长石的形状，并可以见到长石更多的残留部分，表明方解石对长石的交代并不十分彻底。这些方解石不仅是胶结物，同时也包括了一部分被方解石交代的颗粒。这时所见的长石颗粒，虽有其外形，但从成分上已由两部分组成，一部分是已被方解石交代变成方解石，一部分由于没有全部被交代而残留下长石的小斑块。完全交代时，在偏光显微镜下可以见到长石的颗粒外形，但已全部方解石化了，其光性特征表现出方解石的光性特征。在阴极发光显微镜下显示出大部分是长石的发光特征，部分是方解石的发光特征，这表明方解石对长石的交代并不十分彻底，在发光

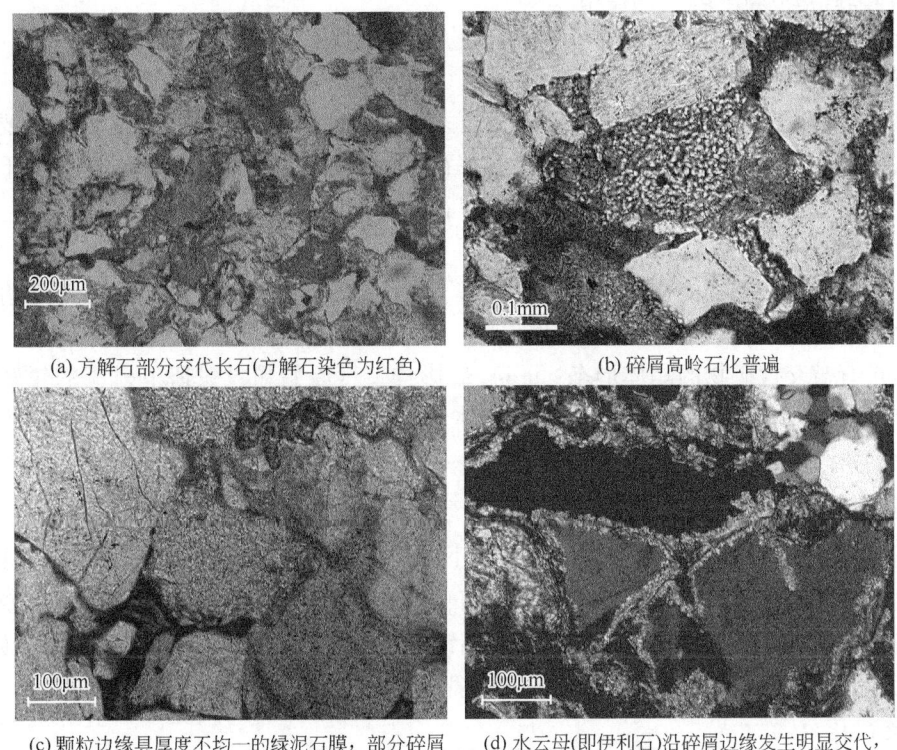

(a) 方解石部分交代长石(方解石染色为红色)　　(b) 碎屑高岭石化普遍

(c) 颗粒边缘具厚度不均一的绿泥石膜，部分碎屑　(d) 水云母(即伊利石)沿碎屑边缘发生明显交代，
　　被高岭石全交代成为泥化碎屑　　　　　　　　　右上角可见石英的重结晶

图 4-41　交代作用

特征上仍可显示出长石的特征。长石的发光比正常的长石发光强度要暗，这是方解石对长石不彻底交代的特征。

3) 碳酸盐矿物交代黏土矿物

该交代作用不常见，在晚成岩作用阶段 pH=8 时，溶液中富含 Ca^{2+}，一些黏土矿物将变得不稳定而被交代。

4) 黏土矿物交代长石

各种黏土矿物均可交代长石，以高岭石交代长石最常见，称高岭石化[图 4-41(b)(c)]。钾长石的高岭石化最常见，不仅是在成岩过程中发生的，部分钾长石颗粒在风化和搬运过程中也可发生水解作用和高岭石化作用。黏土矿物交代长石一般首先沿解理或边缘进行。在长石的高岭石化过程中，由于钾离子和二氧化硅被移去，体积缩小，因而能产生一定量的孔隙空间。钾长石彻底高岭石化后体积减少 53.6%，因而能产生一定量的孔隙空间，对碎屑岩次生孔隙的形成具有重要意义。

伊利石常以薄膜状胶结于石英和长石的周围，并对其有交代。这种作用一般发生在成岩作用很强的环境下。

5) 黏土矿物间的交代作用（相互转化作用）

自然界中的黏土矿物通常都是多种黏土混合沉积，单成分黏土是少见的。随着成岩作用的进行，黏土矿物之间会出现有规律的变化。研究黏土矿物随埋深、温度增加而发生规律性的变化对成岩阶段的划分具有重要的意义。

6）黏土矿物对石英的交代作用

黏土矿物对石英的交代常见于杂基含量较高的砂岩，主要是伊利石交代石英颗粒[图4-41(d)]。

7）碳酸盐矿物的相互交代作用

在早成岩作用阶段主要是方解石和白云石之间的转化，在晚成岩作用阶段，主要是铁方解石与铁白云石之间的转化。白云石交代方解石称为白云化作用，富含硫酸盐的地下水，硫酸盐离子从白云石中吸取镁形成硫酸镁和方解石称为去白云化作用。

8）交代作用的识别

一般来说，镜下识别交代作用可以通过以下几个方面进行分析：（1）不规则边缘，被交代矿物边缘不规则；（2）残留的矿物包体，交代矿物包裹被交代矿物；（3）矿物假象，交代矿物具有被交代矿物的晶体形态；（4）幻影构造，原始颗粒只留下模糊的轮廓，边缘消失；（5）交叉切割现象，交代矿物自形晶体切割被交代矿物；（6）胶结物之间的包裹关系，晚期的胶结物包围早期的胶结物。

5. 重结晶作用与矿物的多型转变

重结晶作用是矿物由非晶质变成晶质、由小晶体重新组合或生长成大晶体[图4-41(d)]。

矿物的多型转变是一种广义的重结晶作用，矿物在结晶过程中成分基本不发生变化，只发生晶格、形状和大小的变化。比如文石、高镁方解石转变为低镁方解石，蛋白石转变为玉髓再转变为石英，胶磷矿转变为磷灰石，这些均属于矿物的多型转变。

6. 溶解作用

储层中的孔隙水溶液不仅能够产生自生矿物及其对孔隙的破坏作用，同时在特定的条件下，孔隙水溶液还能对储层中不稳定的碎屑颗粒及胶结物溶蚀，从而增加储层的孔隙空间，对储层起到建设性作用。溶解作用的发生必须具备三个前提条件，即：充足的有机酸和CO_2来源、砂岩中有一定量的可溶组分、可供酸性流体运移的通道。有机质热演化脱羧基作用而形成的大量有机酸和CO_2进入孔隙流体中，使孔隙水呈酸性。酸性流体通过砂岩的孔隙系统进入砂岩中并促使其中不稳定碎屑颗粒（长石、岩屑）及填隙物（胶结物、杂基）发生溶解，为储层碎屑组分发生溶解作用提供了主要的动力和介质，也为部分反应产物溶解迁移提供了载体。常见的溶蚀包括：

1）长石颗粒的溶解

砂岩中的碎屑长石主要来源于岩浆岩和变质岩，形成于高温（>300℃）条件下，通常与沉积期后成岩环境的压力、温度和孔隙流体的化学性质存在着不平衡，因而为了达到平衡状态，长石容易发生各种成岩改造。长石最重要的变化是溶解、黏土矿物的交代和钠长石化[图4-42(a)]。

长石的溶解受温度、pH值及有机酸类型等的影响。在埋藏成岩作用过程中，钠长石和钾长石的溶蚀速度相近，钙长石则比二者明显易溶蚀；温度升高对钙长石和钠长石的溶解影响不大或使其溶解速度有所降低，而钾长石的溶解能力则有明显提高。上述三种长石的溶解度随地层水酸性程度的增加而增强，在中性和弱碱性条件下，长石的溶解度最小，而随溶液逐渐向强碱性过渡，三种长石的溶解度又有非常轻微的回升趋势。因此，在中成岩A期阶段，当地层中有机质在较高的温压条件下分解产生的有机酸进入砂岩储层后，孔隙介质pH值降低，由碱性变为酸性，长石碎屑发生强烈溶解。

$$CaAl_2Si_2O_8 + 2H^+ + H_2O \longrightarrow Al_2Si_2O_5(OH)_4 + Ca^{2+} \tag{4-2}$$

（钙长石）　　　　　　　　　（高岭石）

$$2KAlSi_3O_8 + 2H^+ + H_2O \longrightarrow Al_2Si_2O_5(OH)_4 + 4SiO_2 + 2K^{2+} \quad (4-3)$$
（钾长石）　　　　　　　　　（高岭石）

$$2NaAlSi_3O_8 + 2H_2CO_3 + H_2O \longrightarrow 2Na^+ 2HCO_3^- + 4SiO_2 + Al_2Si_2O_5(OH)_4 \quad (4-4)$$
（钠长石）　　　　　　　　　　　　　　　　　　　　　　（高岭石）

过渡型组分中长石在溶蚀过程中形成过渡型次生矿物绢云母时，也可能形成次生孔隙。中长石 $NaAlSi_3O_8—CaAl_2Si_2O_8$ 在发生水解反应时，可以蚀变为绢云母，同时析出 SiO_2。该反应方程式如下所示。

$$NaAlSi_3O_8 - CaAl_2Si_2O_8 + H^+ + K^+ \longrightarrow KAl_2[AlSi_3O_{10}](OH)_2 + 2SiO_2 + Na^+ + Ca^{2+} \quad (4-5)$$
（中长石）　　　　　　　　　　　　（绢云母）　　　　　（石英）

当砂岩中的 $Al_2Si_2O_5(OH)_4$ 在 Al^{3+} 的浓度达到 100mg/L 且具备好的输导条件时，可呈络合物被孔隙水带出；当输导条件较差时，长石溶解产生的 $Al_2Si_2O_5(OH)_4$ 优先形成自形高岭石集合体充填孔隙。SiO_2 可在原处或经孔隙水带到别处沉淀形成自生石英。自生石英与自生高岭石集合体为中成岩 A 期酸性矿物组合。

(a) 长石颗粒发生溶蚀形成粒内溶孔　　　(b) 泥岩岩屑因溶解形成粒内溶孔

图 4-42　长石颗粒和岩屑的溶解作用

2）岩屑的溶解

泥岩岩屑、石英质岩屑可以沿岩屑内部组分发生部分的溶解，形成岩屑粒内溶孔 [图 4-42(b)]。当溶蚀作用较强烈时，甚至可以形成微细蜂窝状溶解孔隙。长石、岩屑等不稳定颗粒的溶蚀除了直接溶解形成溶蚀粒内孔外，另一种是长石、岩屑等颗粒先为碳酸盐矿物交代，后来交代矿物发生溶解而使颗粒间接被溶，形成溶蚀粒内孔。

3）填隙物的溶解

填隙物的溶解主要体现在胶结物的溶解上，比如碳酸盐胶结物和浊沸石胶结物的溶蚀，很好地改善了储集物性（图 4-43）。

7. 破裂作用

在成岩作用期间，压实作用使储层致密，当压实作用达到一定程度时，就会使储层产生破裂，从而产生微裂缝（图 4-44）。矿物的结晶作用使碎屑颗粒在成岩过程中发生收缩、膨胀、重组及排列，也可产生一定数量的微裂缝，并呈不规则状展布，延伸方向具有不确定性。

(a) 粒间填隙物发生溶蚀　　　　(b) 极发育的浊沸石溶孔

图 4-43　填隙物的溶解作用

图 4-44　微裂缝

（二）碳酸盐岩的主要成岩作用类型

碳酸盐岩的成岩作用是在沉积作用阶段之后，碳酸盐沉积物及碳酸盐岩所发生的一系列物理、化学、物理化学和生物作用，以及这些作用所引起的碳酸盐岩沉积物和碳酸盐岩的结构、构造、成分以及物理化学性质的变化。

由于碳酸盐化学性质活泼，碳酸盐岩经历的成岩作用较碎屑岩强烈和复杂，因而碳酸盐岩的储集性能与成岩作用的关系更为密切。碳酸盐沉积物沉积之后，其成岩作用可以在缓慢深埋的过程中进行，也可以在大气淡水条件或海水条件下迅速发生，因而其成岩过程可能在几年之内发生，也可能经历了几个地质时代。

1. 碳酸钙物质的转化作用

碳酸钙物质的转化作用也称为方解石化作用，包括两种情况：一种是矿物的同质多象转化，这种转化仅发生晶格和晶形的变化，并不发生化学成分的变化，如文石转变为低镁方解石；另一种变化有离子的带出，即有化学成分的变化，但不发生晶格和晶形的变化，如高镁方解石转化为低镁方解石时有镁离子的带出，但无晶格和晶形的变化。

2. 胶结作用

胶结作用是一种发生在粒间孔隙水中的物理化学和生物化学的沉淀作用，作用的结果是在粒间的孔隙中发生晶体沉淀生长，这类晶体就是胶结物，它能把碳酸盐颗粒或矿物粘结起来使之变成固结的岩石。

1）胶结物的种类

胶结物的种类可以分为两大类，其一为碳酸盐类矿物，包括方解石（低镁方解石）、文石、高镁方解石、白云石、铁方解石、铁白云石[图4-45(a)]；其二为非碳酸盐类矿物，包括海绿石、石膏、硬石膏、盐类等。

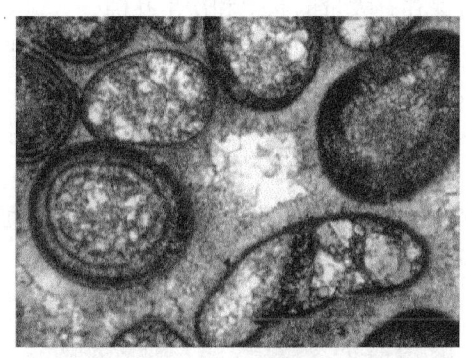 

(a) 亮晶鲕粒灰岩，粒缘为纤维状方解石胶结　　(b) 中—粗晶白云岩，白云石呈他形—半自形

图4-45　胶结物类型和形态

2）胶结物的形态

碳酸盐胶结物主要有3种结晶形态：泥晶，任何一种碳酸盐矿物都可以构成泥晶胶结物；纤维晶，纤维状及针状是文石特有的形态，高镁方解石有时也呈纤维状[图4-45(a)]；粒状晶，粒状是方解石、白云石胶结物的特征形态，可呈自形与半自形棱面体、片叶状或他形[图4-45(b)]。影响碳酸盐胶结物具体形态和大小的因素主要包括溶解离子类型、晶体结晶速度及底质类型。

3）胶结物的结构

（1）等厚环边胶结物：胶结物沿孔隙内表面（即颗粒表面）呈环状分布，环边厚度均匀，胶结物含量少，分布不普遍，形成于海水潜流带（图4-46）。这种胶结对孔隙度影响较小，主要是降低渗透率。

 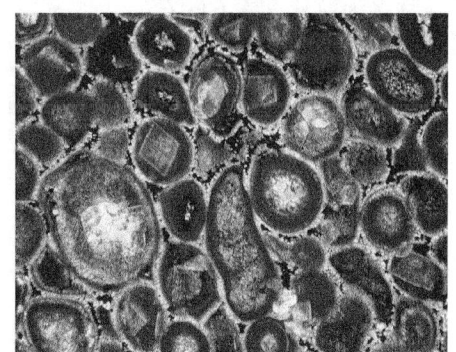

(a) 亮晶角砾状生屑海绵云岩，粒间孔被栉壳　　(b) 亮晶鲕粒白云岩，鲕粒被栉壳状等厚环边
状等厚环边白云石充填　　　　　　　　　　　白云石胶结

图4-46　等厚环边胶结

（2）新月形胶结物：胶结物仅位于两个颗粒接触处，一般呈弯曲的弧形表面，可由单晶或多晶组成。它的形成是由于颗粒接触处或靠近处的水在表面张力的影响下，附着孔隙壁

时具有弧形的表面,因而形成的胶结物的外表面也呈弧形。这类胶结物对岩石物性影响很小。

(3) 重力型胶结物:胶结物大多在各个颗粒的同一侧发育,另一侧没有或很少,因而具有明显的方向性。这是水溶液垂直向下流动时重力作用引起的。新月形和重力型胶结是大气淡水渗流环境的典型胶结特征。一般来说,渗流带的胶结物不会填满孔隙,孔隙和溶洞总是保持开放状态,所以经受渗流胶结作用的岩石保存有大量的原生和次生孔隙。

(4) 次生加大型胶结物:在大的单晶底质上,胶结物与单晶底质成明显的共轴生长,这种现象局限于某些生物,如棘皮动物的骨片。方解石的增生晶与原来的棘屑结合成一个大晶体,正交偏光下二者消光一致。也有人称次生加大型胶结为"共轴生长胶结"[图4-47(a)]。

(5) 粒状胶结物:为等轴状亮晶方解石,晶体明亮干净。当胶结作用迅速时,可以完全堵塞孔隙的喉道,形成于淡水潜流带[图4-47(b)]。

(a) 粉晶海百合灰岩,海百合茎共轴生长

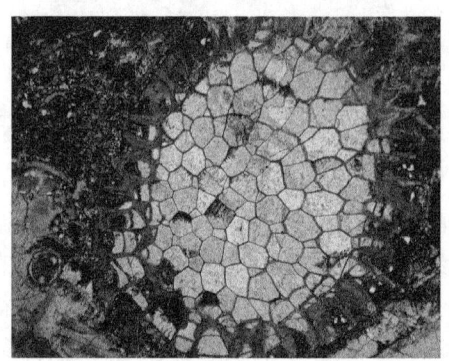
(b) 腹足类体腔内充填粒状亮晶方解石

图4-47 次生加大型和粒状胶结

4) 碳酸盐胶结物的世代

充填孔隙的胶结物往往由两个或两个以上世代组成[图4-48(a)]。在古代石灰岩中,早期胶结物一般在颗粒周围组成薄边胶结,常见纤维状、马牙状无铁方解石[图4-48(b)],后期胶结物多为粒状含铁方解石。

(a) 亮晶砂屑球粒含白云岩,第一代胶结物为白云石,第二代胶结物为方解石,方解石呈片状连晶,并交代第一代胶结物

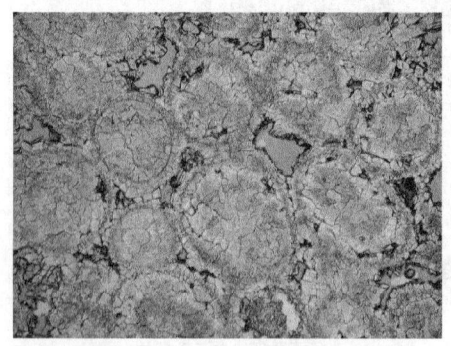
(b) 细晶鲕粒白云岩,第一世代粒状环边胶结

图4-48 胶结物的世代

3. 溶解作用

碳酸盐沉积物（岩）最大的特征就是具有易变性和易溶性。当碳酸盐沉积物或者碳酸盐岩中孔隙水的性质发生变化时，便可引起碳酸盐矿物或其他成分发生溶解作用，该作用形成于碳酸盐岩各个成岩阶段。根据溶解作用所处的环境，可将溶解作用分为近地表大气淡水的溶解作用、埋藏溶解作用和表生阶段大气淡水的溶解作用。

(1) 近地表大气淡水的溶解作用：由于海平面的变动，礁、滩等碳酸盐沉积物在埋藏成岩前暂时暴露于地表或周期性受淡水影响而产生溶解作用。所形成的溶孔多具组构选择性，如铸模孔、粒间和晶间溶孔[图 4-49(a)]，示底构造的发育是一个明显的特征。淡水渗流带是形成溶孔的有利场所，在这个带内由于天然水迅速渗滤，所以水溶液对碳酸盐岩或沉积物的溶蚀作用不充分，垂向孔隙不发育，而且横向上连通性较差。

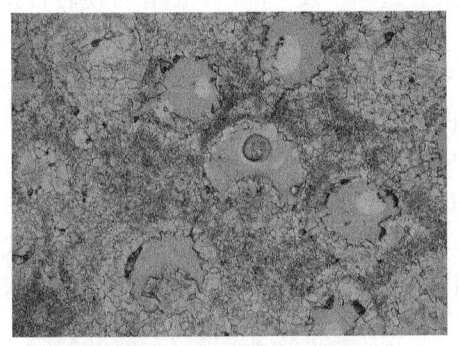
(a) 粉-细晶白云岩，粒内残余溶孔发育

(b) 粗晶白云岩，溶蚀发生于深埋藏后

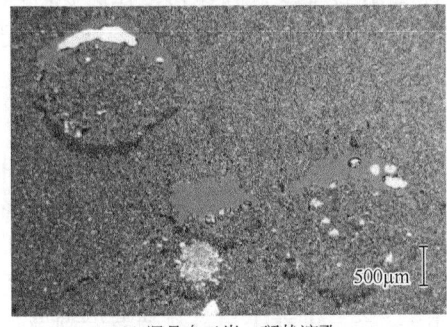
(c) 泥晶白云岩，斑状溶孔

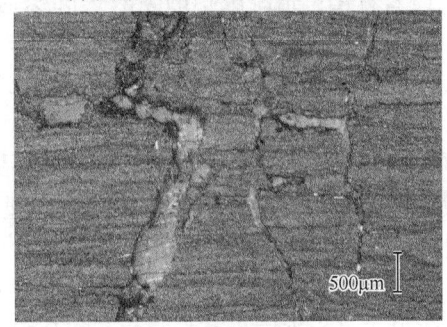
(d) 泥晶白云岩，溶缝

图 4-49　溶解作用

彩图 4-49

(2) 埋藏溶解作用：主要是沉积物埋藏过程中，不同成分的孔隙水混合，可以产生碳酸盐不饱和的孔隙流体，并在持续流动状态下形成的溶解作用[图 4-49(b)]。碳酸盐不饱和的孔隙流体可以是岩石中有机质成岩作用形成的酸性水，该酸性溶液（有机酸和碳酸）对碳酸盐矿物有较强的溶解能力。碳酸盐不饱和的孔隙流体还可以由于岩石中分散的有机碳经埋藏水解而成，形成局部酸性成岩环境。埋藏溶解作用多为非组构溶解，地下深处碳酸盐岩体内部通常不能形成大规模的流体渗透交替，因而溶解作用的规模有限，所形成的次生孔隙带规模也有限。孔隙水若无持续渗流交替，则容易达到饱和状态后又在原地或近原地发生再沉淀。

(3) 表生阶段大气淡水的溶解作用：碳酸盐岩地层抬升到地表受大气淡水影响，溶解作用较为明显，可以形成各种岩溶形态、岩溶岩和不同规模的溶孔、溶洞、溶缝[图 4-49

(c)(d)]。我国华北油田震旦—奥陶系油气储层,鄂尔多斯下奥陶统马家沟组上部白云岩天然气储层、塔里木塔北和塔中奥陶系油气层均与古岩溶有关,属古岩溶储层,是重要的油气储层类型。

4. 交代作用

在碳酸盐沉积物或碳酸盐岩中,原来的矿物组分被新矿物取代的作用称为交代作用。碳酸盐岩中常见的交代作用有白云石化、去白云石化、硅化、石膏化和硬石膏化、去石膏化、菱铁矿化和黄铁矿化作用等。

1) 白云石化作用

白云石化作用是碳酸盐岩中最常见也是最重要的交代作用,是白云石对方解石或文石的交代,称白云石化作用,交代充分者称为白云岩化作用。碳酸盐岩中发现的石油和天然气,很大一部分是储存在白云岩之中。这是因为石灰岩在成岩过程中发生的白云石化常使岩石孔隙度增加,所以岩石储集性能变好。

白云岩化是个非常复杂的理论问题,它牵涉白云岩的成因,而且有重大的实际意义,因为通过白云岩化的减体积效应可增大岩石的孔隙度。白云岩成因复杂,一直是国际地学界研究的热点。根据白云岩的形成机理,可以把白云岩分成原生和次生两大类,其中原生白云岩不具有地层学意义,因为,到目前为止,还没有找到过硬的现代白云石沉积的实例来证明有地层学意义的原生白云石的存在。这里讨论的白云石化主要是次生白云石化,指一切由交代作用或白云石化作用生成的白云岩。按成因可以分为同生白云岩化、准同生白云岩化、成岩白云岩化、后生白云岩化等类型。

(1) 同生白云岩化:指刚沉积的碳酸钙沉积物或者是原生白云石沉积物,在沉积环境中,而且仍然在沉积水体的影响下,在沉积物—水界面处,通过交代作用或者白云石化作用所生成的白云岩,同生白云岩可以算作沉积期生成的白云岩,但却不是化学沉淀作用直接生成的原生白云岩。

(2) 准同生白云岩化:其产物主要为泥—微晶白云岩,含硬石膏或与硬石膏互层产出的膏质泥—微晶白云岩,白云石晶体细小,粒径通常在 0.004mm 以下,大小均匀,以他形晶为主,可发育纹层或藻纹层构造[图 4-50(a)]。该类白云岩较致密,孔隙不发育,但在有裂缝发育时,可发育溶蚀孔隙,可被后期的方解石或白云石充填或半充填。此类白云岩的成因没有多少争议,可用准同生蒸发泵白云岩化模式加以解释,即在干旱炎热的蒸发潮坪环境中,由孔隙水强烈蒸发浓缩,导致石膏结晶后,使孔隙水中 Ca^{2+} 消耗,而镁钙比大大提高所形成的高镁卤水交代文石或方解石沉积物,从而发生白云岩化作用,因此,主要分布在有强烈蒸发作用的潮坪和暴露的滩顶体相带,常伴生有石膏、草莓状黄铁矿等矿物。

(3) 成岩白云岩化:指碳酸钙沉积物在其成岩过程中由交代作用或白云石化作用所生成的白云岩。回流渗透白云岩化、混合白云岩化以及调整白云岩化均可形成此类白云岩。回流渗透白云岩化出现在颗粒滩相灰岩中,发生在与蒸发海水有关的白云岩化过程中。该类颗粒白云岩中的白云石以微晶、细粉晶为主,原岩颗粒幻影、残余结构较清楚[图 4-50(b)]。岩石中有时可见早期形成的细小石膏、硬石膏结核,并常见浅埋藏期形成的石膏、硬石膏或其假晶。白云石化造成的岩石在结构和成分上的非均质性及硫酸盐矿物的存在有利于次生孔隙的形成。混合白云岩化作用形成的颗粒白云岩中,白云石较粗大,多为中、粗粉晶以上的自形—半自形晶粒。当白云石化作用较强时形成晶粒白云岩,有时原岩结构变得难于识别[图 4-50(c)]。该类白云岩中缺乏早期形成的石膏、硬石膏(假晶),但有时有埋藏期的充填孔隙、裂缝及交代各种结构组分的石膏、硬石膏。

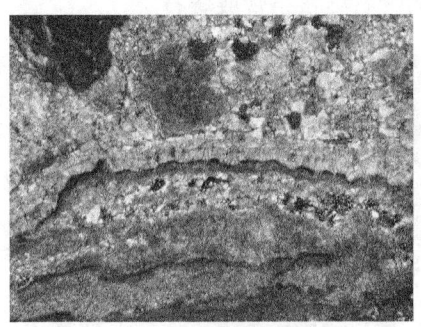
(a) 潮上带准同生白云岩沉积序列，自下而上为纹层泥—微晶白云岩、白云石结壳、粉—砂屑微晶白云岩

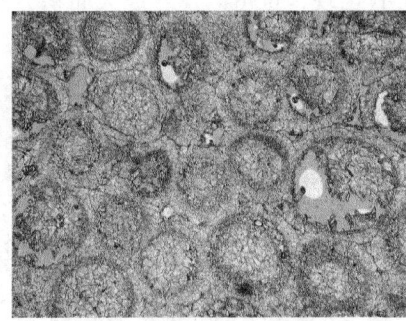
(b) 溶孔粉—细晶鲕粒白云岩，具残余泥—微晶结构，浅—中埋藏白云岩化

(c) 粗晶白云岩，原始结构完全破坏，为深埋藏白云岩化形成

(d) 微晶砂屑生屑含灰云岩，去白云石化、去石膏化

图 4-50　白云石化作用与去白云石化作用

（4）后生白云岩化：指在石灰岩形成以后，由交代作用或白云石化作用所生成的白云岩。回流渗透白云石化作用、混合白云石化作用、热液作用、变质作用以及调整白云石化作用都可形成后生白云岩。

2）去白云石化作用

方解石交代白云石的作用称为去白云石化作用或方解石化作用。镜下特征表现为方解石晶体中含有未交代完的白云石残余，方解石常呈白云石菱面体假象，出现白云石菱面体的氧化铁环带的残余痕迹或白云石幻影；去白云石化的方解石晶体一般大而明亮；去白云石化常伴随有淋滤、溶解作用，并产生菱形孔[图 4-50(d)]。

去白云石化常与硫酸盐离子存在有关：

$$CaMg(CO_3)_2(白云石) + CaSO_4 \cdot 2H_2O(石膏) \longrightarrow 2CaCO_3(方解石) + MgSO_4 + 2H_2O$$

(4-6)

因此，去白云石化主要发生于含膏白云岩或有石膏夹层的白云岩地区，多在近地表环境后生阶段发生，也可在深埋藏阶段由于去石膏化引起去白云石化。另外，含黄铁矿的白云岩出露地表时，由黄铁矿氧化产生的硫酸根离子，也可引起局部的去白云石化。去白云石化强烈时，可形成次生石灰岩，如川东上石炭统黄龙组下部的次生石灰岩，保存有良好的白云石菱面体形态。

3）硅化作用

石英交代白云石、方解石或其他矿物的作用称为硅化，可发生在早期或晚成岩阶段，在岩石中呈星点状、斑块状、交代假象或结核状等不均匀分布（图4-51）。常以选择性交代生物碎屑的形式出现，也可以发育成大面积分布的燧石结核条带或燧石层。

(a) 硅化的泥晶生物碎屑灰岩

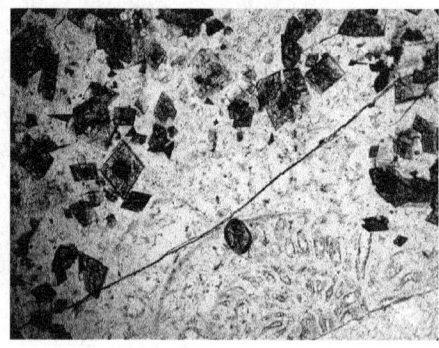
(b) 硅化的残余生物碎屑灰岩

彩图 4-51　　　　　　　　　　　　　　图 4-51　硅化作用

4）石膏化和硬石膏化作用

石膏和硬石膏交代碳酸盐矿物或者组分的现象称为石膏化和硬石膏化[图4-52(a)]，其发生可能与含硫酸盐的孔隙水活动有关。交代成因的石膏和硬石膏，一般具有被交代矿物的假象。交代不完全时，晶体中保留有残余颗粒的包体，这种包体在反射光下呈浑浊状、褐色。

石膏和硬石膏在碳酸盐岩中常为长柱状、粒状，分散或放射状，也可成层分布、呈结核状或"鸡雏"状产出，后者溶蚀后常使围岩显现为特别的"鸡笼铁丝"状的格子状构造。

5）去石膏化作用

石膏在成岩期不稳定，常被其他矿物交代充填，形成假晶，或溶蚀后被方解石、黄铁矿、硅质等充填，这种现象被称为去石膏化作用[图4-52(b)]。该作用主要出现在成岩期或表生期，表生期由去石膏化作用可形成铸模孔，或因溶解垮塌而形成膏（盐）溶解角砾岩。

(a) 鲕粒灰岩，硬石膏连生式交代粒屑和基质

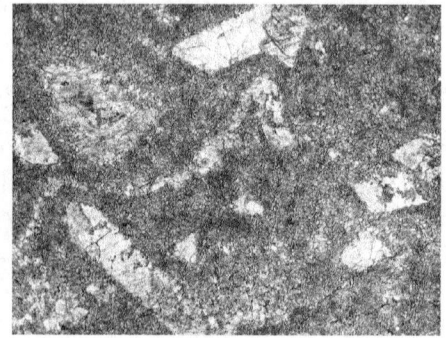
(b) 粉晶白云岩，石膏被方解石交代且呈假晶

彩图 4-52　　　　　　　　　　　　　　图 4-52　石膏化和去石膏化作用

5. 压实和压溶作用

1）压实作用

碳酸盐岩的压实作用从沉积物被埋藏开始，一直延续到沉积物固结成岩。现代碳酸盐沉

积物原始孔隙度高且变化大,在40%~78%之间,但是地层中见到的碳酸盐岩孔隙度都低于10%,压实作用是造成孔隙减少的最重要因素。压实作用可以产生两种现象:一种是疏松沉积物在上覆负载的作用下,失水并紧密堆积,这种现象在细粒碳酸盐岩中非常明显;另一种是使细粒碳酸盐岩失去大量的原始孔隙,甚至使原始孔隙完全消失。压实作用对颗粒碳酸盐岩也有影响,使碳酸盐颗粒紧密堆积,并使部分原始孔隙消失。

压实作用可以改变碳酸盐岩的结构和构造。例如,当压实时,同生水的运动可以形成一些管道和气泡,当气泡中被碳酸盐胶结物充填满时,就形成了鸟眼构造[图4-53(a)]。

2) 压溶作用

上覆地层压力或构造应力可使碳酸盐岩发生压溶作用,该作用使碳酸钙发生溶解并形成缝合线[图4-53(b)]。压溶作用对碳酸盐的孔隙起着破坏作用,更重要的是随着压溶作用释放出的$CaCO_3$充填在颗粒附近的孔隙内,然后沉淀、胶结作用,使孔隙被堵塞。综合来看,压溶作用是一种减小碳酸盐岩孔隙的作用,但在埋藏过程中形成的缝合线,在构造上升过程中,因上覆地层部分剥蚀而导致上覆压力降低时,可以重新开放。压溶作用在碳酸盐岩中极其发育,主要产生缝合线、微缝合线和未缝合的缝,若缝合线的缝中没有不溶残余物和自生矿物充填,可作为储集空间储渗油气。

(a) 藻团粒灰岩,层状窗孔被亮晶方解石填充形成鸟眼构造　　(b) 棘皮粉晶灰质云岩,压溶缝合线

图4-53　压实和压溶作用

6. 重结晶作用

狭义的重结晶作用是作用前后的矿物成分不变,而晶体大小、形状和方位发生变化的作用[图4-54(a)]。广义的重结晶作用还包括新生变形作用,即指矿物本身或同质多象变体之间的所有转变。在这种转变过程中,新的晶体可大可小,其形状也可以与原来的完全不同。一般分为退变新生变形和进变新生变形两大类:退变新生变形作用是指在沉积作用之后,碳酸盐颗粒发生晶体变小的转变作用(Scoffin,1986);进变新生变形作用是指组成灰泥或颗粒的原始文石和镁方解石,由于矿物学上的不稳定性而向低镁方解石转化,转化过程中晶粒增大的作用[图4-54(b)]。

7. 沉积物充填作用

任何孔隙,无论原生的还是次生的,无论是潜穴、裂缝、溶洞都可能被后期沉积的细粒物质所充填,从而使孔隙遭受破坏,这种过程被称为沉积物充填作用(图4-55)。

(a) 微晶藻团粒白云岩，碎裂处白云石重结晶形成粗大晶体

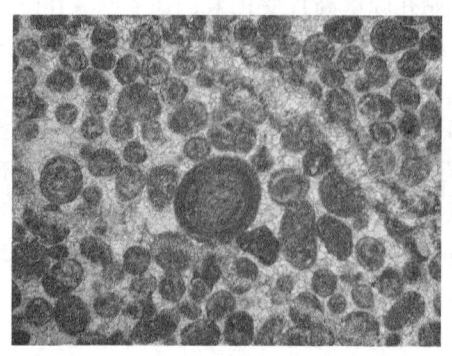
(b) 亮晶鲕粒灰岩，鲕粒泥化，亮晶为重结晶形成

图 4-54 重结晶作用

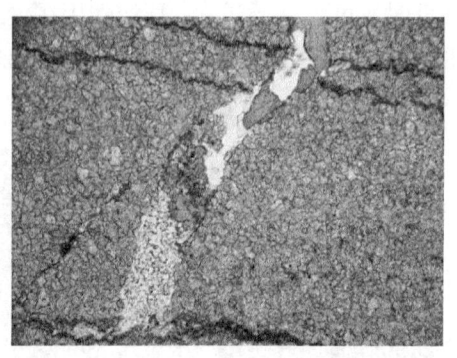
(a) 粉晶残余颗粒白云岩，溶缝被方解石、硅质、高岭石充填

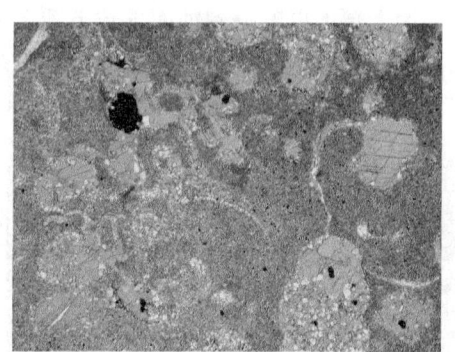
(b) 残余生物含灰泥晶云岩，腹足生物铸模孔发育，被方解石充填

图 4-55 沉积物充填作用

思考题与练习题

1. 某岩浆岩浅肉红色，块状构造，主要矿物粒径范围约为 4mm，矿物组成包括：斜长石含量为 20%，正长石含量为 15%，条纹长石含量为 30%，石英含量为 25%，角闪石含量为 7%，副矿物包括磁铁矿、锆石、榍石等，含量约为 3%。该岩石可定名为_____。

2. 某类岩浆岩灰色，块状构造，斑晶主要为斜长石和普通角闪石，基质主要为微晶状的斜长石杂乱排列，其中填充玻璃质，其中斜长石含量约为 70%，角闪石和玻璃质大约为 30%。该岩石可命名为_____。

3. 某岩石灰黑色，片状构造，主要矿物粒径约为 0.8mm，黑云母含量为 70%，石英含量约为 15%，斜长石含量约为 10%，石榴子石含量约为 5%，该岩石可定名为_____。

4. 某岩石灰白色，片麻状构造，粒状变晶结构，主要矿物粒径约为 1.5mm，斜长石含量约为 45%，石英含量约为 35%，云母和角闪石含量约为 15%，还可见特征变质矿物石榴子石，含量约 5%。该岩石可定名为 _____。

5. 某岩石在镜下观察可看出，石英含量 55%，长石含量 35%，岩屑含量 10%，泥质基质含量一般为 5%~10%，胶结物主要为碳酸盐和硅质，约为 5%~10%。颗粒主要粒径在 0.12~0.3mm 之间，分选中等，磨圆中等，呈次棱状，呈孔隙胶结，颗粒长边接触，压实致密结构。该岩石可定名为 _____。

6. 某岩石在镜下观察可看出，石英含量为 80%，长石含量为 8%，岩屑含量为 8%，黏土杂基含量甚少，硅质胶结为主。颗粒主要粒径在 0.3~0.5mm 之间，分选、磨圆较好。该岩石可定名为 _____。

参 考 文 献

常丽华，等，2006. 透明矿物薄片鉴定手册. 北京：地质出版社.
陈世悦，2008. 矿物岩石学. 东营：中国石油大学出版社.
程素华，等，2016. 变质岩石学. 北京：地质出版社.
邓明雅，等，2014. 岩浆岩、变质岩微观特征实用图集. 北京：中国石化出版社.
管守锐，赵徵林，1991. 岩浆岩及变质岩简明教程. 东营：石油大学出版社.
贺静，2019. 碎屑岩薄片鉴定指南. 北京：石油工业出版社.
贺同兴，等，1980. 变质岩岩石学. 北京：地质出版社.
姜在兴，2010. 沉积学. 北京：石油工业出版社.
赖少聪，2016. 岩浆岩岩石学. 北京：高等教育出版社.
赖志云，等，2013. 光性矿物学简明教程. 北京：石油工业出版社.
李德惠，1997. 晶体光学. 北京：地质出版社.
李捷，2008. 岩浆岩与变质岩简明教程. 北京：石油工业出版社.
李胜荣，2008. 结晶学与矿物学. 北京：地质出版社.
林景仟，等，1995. 火成岩岩类学与岩理学. 北京：地质出版社.
林培英，2005. 晶体光学与造岩矿物学. 北京：地质出版社.
刘宝珺，1980. 沉积岩石学. 北京：地质出版社.
卢良兆，等，2011. 岩石学. 北京：地质出版社.
路凤香，等，2002. 岩石学. 北京：高等教育出版社.
邱家骧，1990. 岩浆岩岩石学. 北京：地质出版社.
桑隆康，等，2012. 岩石学. 北京：地质出版社.
王德滋，1965. 光性矿物学. 上海：上海科学技术出版社.
王德滋，等，1982. 火成岩岩石学. 北京：科学出版社.
王永华，等，1985. 矿物学. 北京：地质出版社.
叶真华，等，2015. 矿物和岩石鉴定试验指导. 上海：同济大学出版社.
曾允孚，等，1986. 沉积岩石学. 北京：地质出版社.
张树业，等，1982. 火成岩结构构造图册. 北京：地质出版社.
赵珊茸，2015. 简明矿物学. 武汉：中国地质大学出版社.
朱筱敏，2008. 沉积岩石学. 北京：石油工业出版社.
Faure G, 2001. Origin of igneous rocks. Berlin：Springer.
NesseW D, 1991. Introduction to optical mineralogy. 2nd ed. Oxford：Oxford University Press.
Schmincke H U, 2003. Volcanism. Berlin：Springer Verlag.
Winter J D, 2014. Principles of igneous and metamorphic petrology. Harlow, UK：Pearson Education Limited.

附 录

附录 1 干涉色色谱表

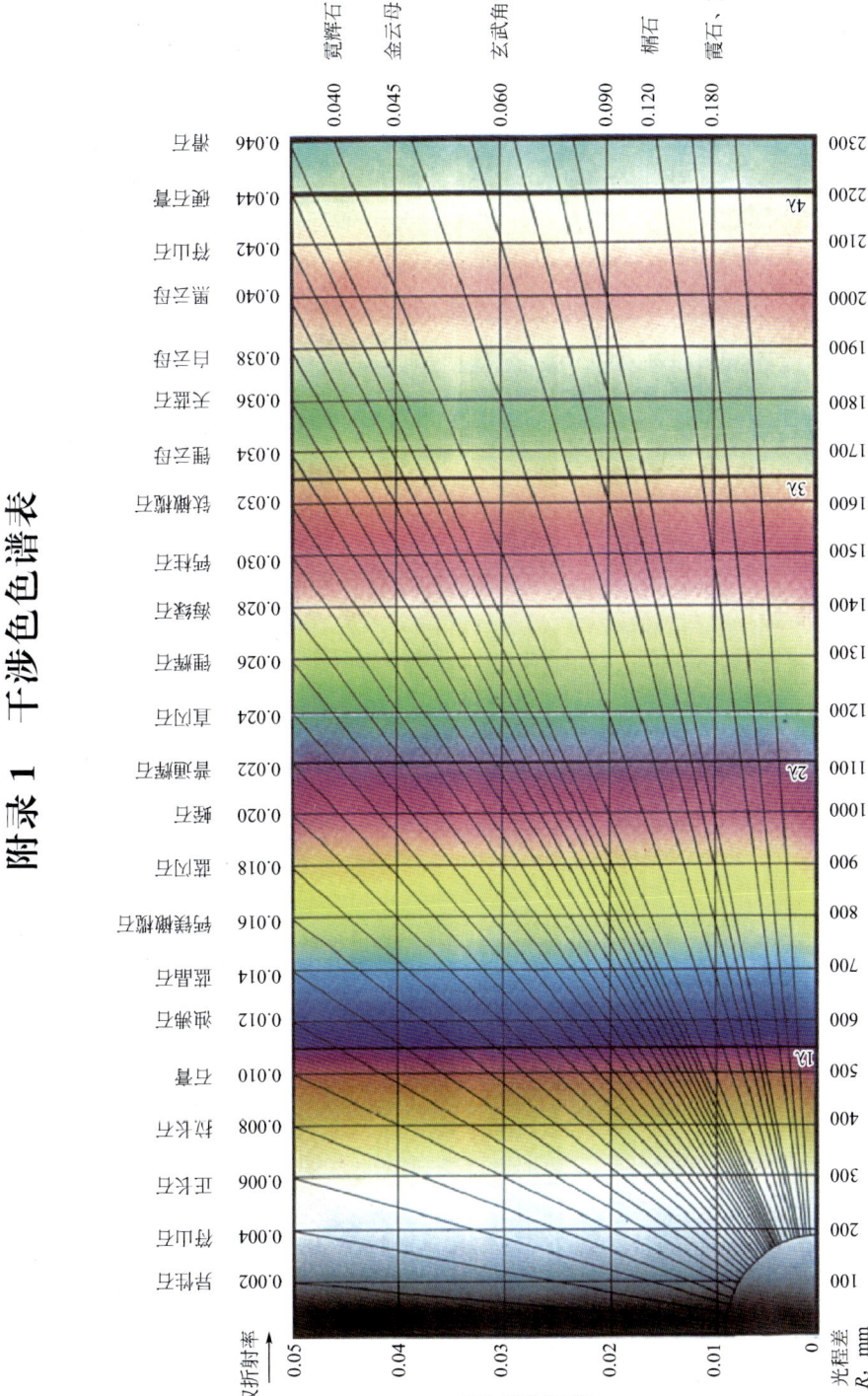

附录2 主要造岩矿物手标本图版

照片1 肉红色微斜长石，厚板状，玻璃光泽

照片2 斜长石的两组夹角为86°的斜交完全解理

照片3 黑云母的六方板状

照片4 白云母的一组极完全解理，珍珠光泽

照片5 灰色方柱石的柱状集合体，产于红色夕卡岩

照片6 黄绿色阳起石，纤维状集合体

照片7 黄绿色纤维状蛇纹石

照片8 黑色石墨,强金属光泽,极完全解理

照片9 白色高岭石,致密块状,土状光泽

照片10 粉色、厚板状石膏

照片11 透明方解石,可见三组菱形解理

照片12 透明白云石,粒状集合体,单体可见菱面体